老龄化时代的居住环境设计
——协助生活设施的创新实践

[美]维克托·雷尼尔　著

秦　岭　陈　瑜　郑远伟　译

周燕珉　等　校

中国建筑工业出版社

著作权合同登记图字：01-2019-1050 号

图书在版编目（CIP）数据

老龄化时代的居住环境设计——协助生活设施的创新实践／（美）维克托·雷尼尔著；秦岭，陈瑜，郑远伟译 . —北京：中国建筑工业出版社，2019.8
书名原文：Housing Design for an Increasingly Older Population：Redefining Assisted Living for the Mentally and Physically Frail
ISBN 978-7-112-23903-0

Ⅰ.①老…　Ⅱ.①维…②秦…③陈…④郑…　Ⅲ.①老年人住宅－居住环境－环境设计　Ⅳ.① TU-856

中国版本图书馆 CIP 数据核字（2019）第 124656 号

Housing Design for an Increasingly Older Population： Redefining Assisted Living for the Mentally and Physically Frail/
Victor Regnier, 9781119180036/1119180031

责任编辑：费海玲　焦　阳　董苏华
责任校对：芦欣甜

老龄化时代的居住环境设计——协助生活设施的创新实践

[美] 维克托·雷尼尔　著
秦　岭　陈　瑜　郑远伟　译
周燕珉　等　校
*
中国建筑工业出版社出版、发行（北京海淀三里河路9号）
各地新华书店、建筑书店经销
北京雅盈中佳图文设计公司制版
北京富诚彩色印刷有限公司印刷
*
开本：787×1092毫米　1/16　印张：20　插页：1　字数：462千字
2019 年 11 月第一版　2019 年 11 月第一次印刷
定价：98.00 元
ISBN 978-7-112-23903-0
　　　（34140）

版权所有　翻印必究
如有印装质量问题，可寄本社退换
（邮政编码 100037）

北美老年居住领域专家联合推荐

"寿命的延长和高龄老人需求的增加正不断挑战着老年居住产业，促使我们寻找大胆并且富有同情心的解决方案，将项目、服务与住房结合起来。维克托·雷尼尔的最新研究为我们提供了一张深思熟虑且富有洞察力的路线图，列出了从小规模设施到基于社区的选择等新的思维方式，国际案例研究提供了来自世界各地的最佳思路和可能的解决方案……维克托通过他的独特视角，阐述了那些至关重要并得到广泛应用的理念，这些理念满足了活在生命边缘脆弱人群的需求。"

J·大卫·霍格伦（J. David Hoglund）
美国建筑师协会会员、LEED 认证专家
珀金斯－伊士曼建筑师事务所（Perkins Eastman Architects）总裁兼首席运营官
纽约州，纽约

"在他的新书中，维克托·雷尼尔借鉴了北欧的优秀实践案例，找到了一种三管齐下的解决方案，为我们最脆弱的老年人提供住所。一是在"生命公寓"环境中提供全面的居家照护服务；二是通过发展小规模居住组团，改革传统的护理院；三是将新技术与基于社区的服务相结合。他用来自美国和国外的案例研究阐述了这些观点。未来 50 年中，90 岁和 100 岁以上人口的迅猛增长将表明在当今解决这一问题是多么重要。"

爱德华·施泰因费尔德（Edward Steinfeld）
建筑学博士、美国建筑师协会会员
纽约州立大学（SUNY）建筑学特聘教授
大学建筑学院协会（ACSA）特聘教授
纽约州立大学布法罗分校（SUNY Buffalo）
纽约州，布法罗

"在整个北美，面向老年人的健康护理服务都在经历从机构向家庭的转型。雷尼尔教授仔细研究了越来越多老年人需要人文关怀环境的趋势背景。从老年人的健康支持政策方面，检视了技术的人性化和自然环境的疗愈作用。这本书的出版正合时宜，因为目前的社会群体正在对医疗保健行业的公营和私营机构产生重大影响，并且这种影响在可预见的未来仍将持续。"

斯蒂芬·维德勃（Stephen Verderber）
哲学博士
大学建筑学院协会（ACSA）特聘教授
多伦多大学教授、建筑师
安大略省，多伦多

"老年学家的研究目标之一就是让我们健康生活的时间随着我们的寿命一同延长。在这本书中，维克托·雷尼尔揭示了我们家庭与健康之间日益清晰的联系。他在如何设计促进社区照护、提供安全保障的住房方面提供了宝贵的见解，并找出了一系列最佳的实践案例，这些案例有助于我们持续提高生活质量，直至终老。"

平奇斯·科恩（Pinchas Cohen）
医学博士
伦纳德·戴维斯老年学院院长
南加州大学
加利福尼亚州，洛杉矶

"针对老年居住建筑策划、设计、开发、运营和管理从业人员所面临的一些最重要问题，维克托·雷尼尔又一次提供了重要的见解。他丰富的老年居住建筑设计经验和广泛的国际研究积累，使他对老年居住建筑及其在全球迅速增长的老年人口中所扮演的重要角色具有独特的看法。我向那些对认知障碍和身体虚弱群体需求领域感兴趣的人们强烈推荐这本书。"

布拉德福德·珀金斯（Bradford Perkins）
美国建筑师协会会员，加拿大皇家建筑学会会员，美国注册规划师协会会员
珀金斯－伊士曼建筑师事务所董事长兼首席执行官
纽约州，纽约

"维克托·雷尼尔再次证明了为什么他是美国最具有洞察力的老年人住房问题评论员。在这本书中，他调查了老年人住房和长期照护服务与支持的连续性，借鉴了北欧和美国的最佳实践案例。雷尼尔首先是一名建筑师，这一点从他所描述的令人兴奋的和富有启发性的案例研究中显而易见，但他还是一名研究老龄化社会学和生理学的学者。凭借多角度的专业知识，雷尼尔近几十年来一直在挑战老年人居住建筑的现状，同时为更人性化、更优美的居住环境指明了方向。在这一过程中，他成为老年居住建筑设计领域最具影响力的评论家。"

莱恩·菲什曼（Len Fishman）
法学博士
老年学研究所主任
麦科马克政策与全球研究研究生院
马萨诸塞州立大学
马萨诸塞州，波士顿

"协助生活的最终目的是满足每一位居民的需求和喜好，并提高他们的生活质量。尽管这对高龄、身体脆弱和多次认知受损的居民来说更具挑战性，但维克托·雷尼尔的新书证明这是可以实现的。维克托通过对将住房与服务相结合的多种生活环境进行广泛探索，指出了建筑设计和室内外空间使用对促进社交和提高生活质量的影响。他的书对于老年居住服务供应商而言是一套绝佳的资源，并将为老年人带来新一代具有创造性和意义的居住选择。"

玛丽贝丝·贝尔萨尼（Maribeth Bersani）
老年学专业理学硕士
美国养老行业联合会（Argentum）首席运营官
华盛顿特区

"我们越年长，探索和讨论住房、护理和生活质量方面的新方向就变得越重要。雷尼尔的书提出了值得关注的重要问题：活得更久是意味着生活质量更高，还是患慢性病的时间更长？住房是健康护理的一部分，还是与健康护理各成一套？罹患认知症仍可度过满意的生活，还是意味着绝望和失去？他所谈到的护理院与其他居住选择之间的差异，反映了一种根本性的冲突，是绝望的、玷污年龄的叙事方式与充满希望的、能有所作为（You-Can-Make-a-Difference，YCMAD）的方式之间的对抗。"

约翰·蔡塞尔（John Zeisel）

哲学博士，荣誉理学博士

《我依然在这里：认知症护理的新哲学》作者

马萨诸塞州，波士顿

"在如何满足不断增长的老年人口对居住选择丰富性、支持性和配套服务的需求方面，这是迄今为止最好的一本书。书的内容丰富、插图精美，充满了维克托·雷尼尔在世界各地考察时所收获的精彩案例。它的特别之处在于，能够识别出让事情有所不同的想法和概念（例如刺激社交），然后提供一些已经做得很好的案例。对于那些致力于为身体虚弱或罹患认知症的老年人提供最佳居住生活环境的建筑师、规划师、开发商、服务提供者、老年学家和政策制定者而言，这本书是不可或缺的优质资源。"

乔恩·皮诺斯（Jon Pynoos）

哲学博士

UPS 基金会老年学、政策与规划专业教授

伦纳德·戴维斯老年学院

南加州大学

加利福尼亚州，洛杉矶

中文版序

Victor Regnier
维克托·雷尼尔

美国南加州大学建筑学和老年学教授
大学建筑学院协会杰出教授（ACSA）
美国建筑师协会会员（AIA）
美国老年学学会会员（GSA）

我很高兴能够通过这本译著将我的工作成果与中国相关领域的朋友们分享。首先，我要感谢清华大学建筑学院的周燕珉教授，2017年我们在南加州大学初次见面，交流过程中，她立刻意识到了我的研究对于中国当下养老实践的重要意义，并邀请我来到中国参加学术论坛。2018年这本书刚刚在美国出版，周教授和她的团队就向我表达了希望将这本书带给中国读者的浓厚兴趣，在周教授、几位译者和出版社的紧密配合和努力工作下，这本书的中文译本得以很快与中国读者见面。

我希望通过这本书达到哪些目的？

在过去的40年里，我一直致力于相关领域的研究，希望为身体机能衰退和认知功能障碍的老年人提供去机构化的居住模式。研究期间，我发现北欧的养老居住模式是最引人注目也最具有启发性的。在富布赖特（Fulbright）科研基金的两次资助下，我得以有机会到北欧和南欧参观考察数以百计的养老建筑案例。

我写这本书的首要目标是唤起人们对于当下和未来日益增长的、虚弱的高龄老人群体的关注。他们应该享受更加人性化的长期照护体系，以满足他们的需求和偏好。我认为这既是一个迫在眉睫的危机，又是一个创造更加友好的社区的机会。

在我看来，高龄人口数量的增加对社会和全球经济的影响，与全球变暖一样具有潜在的破坏性。

虽然这本书的主要读者是从事设计行业的专业人员，但同时也面向居住相关领域更为广泛的群体，包括消费者。我相信这本书所传达的理念能够帮助每个人预见和计划他们和他们所爱之人的未来。

在过去的40年里，我给年轻的建筑学专业学生上课时有一个重要收获，我发现大部分学生家里都有一个身处困境的老年人。他们非常希望我的课程能够告诉他们应该怎么做，因为他们都急迫地想要帮助自己家的老年人。几年前，我被阿图尔·加万德（Atul Gawande）《最好的告别》（*Being Mortal*，2014）一书深深打动，这本书向医生们讲述了住房对于高龄老人的重要性，传播了"照护优于治疗"的理念。我希望通过我的微薄之力，帮助建筑师、住房供应商和从事护理服务的专业人士理解他们在这场日益严重的住房和服务危机中所扮演的重要角色。

这本书所呈现的内容与以往的书籍有哪些创新和不同？

本书讨论了3种主要的居住模式，尤其结合案例研究章节进行了深入分析。这3种模式针对如何将住房与服务相结合，帮助高龄老人在居住环境中尽可能保持独立生活，给出了解决方案。

这3大居住模式包括：

1. **生命公寓**——一种荷兰模式，为独立住房居民提供集中健康照护和支持服务。这种模式不仅能够为老年人提供在自己家中原居安老直至生命结束的环境，还能够提供社会交往的机会。

2. **小规模组团**——这一模式能够支持7~12名存在身体障碍或认知障碍的入住者，生活在一个指定的、居家化的环境当中，通过人性化的、快乐的、鼓励自主性的方式，满足复杂的照护需求。

3. **居家照护系统**——如今，通过协助，很多高龄老人能够在他们自己的家中独立居住。未来，结合先进的通信技术和新兴的机电技术，居家照护系统将更加完善，居家养老将会变得更简单、成本更低。

虽然这3个模式不是仅有的选择，但他们代表了比现状好得多的、有发展前景的方向。

以我之见，未来中国的老年居住建筑建设应考虑哪些问题？国外经验对中国有哪些借鉴意义？

1. **失能老人数量的增加**：中国高龄老人的数量正在迅速增长，本书第三章表3-1的数据对比显示，中国高龄老人群体的增长率是空前的。受到独生子女政策和人口预期寿命延长的影响，中国老年人数量占总人口的比例将越来越高。再加上生育意愿不强，生育率降低，预计到2050年，高龄老人比例将更高。

2. **家庭养老的未来**：在欧美地区，数百年来一直延续的"自我照顾"的家庭养老体系正在逐渐发生改变，老年人将不再像原来那样能够很容易地生活在三代同堂的家庭当中。中国也有可能面临同样的情况，需要利用好这种重视家庭支持、提倡尊老爱老的传统美德，创造出适宜的照护服务供应系统和建筑类型。扩展日间照料服务将是很好的第一步。

3. **不要再建设传统的护理院了**：美国在养老领域最大的错误之一就是为高龄老人建设护理院。美国起初没有创造出提供社会和健康照护服务的住宅系统来增强老年人的生活独立性，而是采用了一种"打了折扣的"急性照护医疗机构的模式。这种建筑模式几乎是所有人都惧怕和厌恶的。第四章表4-1列出了北欧老年居住建筑为避免陷入传统护理院模式而拥有的45条环境和照护服务特征。我们从优秀案例中发现，小规模的照护组团服务效果更好。本书介绍了来自美国（绿屋养老院的"小屋"模式）和丹麦的多个小规模组团的优秀案例。中国人喜欢建设体量较大的高层建筑，这与小规模组团的理念并不矛盾，但需要注意的是，在高层建筑中，这些居住组团必须是小规模且独立的。在这方面，本书最值得参考的是案例11——珀金斯－伊士曼建筑师事务所基于"绿屋"模型设计的新犹太人生活照护组织曼哈顿生活中心（The New Jewish Lifecare Manhattan Living Center）。

4. **北欧拥有最具创新性的模式**：这本书中介绍了来自丹麦、瑞典、芬兰和荷兰的案例。这些建筑大多采用类似住宅的形式，同时提供以家庭照护为基础的保健服务。事实证明，这种通过家庭照护帮助失能老人尽可能长时间在家中生活的模式成本更低、效果更好，在老年人和政策制定者眼中也更受欢迎。提倡"照护优于治疗"，让老年人居住在去机构化、可供自由选择的环境当中的理念，让这一模式脱颖而出。当北欧人重新定义他们的护理院时，他们避免了机构化的模式，取而代之的是深度扩展居家服务。任何一个采用生命公寓模式的案例（案例1、2、4、5、6）都将这件事做得非常专业。他们的服务体系不仅提供保健服务，还涉及包含居家照护和居家康复在内的长期照护服务。

认知症照护面临怎样的挑战？

1. **这是一个严峻的问题**：这可能是我们前进道路上遇到的最困难的问题了。根据目前我们掌握的有关认知症的信息表明，认知症老人的照护成本很高，并且难以控制。在家中照顾一位患有认知症的家人，过程既疲惫又痛苦，并且会对家庭照护者造成较大的影响。认知症老人在机构中去世的情况很常见，因为非正式的家庭支持系统通常会在认知症老人接近临终时彻底崩溃。

2. **认知症有没有可能治愈？** 人们正在齐心协力寻找认知症的治疗方法，但是人口统计数据显示，认知症患者数量将很快呈现爆发式增长。既往的工作已经创造出能够延缓认知症病情发展的药物，但这些药物通常带有破坏性的副作用。在认知症治疗方面，目前我们已经取得了很大的进步，未来还会有持续的新发现。

3. **新技术将会带来怎样的改变？** 人工智能和机器人设备很可能将在未来的10~15年时间里被应用于疾病管理中身体和心理护理服务最困难的部分。但这还需要时间，并且这些解决方案还可能带来一些其他的复杂问题。

4. **一些有前景的模式**：尽管认知症老人的照护是一个非常难以克服的问题，但像霍格韦克认知症社区（案例12，Hogeweyk Dementia Village）这样的实验性环境为我们提供了很好的例子，向我们展示了如何将护理和环境设计的理念结合到新的住房和护理模式当中。

小结

中国人坚定致力于帮助社会当中的老年人群体。通过我在南加州大学与年轻的中国学生接触的经历，我发现他们是最勤奋、最有创造力，也是最敬业的学生群体之一。我相信他们能够肩负起重任，认真、积极地应对人口老龄化给中国带来的挑战，并对未来的可能性具有清晰的认知。

2019年4月于南加州大学

推荐序

周燕珉

清华大学建筑学院教授、博士生导师
国家一级注册建筑师
中国老年学和老年医学学会标准化委员会主任委员
中国建筑学会适老性建筑学术委员会副主任委员
中国城市规划学会居住区规划学术委员会副主任委员
中国房地产业协会老年住区委员会副主任兼专家委员会主任

截至 2018 年底，中国 60 岁以上老年人口数量已接近 2.5 亿，并且未来 10 年仍将以每年 1200 万的速度高速增长。如何解决持续增加的老年人口照护问题，尤其是高龄、失能和认知症老人的居住和照护问题，是中国未来很长一段时间都必须关注的重点议题。

近年来，在国家政策的大力支持和社会力量的积极参与下，中国的养老服务业得以迅速发展，养老设施数量持续增长，养老服务体系建设稳步推进。但与此同时，由于相关经验不足，也出现了各式各样的问题，例如养老设施环境机构化、居家养老服务发展不充分等，亟待解决。

美国和欧洲等发达国家和地区已经经历了老年人口持续快速增长的过程，在应对老年人的居住与照护问题方面积累了丰富的实践经验，形成了成熟的模式体系。对于养老服务业发展尚处在"懵懂期"的中国而言，学习借鉴国外的先进做法，能够帮助我们少走很多弯路。维克托·雷尼尔教授撰写的《老龄化时代的居住环境设计——协助生活设施的创新实践》，正是对全球老年居住与照护问题最前沿研究与实践的总结，具有很强的参考价值。

本书的核心主旨和内容特点

这本书凝聚了他近年来对老年居住空间与服务的最新调查与研究成果，传递的核心主旨是："在老年人口数量持续增加、预期寿命持续延长的背景下，应打破传统护理院机构化的服务和环境现状，在新理念的指引、新项目的推动和新技术的支持下，密切结合老年人的实际需求，为他们提供更加适宜的居住环境和照护服务。"

维克托·雷尼尔预测，随着服务水平的提升和科学技术的进步，未来将有更多老年人从护理院转移到自己的家中，实现原居安老。荷兰生命公寓模式、小规模护理组团模式和居家照护模式是未来最值得参考的 3 种养老居住服务模式，本书的内容也主要围绕这 3 种典型模式展开。

全书共分 12 个章节，深入探讨了老年人的身心特点与需求特征、全球老年人口的发展变化趋势、长期照护的居住选择与服务理念、老年居住建筑的设计要点与实践案例，以及新技术对老年人居住生活的影响等热点议题。在内容组织上体现出以下 3 个主要特点：

一是全球化的视角。本书的内容非常国际化，立足于全人类共同应对人口老龄化问题的时代背景，汇集了全球相关领域最新的研究和实践成果。书中不仅包含大量来自美国的数据和案例，还引用了来自荷兰、丹麦、瑞典、芬兰、日本等多个国家的案例，分析了加拿大、德国、日本、中国、印度、巴西等国的数据资料，内容丰富翔实。

二是前瞻性的思考。本书内容立足当下，更面向未来。作者通过对全球人口增长历程的回顾和发展趋势的预测，分析了平均寿命延长将为我们带来的机遇与挑战；通过对无人驾驶、机器人、虚拟现实、基因编辑等新兴技术的展望，分析了科技进步即将给老年人居住生活带来的重大革命，提醒我们做好更长远的准备。

三是跨领域的融合。本书内容除建筑学外，还涉及老年学、护理学、医学、人口学、心理学、管理学、人机工程学、互联网技术等诸多学科，充分体现了老年居住建筑这一专业领域的综合性。作者不但深耕老年建筑领域，而且在以上其他相关领域均有广泛的涉猎和深入的思考，并将相关内容整合到了本书的话语体系当中，以恰到好处的方式呈现给了读者。

本书内容丰富全面、深入浅出、图文并茂，是作者数十年研究积淀的精华。语言表达逻辑清晰、形象生动、通俗易懂，读起来如同作者就在你面前，将一个个鲜活的案例娓娓道来，既有真实客观的陈述，又有观点鲜明的表达，令人酣畅淋漓、受益匪浅。本书在美国出版发行半年以来，得到了读者们的高度认可，并已被翻译为多国语言在全球出版发行。

我眼中的维克托·雷尼尔教授

本书作者维克托·雷尼尔是美国老年建筑研究领域的泰斗级人物，在过去40多年的职业生涯当中，他一直以教师、研究者和建筑师的多重身份，致力于为老年人创造更好的居住和生活环境，在学术和行业领域享有很好的声誉，发挥着重要的影响作用。

作为一名**教师**，他现任美国南加州大学建筑学院、伦纳德·戴维斯老年学院终身教授，被美国大学建筑学院协会（ACSA）评为"杰出教授"称号，深受同事和学生的爱戴。

作为一名**研究者**，他是美国迄今为止唯一一位同时获得美国建筑师协会和美国老年学会认证的专业会员，足以见得他在这一领域的专业地位。多年来，他积累了丰富的研究成果，先后主持了20余个研究项目，在老年居住建筑领域出版专著10部、发表论文60篇，并担任多个专业期刊的审稿人。他乐于分享，在行业论坛、学术会议或大学讲座上，经常能够看到他的身影，至今已在超过300场行业和学术活动中发表研究成果。

作为一名**建筑师**，他参与了超过400个建筑项目的设计咨询工作，项目遍及美国、加拿大、德国、英国等国家，获得了超过50个国家级或州级的设计奖项，被誉为全球老年居住建筑设计思潮的引领者。

如今，维克托教授虽已年过古稀，但依然活跃在学术和行业领域当中，并且笔耕不辍，将自己40多年的研究和实践成果凝练出来，分享给大家，非常值得尊敬，也非常令人感动。

十几年前，我去美国考察时就收藏了维克托教授的书，他的书在当时是为数不多的关于老年建筑的图书之一，再加上书中内容干货满满、实用性强，因此令人格外印象深刻。

2017年9月，我和我工作室的成员们前往美国洛杉矶考察当地的养老设施，期间有幸到南加州大学拜访了维克托教授，在有限的时间里我们进行了深入的交流，维克托教授分享的研究内容对于正处在高速老龄化阶段的中国而言具有很重要的参考价值，令我们很受启发。

2018 年 4 月，我们邀请维克托教授来清华大学参加了全国高校首届老年建筑研究学术论坛和第十届清华养老产业高端论坛，他精彩的发言得到了在场听众的高度评价。

本书中译本的出版始末

2018 年 10 月，维克托教授第一时间与我们分享了新书出版的消息，并寄来了他的新书。新书内容丰富，资料翔实，传递了很多最新的理念，我们读后收获很大。得知教授有意向委托我们将这本书翻译成中文并在中国出版，我们感到非常荣幸并欣然答应。在维克托教授、美国威立（Wiley）出版社和中国建筑工业出版社的大力支持下，我们紧锣密鼓地展开了本书的翻译工作。

本书的译者秦岭、陈瑜和郑远伟都是我在清华大学建筑学院指导的博士生，他们从本科和硕士阶段就跟随我从事老年建筑的设计和研究工作，硕士毕业后又在这一领域继续攻读博士学位。经过多年的研究与实践，他们对国内外养老建筑的发展状况有了比较深入的理解，因此能够较好地胜任这本书的翻译工作。在翻译的过程当中，为尽可能准确地传达原作者的意图，同时符合中国读者的认知习惯，他们对翻译稿进行了多轮的讨论与修改。其间，参阅了大量的文献资料，反复推敲了国内外专业术语之间的对应关系；多次与原作者联系，确认内容当中的细节信息；不断优化语言表达方式，使内容更加清晰、明确，更具可读性。最终出色地完成了这本书的翻译工作，翻译成果具有专业水准。

本书对我国老年居住环境的借鉴意义

作为世界第一人口大国，中国所面临的人口老龄化问题是空前的，无论在人口基数、老年人口增速还是抚养负担方面，比任何一个已经经历了人口老龄化进程的发达国家都有过之而无不及。面对如此严峻的形势，我们必须把握好应对这一问题的重要窗口期，吸取发达国家的经验教训，避免重走错误的老路，紧跟国际前沿动态，积极采取针对性的行动。

希望本书中译本的出版能够帮助广大从事老年居住建筑开发、设计、运营和科研工作的读者们了解全球更加先进的养老服务和老年居住理念，并运用到实践当中。需要注意的是，受中外社会、经济、文化等方面差异的影响，本书中所涉及的国外先进经验不能完全照搬到中国，还需读者们结合中国国情加以吸收、借鉴和发展。

2019 年 4 月于清华大学

译者序

秦　岭、陈　瑜、郑远伟
清华大学建筑学院　博士研究生

作为老年居住建筑领域的研究者，能够有机会把维克托·雷尼尔教授的著作《老龄化时代的居住环境设计——协助生活设施的创新实践》译成中文，并介绍给广大的中国读者，我们感到十分荣幸。

本书作者维克托·雷尼尔教授是美国著名的建筑学和老年学专家。我们最早了解到维克托教授是通过他的专著 Design for Assisted Living —— Guidelines for Housing the Physically and Mentally Frail，这本书介绍了协助生活设施的理念、设计要点和设计实例，是养老设施建筑设计领域的经典书目。正因为这本书，2017 年我们的导师周燕珉教授带队赴美国洛杉矶考察时，特意安排了南加州大学的行程，促成了我们与教授的第一次见面。当时，教授为我们精心准备了一场小型的学术报告会，深入介绍了他对协助生活设施的调查和研究成果，令我们印象深刻，我们也十分期待能与教授进行更加深入的交流合作。

2018 年 4 月，周燕珉教授邀请维克托教授来到清华大学参加学术论坛，进一步增进了我们之间的了解和友谊。10 月，了解到教授有意愿将他的新书翻译成中文在中国出版，我们随即联系了中国建筑工业出版社，书的内容得到了出版社的高度肯定，随着选题、立项、确认版权等工作的顺利推进，翻译工作得以迅速展开。

我们 3 位译者均为清华大学建筑学院的博士生，在周燕珉教授的指导下进行老年居住建筑领域的研究工作。对我们而言，翻译这本书更多是一个学习的过程，书中丰富的内容和详实的资料，令我们受益匪浅。作翻译使得我们有机会仔细研读和消化书中的每个词、每句话、每条观点和每个案例，因为只有真正理解了原作者的意图，才能够把最准确的信息传递给中文读者。与此同时，在这一过程中，书中的内容也潜移默化地丰富了我们的知识体系。

为了使这本书的中文版尽早与读者见面，在保证质量的前提下，我们尽可能提高了翻译工作的效率，最终用时 4 个月完成了全部翻译和出版准备工作。从形成初稿到最终出版，每部分书稿都至少经历了 5 轮修改，并接受了 5 名专业读者的校对，以尽可能保证准确无误。

中译本最大限度地保留了原著的结构和内容，全书共 12 章，22 万余字，各类图表近 300 张。为了方便读者更好地理解图书内容，在原著的基础上，我们对文中的英制单位进行了换算，为文中的部分专业术语增加了脚注，在书的最后增加了专业术语中英文对照表，以便查阅。

值此书出版之际，我们心里更多的是感谢。

感谢维克托教授的信任，将这本重要著作的翻译工作交于我们。维克托教授将一生致力于老年居住建筑的研究与实践，40 多年来始终保持着严谨的学术态度和高涨的工作热情，待人真诚，乐于分享，是我们学习的榜样。在这本书的翻译过程中，我们经常通过邮件与教授进行沟通，收到邮件后，教授总能第一时间回复，给予我们强有力的支持。

感谢我们的导师周燕珉教授多年来对我们的培养，使我们逐步了解并热爱上了老年居住建筑这一研究领域。在本书的翻译和出版过程中，周老师仔细校阅了翻译稿件，提出了修改建议，并在语言表述方面给予了精心的指导，使本书能够以更好的状态呈现给读者。

感谢赵良羚老师、乌丹星老师和程晓青老师为本书撰写封面推荐语。三位老师都是中国养老领域的重量级专家，也是我们了解养老行业、学习老年居住建筑的引路人，多年来聆听老师们的教导使我们受益匪浅。

感谢美国威立（Wiley）出版社的王琳编辑联系对接版权事项，感谢中国建筑工业出版社费海玲副主任，焦阳、董苏华编辑在本书翻译和出版过程中给予的大力支持。感谢武昊文、张泽菲、曾卓颖三位同学对翻译初稿提出宝贵建议。

还要感谢那些一直关心和支持我们的读者们，让我们更加相信出版这本书的意义和价值，给予我们翻译和写作的动力。希望本书的出版能够帮助国内读者更好地了解国外在老年居住建筑设计与服务配套方面的先进理念与做法，为我国积极应对人口老龄化提供参考借鉴。本书的翻译稿虽然经历了多轮校对与修改，但仍难免存在纰漏，如有不妥之处，恳请读者朋友们批评指正。

2019 年 4 月于清华大学

前言

"人们常说，一个文明的价值和意义体现在建筑形式上，而衡量一个社会的同情心和文明程度的真正标尺，在于它对待高龄老人有多好。"[1]

早在 20 世纪 80 年代末，护理院处于盲目扩张建设时期，当时它是为那些无法在社区独立生活的高龄老人设立的，容易给人们留下负面印象。几十年前，我还是一名学生，在参观南加州一些最好的护理院时，我不禁提出了一个问题——为什么我们不能做得更好呢？

你感受到的不仅仅是建筑的失败，还有阴郁的生活方式、孤独的隔离感和弥漫在整个护理院的不快乐的氛围。但现实是，至少在当时，如果你长期处于失能状态，而且无法与家人住在一起，那么你别无选择，只能住在那样的地方。

当时的高龄老人，通常 85 岁左右。如今，随着 90 岁及 100 岁以上人口的增长，美国女性的平均寿命大约是 81.2 岁，预计到 2050 年将增加到 86.6 岁。[2] 目前绝大多数高龄老人的心理和生理状态都比以前更好，但不幸的是，我们的护理院还是以前的样子。

20 世纪 90 年代初，看到富布赖特（Fulbright）对北欧照护设施的研究之后，我顿悟了。[3]北欧的护理院更像是美国的协助生活设施，居室面积更大，都是单人间，且照护组团都是小组团。他们的护理方法侧重于护理而不是治疗。换句话说，帮助老年人克服独立生活的障碍

图 1　近几十年，北欧高龄老人住宅及其服务模式启发了许多老年病学专家及养老设施运营商：这套系统不仅价格平民，在建筑物理环境方面也进行了诸多考虑，同时具有成熟的老年人护理方式
图片是位于丹麦哥本哈根的格莫斯加德养老项目（Gyngemosegaard）
图片来源：Rubow Arkitekter

是首要任务，诊断疾病虽然重要，但不是最重要的。照护服务只是为了辅助老年人完成那些力不能及的事情。在护理院和照护机构，锻炼是强制性的，他们的首要目标是，让老年人在护理人员的帮助下过上正常的生活。北欧所有形式的长期护理机构（LTC）都有部分或全额的补贴认证，此外北欧还有基于家庭照护的援助，人们通常比较喜欢家庭照护，而不是搬到机构生活。

那么协助生活设施呢?

过去 20 年的美国，**协助生活设施**的发展为认知障碍及身体衰弱的老年人提供了一种有用的居住选择。通过提供以老年人为中心的居住和护理模式，协助生活设施开辟了一条符合市场需求的道路。

然而，美国的协助生活设施仍然存在两个主要问题。第一个问题是如何建立高强度医疗照护服务的供给管理规则。这些规则由各州建立，通常要求老年人在医疗需求增加时离开协助生活设施。在费用方面，虽然协助生活设施居室的费用只有私人护理院的一半左右（3750 美元），但仍然很昂贵。个人付费的单人床位平均每月费用高达 8121 美元。[4] 通常，协助生活设施的费用是由个人支付的。第二个麻烦的问题是，协助生活设施通常提供餐饮和服务，而这些服务可能会因为给老年人帮助太多而削弱他们自己原本具备的能力。这本书并不反对协助生活设施的模式，只是在借鉴北欧照护体系的理念和美国的创新形式之后，给出了更多选择，从而为美国长期照护模式的发展提供一定的理论参考。

传统护理院的弊端

在过去的 50 年里，美国绝大多数传统的护理院并没有发生太大的变化——条件很差，居住时间不能超过几周。最初的护理院被设计为比医院廉价的暂住地，原本就不是适合长时间居住的地方。如今，短期"康复"的老年人在护理院搬进搬出，平均住院时长为 23 天。然而，大约有一半的老年人将护理院作为永久居住的地方。据官方统计，死于护理院的老年人平均居住时长约为 2.25 年（835 天）。[5] 大多数老年人住在护理院是因为他们别无选择，其中超过 2/3 的人是女性。医疗补助计划（Medicaid）补贴了大约一半的护理院费用，这些费用主要提供给经济困难的人。

没有人喜欢这种建筑类型。医生们认为，对于那些马上走到生命终点的老年人来说，护理院是死气沉沉的医疗环境；家庭成员把护理院看作是不可避免的、不想面对的最后一站；老年人认为他们在护理院得不到尊重、没有自主权、没有隐私；护理院的管理者认为运营护理院是一项艰难的业务，利润很低，需要极高的效率。[6]-[8]

让我们面对现实吧——护理院作为机构，就像监狱和医院一样。欧文·戈夫曼（Erving Goffman）在著作《收容所》（*Asylums*）[9] 中，恰如其分地描述了一些听起来很像护理院的机构，那里的生活受到管制，与外界隔绝，受中央集权控制。在那里，人们会迷失自我和人性。曾经有一位同事原本住在家中，搬去护理院两周后，我去拜访他，结果让我大吃一惊。在护理院里，他看起来完全变了一个人。护理院的环境（包括物理环境和服务环境）营造出一种压抑的生活氛围，使他变得更加衰老、虚弱、无力。

图 2 贝赫韦格生命公寓（案例 1，Humanitas Bergweg）设计了自由平面的中庭，内部包括很多可用于社交、用餐及举行各种活动的空间：生命公寓的理念是，帮助高龄老人过上充实、幸福美满的生活，让他们在家庭护理员和护士的帮助下实现原居安老

如何改善护理院？

研究美国的传统护理院很容易有挫败感，但第 8 章中研究北欧的案例则会有很多收获。这些案例通过图纸、照片和简短的叙述，说明了如何通过设计策略和管理策略提高老年人的满意度。第 6 章和第 7 章列出了 32 个主要通过北欧案例总结得出的护理及环境设计要点。第 8 章还介绍了 3 个美国绿屋养老院案例（案例 9、10、11）和 4 个北欧护理院案例（案例 13、14、16、17），以阐述小组团设施的优势和新型的运营理念。国内外的医疗养老服务者都在积极探索各种方法，致力于让老年人的生活更有意义。他们通过采用小规模组团、居住化的设计特征和创新的护理方法，成功弱化了护理院的机构属性。

高龄老人的居住和服务选择

除了传统的护理院和协助生活设施之外，如今还有一些值得一提的养老居住选择。不幸的是，这些设施并不具有普适性。本书提到了一些比较老的非典型案例，是为了重新回顾那些服务于高龄人群并已经取得成功的建筑。而且，我曾为其中 3 座建筑的规划和设计团队担任顾问，这 3 座建筑分别是：案例 7——伍德兰兹生命公寓原型（Woodlands Condo for life Prototype），案例 8——查尔斯新桥养老项目（NewBridge on the Charles），以及案例 18——比佛利山黎明认知症照护组团（Sunrise of Beverly Hills Dementia Cluster）。

另外，许多针对老年人住房的建筑案例研究书籍存在的一个问题是，它们只关注具有很强存在感的、正式的大型建筑。这些建筑虽然有时在建筑设计和城市设计上非常有趣，但不一定是高龄老人居住建筑的最佳选择。话虽如此，本书中也有几栋生命公寓属于大型建筑。但不同之处在于，书中提到的大规模案例主要是用于提供附属服务（比如餐饮的），而且它们对公众开放。此外，它们的照护理念独特且个性化，吸引的50岁以上混合年龄段的客群中，既有高龄老人，也有年轻老人。

本书的主体内容集中在3种适老化的居住和服务选择上，我相信在未来30~50年，在我们努力解决如何照顾越来越多的高龄老人的问题时，这3种方式是值得参考的。

这3种方式是：

1. 荷兰生命公寓模式（Dutch Apartment for Life model）。

2. 小规模、分散化的护理组团及认知症组团。在美国通常被称为小屋（Small Houses）或绿屋养老院（Green Houses）[①]。

3. 居家照护模式：护理人员上门提供个人护理和医疗照护服务，使老年人能够在自己的公寓或独立住宅中生活更长时间。

这些方案将在本书进行深入详细的介绍，尤其是在第8章，其中包括来自美国和北欧的案例，以及第9章，展示了一些帮助人们在社区中独立生活的新项目。

图3　家庭照护工作人员（包括护士及护理员）到高龄老人家中或养老住宅的居室中为老年人提供帮助：家庭护理员每天可访问5~7户老年人，为其提供个人护理协助。图中的这位护士以需求为基础进行不间断的上门护理，并给每位老年人都设计了精细的医疗护理方案

---

① 绿屋养老院：Green House ©，一种以保证生活质量、营造家庭氛围为特色的美国养老护理设施类型。

这些被称为**小屋或绿屋养老院**[10]的护理院模式,具有组团规模小型化、照护等级扁平化、设施使用友好化的特征。分散化的模式在北欧已经流行了几十年,但对美国来说却是新概念,目前正以许多积极的方式重新定义护理院。

本书强调的最具创造性的欧洲养老服务模式,是**荷兰公寓/生命公寓**模式,它具有适应性的建筑设计、数字化的护理信息系统,和基于家庭照护的服务供给方式。[11][12] 20年来,生命公寓通过让高龄老人入住专门建造的独立住宅,帮助他们成功地避开了机构化的环境。支持老年人在生命公寓实现原居安老而不用搬入护理院,已经变成它们心照不宣的承诺。最近研究出来的模式,是为认知症老人设计的小型居住组团,它能为那些随着年龄增长而出现严重认知障碍的老年人提供更好的保护和更个性化的支持。

生命公寓是居住及护理混合型模式,服务于年轻老人(70岁)和高龄老人(85岁以上)。与大多数北欧模式一样,以社区为基础的服务,如餐饮和家庭护理,也会提供给周边社区的老年人。邻居会被邀请参加生命公寓中的活动或日间照料服务。这与美国的体系大不相同,在美国,大多数住房是私人的、相对封闭的,几乎不与社区产生联系。

最后,随着新技术和便携式运送系统的不断发展,未来在专门建造的老年人独立住宅中,**家庭照护服务的范围将得到突破性的扩大**,以帮助老年人在自己原来的社区住得更久。许多美国的养老服务运营商认为这似乎不切实际,但其实这是因为他们强行蒙蔽了自己的双眼。在急性健康照护方面,军队几十年来一直在探索将手术设备和护理单元转移到"野外作业"。现在看来,人们在自己原本的居住环境中接受治疗,似乎很容易实现。此外,按需提供全面深入的居家护理服务的策略在北欧已经实施几十年了。

它被视为一种"待在家里,根据需要接受护理服务"的方式。北欧的养老项目宗旨是,即使是非常虚弱的老年人也能在社区得到食物、沐浴和如厕等帮助服务。当老年人觉得需要更多的安全感时,通常就会被推荐到"服务型住宅"或护理院(单人居住,有独立卧室)中居住。在这里,老年人以组团形式生活(类似协助生活设施),医疗服务是典型的护理院模式。但大多数情况下,最开始还是会尽力让老年人留在原本的社区中生活。

其他9个项目,包括**老年人全面照护项目(PACE)、友好城市(Friendly Cities)、自然形成的退休社区(NORC)**和**"村对村网络(Village to Village Network)"**在第9章中都有描述。这些项目阐述了在帮助老年人原居安老方面所取得的进展。令人振奋的是,2013年有超过50%的医疗补助计划和长期照护支持服务项目(LTSS)的资金,通过第1915c号和其他豁免项目,用于居家和社区护理服务(HCBS)上。[13][14] 如果是过去,这笔钱将直接用于护理院的护理服务。

为了更有策略性和针对性,本书选择了许多住房和服务方案实例,以激发对社区服务模式可能性的思考。选择的北欧(瑞典、丹麦、芬兰和荷兰)案例已经通过实践验证,具有较高的质量、价值和创新性。如今我们在美国看到的具有创新性的案例,通常都借鉴了北欧照护体系的部分内容。北欧人对提供家庭照护服务的居住形式有深入的体会。这些住房和服务使得很多高龄老人仍然可以在限制很少、自主选择的环境中生活。

此外,还必须要提到这些国家的财务体系。这些基于社区的服务体系,允许老年人免费或分不同收费标准来使用长期照护服务。老年人一生缴纳的税金可以作为部分养老补贴。美

图4 伊丽丝马尔肯（案例 17，Irismarken Nursing Center）养老项目是一家护理中心，设置有两个 9 间居室的护理组团和两个 9 间居室的认知症照料组团：这栋长而薄的建筑两侧都有优美的景观，一侧是可以看到有鸭子的池塘，另一侧是热闹的运动场

国个人的长期照护保险是可行的，但大多数老年人都使用储蓄和房产来支付医疗保险。北欧养老模式的创新体现在护理策略、设计实践和社区服务体系等方面。也有证据表明，基于家庭护理的养老体系比机构护理模式要便宜。我们可以从北欧的经验中学到很多东西。从人口统计学上看，（北欧）这些国家 65 岁和 85 岁以上人口的比例一直较高。在美国，我们研究北欧国家如何应对日益增多的老年人，对于思考未来美国的相关问题也十分有益。

是什么推动了老年人口的增长？

用一个词来概括：**长寿**。

斯坦福长寿研究中心（Stanford Center of Longevity）在描述美国的长寿趋势时说："现在的 75 岁就像以前的 68 岁。"换句话说，2010 年 75 岁的美国男性与 1970 年 68 岁的男性面临同样的死亡风险。[15] 如果你 1950 年 65 岁，你可能会再活 13 年到 78 岁。2010 年，同样是 65 岁的老年人，预计还能多活 17 年，到 82 岁。60 年内寿命净增长了 48 个月。

这种趋势会持续下去吗？在过去一年左右的时间里，人类的预期寿命出现了轻微的停滞，并开始有所下降。[16] 这可能是日益增长的肥胖症或其他社会影响（如阿片危机）导致的结果。但随着新医疗技术的发展，人类的寿命也未必继续增长。一些研究人员认为，125 岁是人类最长的寿命，即使发现了治疗世界上主要慢性病的方法之后也是如此。[17] 考虑到生命医学突破的潜力，以及科技在改善健康状况方面的作用，未来我们很可能会看到更多的老年人。然而，很多老年人，即使使用了先进的技术（或因为先进技术而长寿），也可能会继续经历 5~10 年的慢性病的折磨，正是这一群体，会从老年人护理及居住创新项目中获益最多。

多关注慢性病，少强调急性护理

如何让人们享受健康的衰老过程一直是一个争议不断的话题。不幸的是，我们目前的医疗体系侧重于急性护理，对慢性病治疗关注不足。[18][19] 简单地说，想要了解失能状态是如何影响人们的健康情况的，我们需要更多地了解人的日常生活。目前的医疗保健系统强调诊断

图 5 霍格韦克认知症社区（案例 12，Hogeweyk Dementia Village）设置有 23 个 6 ~ 7 人的小组团，入住老人都是严重的认知症患者：平面设计非常安全，允许老年人在社区内自由行走。主要的林荫大道串联了 7 个庭院，包含各种服务和活动，老年人可以独立使用这些空间，也可以在护理人员的陪伴下使用

图 6 在一个典型的老年人全面照护项目中，不同的专业人员对一系列症状进行诊断和治疗：包括心理健康、物理治疗、神经学治疗、行为问题、药物干预及牙科护理等。项目中的健身房提供了一系列综合型的物理治疗设备及健身器械

和治疗疾病，而忽视了安全、运动和生活方式的重要性。多年来，老年医学专家一直在强调，有必要帮助老年人寻找健康的生活方式，包括锻炼和营养摄入。这些会对行动能力产生重要影响，并可能延缓关节炎等慢性病的发作，延后导致摔倒的平衡控制问题的发生。目前的医疗系统依靠每年一次的身体检查，给老年人打针或吃药，而错过了讨论老年人日常生活障碍和健康活动的机会。这就是老年人住房（尤其是与个人护理援助相结合的住房）如此重要的原因。老年人大部分时间都待在自己的住宅里，那里可能有体贴的设计，有同伴的陪伴，或许会给老年人一个更积极的生活方式，从而延长寿命，提高晚年生活质量。老年人身体健康和生活方式的监测模式与传统的医疗护理是非常不同的。

葛文德（Gawande）[20] 阐述了明尼阿波利斯市一个成功的老年评估 / 治疗小组的方法，这种方法定期对患者进行诊疗检查，目的是：1）简化药物；2）控制 / 监测关节炎；3）修剪脚趾甲；4）关注食物和营养。这些并不是什么大的医疗干预措施，但它们往往是老年人**真正需要**的，以保持他们在社区的独立生活。我们的医疗系统并没有很好地完成这些简单但非常重要的任务。第 9 章描述的老年人全面照护项目提供了一个更有效的模型来监控这些重要因素。

葛文德的专著阐述了医生在维护老年人健康方面更广泛的责任，这是我写这本书的灵感来源。我认为，建筑师、政策制定者、设施运营商和护理人员都需要认识到，居住环境在引领我们走向长寿和健康的生活方面所起到的重要作用。建筑物的设计理念和护理理念如何才能最好地满足老年人的需要？当你变得更老、更虚弱、生命垂危的时候，什么样的住房选择对你来说才是有意义的？

引用文献

[1] Regnier，V.（2002），*Assisted Living Housing for the Elderly*：*Design Innovations from the United States and Europe*，John Wiley & Sons，Hoboken，NJ.

[2] US Census International Programs，World Population by Age and Sex（2010–2050），https：//www.census.gov/population/international/data/idb/informationGateway.php（accessed 9/26/17）.

[3] Regnier, *Assisted Living Housing for the Elderly.*

[4] Genworth Financial, Compare Long Term Care Costs Across the Country, https://www.genworth.com/about–us/industry–expertise/cost–of–care.html（accessed 10/1/17）.

[5] Jones, A., Dwyer, L., Bercovitz, A., and Strahan, G.（2009）, *The National Nursing Home Survey: 2004 Overview.* National Center for Health Statistics, Vital Health Statistics 13（167）.

[6] Gawande, A.（2014）, *Being Mortal: Medicine and What Matters in the End*, Metropolitan Books, New York.

[7] Kane, R., and West, J.（2005）, *It Shouldn't Be This Way: The Failure of Long-Term Care*, Vanderbilt University Press, Nashville.

[8] Thomas, W.（2007）, *What Are Older People For?* VanderWyk and Burnham, Acton, MA.

[9] Goffman, E.（1961）, *Asylums: Essays on the Social Situation of Mental Patients and Other Inmates*, Doubleday and Company, Garden City.

[10] Thomas, W.（2007）, *What Are Older People For?* VanderWyk and Burnham, Acton, MA.

[11] Becker, H.（2003）, *Levenskunst op leeftijd: Geluk Bevorderends Zorg in enn Vergrijzende Wereld*, Eburon Academic Press, Rotterdam.

[12] Becker, H.（2011）, *Hands Off Not an Option! The Reminiscence Museum Mirror of a Humanistic Care Philosophy*, Eburon Academic Press, Rotterdam.

[13] Golant, S.（2015）, *Aging in the Right Place*, Health Professionals Press, Baltimore, 190.

[14] Ng, T., Harrington, C., Musumeci, M., and Reaves, E.（2015）, *Medicaid Home and Community-Based Services Programs: 2012 Data Update*, Henry J Kaiser Family Foundation, #88, Menlo Park.

[15] Hayutin, A., Dietz, M., and Mitchell. L.（2010）, *New Realities of an Older America: Challenges, Changes and Questions*, Stanford Center on Longevity, Stanford, CA, 5.

[16] Stein, R.（2016）, Life Expectancy Drops for the First Time in Decades, National Public Radio, December 8, http://www.npr.org/sections/healthshots/2016/12/08/504667607/life–expectancy–in–u–s–drops–for–first–time–indecades–report–finds（accessed 10/1/17）.

[17] Weon, B.M., and Je, J.（2009）, Theoretical Estimation of Maximum Human Lifespan, *Biogerontology* 10, 65–71.

[18] NIA/NIH,（2011）, *Global Health and Aging*, GPO Publication #11–7737, Washington DC.

[19] Butler, R.（2006）, *The Longevity Revolution: The Benefits and Challenges of Living a Long Life*, Public Affairs, New York.

[20] Gawande, *Being Mortal*, 49.

特别感谢我的妻子朱迪·贡达，我的孩子珍妮弗和希瑟，我的兄弟姐妹（罗伯特和凯蒂），我的父母（维克多和海伦）；还有我的祖母凯蒂。

我们让彼此认识到了老龄化的现实和家庭的美德。

目录

第 1 章　高龄老人的需求是什么？ ·· 001

高龄老人更喜欢哪种养老住房选择？ ·· 001

我们如何变老往往不可预测 ·· 001

策略一：待在家里看会发生什么 ·· 002

策略二：计划搬家并积极寻找可行方案 ·· 005

居住环境和服务可以从哪些方面更好地服务于高龄老人？ ···················· 009

引用文献 ·· 010

第 2 章　影响独立性的衰老变化主要包括哪些？ ···························· 011

感知能力的变化 ·· 011

限制独立性的慢性病和失能 ·· 015

慢性病会继续减少吗？ ·· 016

引用文献 ·· 020

第 3 章　人口统计与居住安排 ·· 023

全球的生育率和死亡率 ·· 023

长寿是导致老年人口数量增长的主要驱动力 ···································· 024

全球 65 岁以上、85 岁以上和 100 岁以上人口数量的增长状况 ················ 025

中国是世界上人口老龄化速度最快的国家 ······································ 026

欧洲的老龄化经验：前车之鉴 ·· 026

日本人口老龄化所面临的三重挑战：长寿、低生育率和低移民 ················ 027

美国 65 岁以上和 85 岁以上人口的增长率如何呢？ ·························· 028

百岁老人和近百岁老人：美国 100 岁以上和 90 岁以上的老年人 ·············· 028

人口增长的影响 ·· 030

哪些其他的人口因素将会对未来产生影响？ ···································· 031

引用文献 ·· 032

第 4 章　如何定义长期照护？存在哪些选择？ ······························ 035

长期照护的主要选项有哪些？ ·· 035

护理院的事实和数据 ·· 036

传统护理院存在哪些问题？ ·· 036

绿屋养老院和小屋模式会取代传统的护理院吗？ ·············· 039

我们应该争取将哪些属性赋予新型的护理院？ ·············· 039

协助生活设施与居住照料设施有何不同？ ·············· 039

协助生活设施的问题之一：收住更多需要依赖他人照料的居民 ·············· 042

协助生活设施的问题之二：照料成本高且缺少报销 ·············· 042

协助生活设施与护理院的居住者有哪些不同？ ·············· 042

我们能够从临终关怀模式中学到什么？ ·············· 043

通过家庭成员和正式来源提供家庭护理 ·············· 044

在需求的边缘重新制定家庭照护计划 ·············· 046

引用文献 ·············· 047

第 5 章 为年老体弱者提供住房的宗旨和理念 ·············· 049

一级理念 ·············· 049

二级理念 ·············· 049

环境顺从假说 ·············· 050

引用文献 ·············· 051

第 6 章 20 个改变设计结果的设计理念及原则 ·············· 053

邻里街区、场地和户外空间 ·············· 053

1 选择一个可达性高的场地 ·············· 053

2 通向户外及自然 ·············· 054

3 考虑建筑密度、景色及社会交往的庭院设计 ·············· 055

4 建筑边缘的缝隙空间 ·············· 056

5 用于社交活动及身体锻炼的中庭空间 ·············· 056

细化设计属性和注意事项 ·············· 058

6 让建筑平易近人、友好、去机构化 ·············· 058

7 打造可灵活调节的适应性建筑 ·············· 060

8 建筑设计应能鼓励步行 ·············· 061

9 引入自然光 ·············· 063

10 布置自由平面 ·············· 064

11 室内设计对感官的影响 ·············· 065

12 为认知症老人设计的几点特殊考虑 ·············· 067

刺激社会交往 ·············· 070

13 设置家人朋友的探访空间 ·············· 070

14 100% 角落或社交桌 ·············· 071

15 隐蔽的观察及预先观察空间 ·············· 073

16 独处空间 ·············· 074

17　主通道 ·· 075

18　三角刺激 ·· 077

居室的规划设计 ·· 077

19　个性化，让居室属于你自己 ·· 077

20　居室设计 ·· 079

引用文献 ··· 082

第 7 章　12 个避免机构化生活方式的照护管理实践 ················· 083

有效的护理策略 ·· 083

1　通过家庭照护模式调节自主性 ···································· 083

2　主要的、次要的及指定的护理员和电脑 ···················· 084

3　日常生活活动疗法 ··· 086

4　保证向周边社区服务 ··· 088

充分参与生活 ·· 090

5　用进废退 ··· 090

6　致力于物理治疗和锻炼 ··· 090

7　兴趣小组、娱乐和有目的的活动 ································ 092

8　用餐体验及营养 ··· 093

创造情感和快乐 ·· 095

9　鼓励快乐及积极的影响 ··· 095

10　避免机构化的生活方式 ··· 097

11　植物、宠物、孩子及富有创造力的艺术 ···················· 098

12　让护理人员感到有尊严、被尊重 ······························ 100

引用文献 ··· 101

第 8 章　21 个建筑案例的研究 ·· 103

欧洲居家照护服务建筑的历史 ·· 103

服务型住宅模型的出现 ·· 104

人本主义风格的生命公寓 ··· 106

持续照料退休社区或人生计划社区：美国的发明 ·················· 111

案例 1：贝赫韦格生命公寓（Humanitas Bergweg）·········· 114

案例 2：伦德格拉夫帕尔克养老公寓（Rundgraafpark）······ 119

案例 3：拉瓦朗斯养老公寓（La Valance）······················· 123

案例 4：内普图纳养老公寓（Neptuna）·························· 127

案例 5：德普卢斯普伦堡养老公寓（De Plussenburgh）······ 131

案例 6：德克里斯塔尔养老公寓（De Kristal）················· 136

案例 7：伍德兰兹生命公寓原型（Woodlands Condo for life Prototype）········· 138

案例 8：查尔斯新桥养老项目（NewBridge on the Charles） ·············· 143

小组团生活设施案例研究 ·· 150

案例 9：圣安东尼奥山花园绿屋养老院（Mount San Antonio Gardens Green House）····154

案例 10：伦纳德 - 弗洛伦斯生活中心（Leonard Florence Center for Living）··········· 158

案例 11：新犹太人生活照护组织曼哈顿生活中心

（The New Jewish Lifecare Manhattan Living Center） ··············· 162

案例 12：霍格韦克认知症社区（Hogeweyk Dementia Village） ··········· 166

案例 13：艾特比约哈文养老设施（Ærtebjerghaven） ··················· 174

案例 14：赫卢夫 - 特罗勒养老设施（Herluf Trolle） ··················· 180

小尺度的协助生活设施（20~40 间居室和其他类型） ················· 185

案例 15：维斯 - 恩格尔协助生活设施（Vigs Ängar Assisted Living） ··········· 185

案例 16：乌尔丽卡 - 埃莉奥诺拉服务型住宅（Ulrika Eleonora Service House） ······ 191

案例 17：伊丽丝马尔肯护理中心（Irismarken Nursing Center）············· 194

案例 18：比佛利山黎明认知症照护组团（Sunrise of Beverly Hills Dementia

Cluster） ··· 199

案例 19：艾厄巴尔肯共同居住项目（Egebakken Co-Housing）············· 202

案例 20：威尔森临终关怀设施（Willson Hospice）····················· 206

案例 21：穆首姆海湾度假中心（Musholm Bugt Feriecenter）············· 211

引用文献 ··· 214

第 9 章　鼓励老年人在服务支持下实现居家养老的项目 ··················· 217

1　家庭适老化改造项目 ··· 217

2　丹麦的家庭照护体系 ··· 220

3　老年人全面照护项目（PACE） ······································· 222

4　基于居家和社区的照护服务：1915c 号和 1115 号豁免项目与长期照护保险 ····· 225

5　比肯山庄（BHV） ·· 227

6　老年友好城市 ·· 230

7　附属居住单元（ADU） ··· 232

8　世代智慧住宅和下一代住宅 ·· 233

9　自然出现的退休社区（NORC's） ····································· 235

引用文献 ··· 237

第 10 章　户外空间及植物的疗愈作用 ································· 239

景观是如何产生影响的？ ··· 239

热爱自然 ·· 239

对身体健康的好处 ·· 240

对心理健康的好处 ·· 240

花园及室外空间的设计考虑因素 ·· 242

认知症花园 ·· 246

欧洲中庭建筑 ··· 247

引用文献 ··· 251

第 11 章　新技术将如何帮助人们保持独立生活、避免机构化的生活环境? ·············· 253

交通出行是当今老年人面临的主要障碍 ·· 253

网络服务的利用 ·· 254

上门服务 ··· 254

无人驾驶汽车 ··· 256

社交机器人 ·· 257

功能性机电机器人 ··· 259

运输和提升设备 ·· 259

外骨骼 ·· 261

防护服 ·· 262

代步车（个人操作的交通工具）和移动助手 ···································· 262

虚拟现实技术 ··· 263

可替换的身体部件 ··· 264

基因药物和基因疗法 ·· 264

小结 ··· 265

引用文献 ··· 265

第 12 章　核心主题、借鉴与结论 ·· 267

美国和世界将经历更加深度的人口老化过程 ····································· 267

需要更加完善的家庭照护模式和更加综合的健康照护模式 ················· 267

入住协助生活设施是一个可行的选择，但在美国具有一定的局限性 ······ 268

生命公寓模式在独立住房中提供了个人和医疗照护服务 ···················· 268

即使存在其他选择，面向身心障碍人群的小型居住组团仍将继续存在 ··· 269

美国现存的大多数护理院质量都很差，需要逐步淘汰或升级 ··············· 269

我们应当如何帮助认知症患者过上更加满意、更有意义的生活? ·········· 270

婴儿潮一代对高品质的长期护理服务抱有很高的期待，但购买力不足 ···· 271

增进友谊、扩大影响力能够让生活更幸福 ·· 272

技术的进步会带来怎样的改变? ··· 272

强调锻炼和与室外空间的联系 ··· 272

在城市和邻里范围内更加综合的做法 ·· 273

结论 ··· 273

附录 名词中外对照表 ·· 275

   人名 ··· 275

   养老建筑案例名称 ··· 276

   实践项目名称 ··· 277

   建筑专业名词 ··· 278

   科学技术名词 ··· 280

   社会组织名称 ··· 280

   老年学和医学专业名词 ··· 281

   企业、品牌和产品名称 ··· 285

致谢 ·· 286

第1章
高龄老人的需求是什么？

高龄老人更喜欢哪种养老住房选择？

如果我们想着手为高龄老人设计最适合他们的住宅，那会是什么样子的？多大的居住单元比较合适？怎样与周边社区及亲朋好友建立联系？他们会更喜欢融入普通的全龄社区，还是与年龄相仿、生活模式类似的老年群体一同生活？

住宅里会有增加安全性和促进便捷交流的高科技产品吗？或者还是普通门锁一样的老式设备？会不会有一个展示珍贵物品或摆放心爱家具的地方？养宠物很重要吗？

如果老年人在做饭或洗澡时需要帮助，如何提供支持？孩子或亲戚邻居会主动帮忙吗？如果老年人出现记忆混乱或丧失记忆，应该如何解决？如果老年人开车去商店太困难或有危险怎么办？在保证一定自主权的情况下，如何提高安全性？自力更生有多重要？

最重要的是，在你选择的老年居住建筑中是否可以一直居住到生命的尽头？

"原居安老"似乎是最可能的答案

如果我们跟长辈讨论未来养老的话题，他们会更倾向于待在家里，一切都顺其自然，而不是搬去小一点儿的住宅、公寓，或者专门的老年住宅、养老院，更不希望去护理院。美国退休人员协会（AARP）一项经常被引用的调查显示，73%的（45岁以上的）受访者**强烈同意**"我最希望的，就是尽可能长时间地待在我现在的住处。"[1] 当然，我们还应该注意到，80岁以上的老年人中，有超过75%的人都拥有自己的房产。[2]

当然，人们喜欢"原居安老"还有一个原因，那就是似乎什么都不用做就可以安度晚年。未来的不确定性让人们更容易满足现状。但是思考养老问题确实可以让我们加深对它的理解，从而寻找更多更好的解决方案。

但是"原居安老"适合每个人吗？决定我们思考和选择未来的问题是什么？同一种模式具有普适性吗？或者随着时间的推移，这种模式是否要作出适应性的更新？此外，高龄化、失能及家庭帮助等方面是如何与构想的养老模式相适应的？

我们如何变老往往不可预测

如果我们的生命轨迹都一样，未来可以预测，那么回答这些关于养老的问题就变得容易一些。如今我们比10年前有更多的选择，但也并没有更容易地找到答案。之所以困难（但也有趣），是因为变老的过程充满了不可预测性。衰老是不可避免的，但是如何变老却很难预测。衰老的迷人之处在于老年人之间的差异。

我们常用**身心脆弱**或**高龄**来描述这类人群，但是他们之间存在巨大的个体差异。同时，人在生命早期就开始经历着不同程度的

图 1-1 德克里斯塔尔养老公寓（案例 6, De Kristal），购物、交通选择的多样性及街区的安全性给老年人的生活带来了便利：当你逐渐变老，居住环境的交通不太便利时，如何出行就成为一个重要因素。居住在临近的街区将最大程度上减少失去朋友带来的难过情绪

老化。贝尔斯基（Belsky）和他的同事[3]在对近 1000 名 38 岁的人进行抽样调查后发现，这一群体的"功能年龄"有的还不到 30 岁，有的已经接近 60 岁，这群人高中毕业后才 20 年，老化速度的差异竟然就如此巨大。

我们从一出生就有一个独特的 DNA 基因图谱，此后的每一天都朝着不同的方向发展。当我们到了退休年龄时，我们的行为、习惯、生活方式和经历足够让我们变得独一无二。我们都知道自己的生日，却不知道自己的**忌日**——甚至不知道我们将如何死去。理所当然，每个人的"理想"居住环境肯定与另一个人不同。

寿命是一个因素。平奇斯·科恩（Pinchas Cohen）[4]提醒我们，健康和财富也值得考虑。活到 95 岁听起来很棒，但是生命最后的 5~7 年是积极的还是受限制的，这很重要。没有合理的人生规划，到晚年就很可能没有积蓄，导致生命的最后 5 年生活得很痛苦。因此，大多数情况下，注意控制自己的生活方式十分重要。**高龄老人的居住建筑重要的不仅仅是它的外观。**这本书从高龄老人的角度探讨居住问题，考虑的不仅仅是建筑的合理外观，还包括它如何支持每个人独一无二的

生活。选址有什么影响？两层楼的住宅会给老年人带来多大的障碍？住宅考虑了无障碍设计吗？

对于这个国家的许多高龄老人来说，迫在眉睫的现状是他们最终不得不选择护理院。美国有 140 万人住在护理院，[5]其中大部分人都有医疗补助。护理院是他们最后的选择，尤其是独自生活的贫困高龄女性老人。

老年人和其家庭成员在考虑他们未来的居住选择时，似乎采用了两种主要策略。

变老的其中一个迷人之处在于，同龄老年人是有多么不同。

策略一：待在家里看会发生什么

最常见的策略就是待在家里，继续生活，不去想搬家的事。这种策略可以称为"未雨绸缪"。住宅改造往往伴随着生活方式的变化。夫妻通常还像往常一样相互依赖。这对男性来说是有利的，因为如果他们与年龄相仿的人结婚，他们很可能比配偶先离开这个世界（因为寿命的性别差异）。而且，随着男性逐渐衰老失能，他们也会有贴身的照护者（妻

图 1-2 限制入住年龄或者面向特定年龄的活力老人社区，以满足老年人的需求和期望为设计目标：**大多数都设计成一层住宅，带两间卧室。常见的配置如图所示，厨房、起居室、餐厅被设计成开敞的大空间**

子），能够且愿意照顾他们。然而，配偶去世后，留下的老年人却没有贴身照顾者，而且经常因为照顾过老伴而疲惫不堪。最后，丧偶的老年人通常会选择待在家里，等着看接下来会发生什么。但失去了老伴的陪伴和安全感，他们往往会觉得有必要寻求专业的养老环境，或者，如果他们有孩子，则更多依赖家庭帮助。

一个便利且具有支持性的社区的可预测性

另一个情感因素是邻里关系。美国退休人员协会的同一项研究报告显示出强烈的"原居安老"倾向，67%的人十分认同他们将尽可能长地留在自己原来的社区。[6] 在原来的社区，老年人对附近的商人、邻居、商店和各种服务都比较熟悉，获得相应的商品和服务也更容易。邮递员、当地五金店的勤杂工、美容院的发型师/理发师都是重要的朋友，而这些人通常是他们在熟悉的地方认识的。

社区基础设施，如教堂、图书馆、公园、杂货店、药店等与生活的关系也密不可分。离开原有的住房意味着失去与原有社区资源的联系，或者失去一个总是愿意帮助你的邻居。可预测性是另一个因素。搬家的时候必须先确保邻里生活得以保障，包括个人安全、交通，以及必要资源的便捷性等都应该满足。护理院和协助生活设施从本质上来说是自给自足的。那里的工作人员可以满足所有养老需求，包括食物、个人援助、美容院、交通出行等，他们通过提供服务取代邻里关系。

为什么这么多人希望"原居安老"而不愿搬家？

对许多人来说，自己的房子就像一座生活体验博物馆。一切有价值的东西似乎都可以很容易看到或得到。书籍、照片、家具和来自家庭成员的礼物可能最有价值。这些物品和地点本身就可以唤起人们对难忘场景和特殊人物的回忆。[7] 即便是室外的景色也时常提醒我们生活在充满绿植和阳光的迷人环境中。

许多老年人形容他们的住所提供了一种"场所感"，或者像建筑师描述的"场所精神"。[8] 这不仅是指房子物理环境的特殊性，还有对房子的情感依恋使它变得亲密而真实。随着时间的推移，越来越多重要的事情发生，物理环境就变成一个强大的助记符，帮助人们重温过去很多事情。例如很多时候，最普通的东西——比如填充玩具——也能帮你回忆起深刻或珍贵的记忆。房子甚至可以变成一个保护层，包裹着自己，抵挡外部的负面影响。

对于很多高龄老人来说，家或公寓代表着他们目前的生活。房子可以容纳朋友和家庭成员过夜，也能够举办一些传统的家庭活动。作为住宅的主人，这可以代表一定的社会阶层和某种意义上的成功。对许多人来说，购房是他们最重要的金融投资，通常也用来保障他们的退休生活。[9]

搬家是个巨大的灾难

虽然维修保养是件麻烦事，但搬家对老年人的生理和心理来说都无疑是更大的负担。与中年人或年轻人相比，老年人在居住方面非常稳定。2011年美国住房调查的结果显示，80岁以上人口中有60%的人已经在他们的房子里住了超过20年[10]，另外有18%的人在同一个房子里住了10~19年。当他们搬家时，通常是搬到比现在小的公寓或住宅。在所有年龄组的人中，老年人的搬家率最低。而搬家搬到同县城的人中，老年人所占的比例则最高。[11]

由于租住的房间通常较小，可能需要购买新的小型家具。对（原有住房里）数十年来买的东西进行分类整理不仅费时还费心。尽管高龄老人在搬家的时候有很多其他的限制，但想要成功搬家还是需要他们的参与。

不可否认的是，与能够唤起重要记忆的物品分开需要强大的情感和精神能量。

我们都知道自己的生日，但却不知道忌日，甚至不知道如何老去

管理一栋独立住房能够给人一种自主权

带服务的居住形式最糟糕的一点是，年老体弱的人以前从事的许多日常工作常常被其他人替代，而失去了参与感。大多数获得许可的支持性护理机构，都通过服务让老年人无法参与日常生活中习以为常的、熟悉的任务。有些任务，比如家务，不仅可以让老年人感到充实，还能够通过简单的锻炼给予老年人一种成就感。生命公寓则解决了这个问题，通过增加家庭照护的支持，以"用进废退"为原则，让家务更多的是一种有益处的事而不是负担。

对许多年老体弱的人来说，独立生活就意味着独自生活

那些选择待在家里的人很可能发现自己已经与社区脱节。在社区居住的65岁以上的老年人中，有近6%的人一直待在家里，这个数字是护理院的1.5倍。其中许多人很少或从来

图1-3 埃里克森社区（Erickson）是一个拥有近2000个居住单元的持续照料退休社区（CCRC），位于120英亩（约合48.56hm²）的校园中：埃里克森社区针对中等收入的老年人。社区包括数个餐厅、一个综合性的运动场地，一个可以举办各种节庆活动的大型礼堂，以及很多独立的俱乐部

没有出过门。当然其中一些人可能因为有严重的残疾，或因为行动不便。除非邻居或家人愿意来看望，并带出去玩，否则在家里生活可能是一种孤独压抑的养老方式。[12] 而在集体居住环境中（比如老年住宅或协助生活设施）生活的老年人，比独居的人更经常外出，因为他们更容易获得交通工具和旅伴。老年人被孤立的情况在农村和小城镇更为严重。[13]

搬离旧宅通常发生在还没来得及反应的紧急情况下

有些人平时不想思考自己的处境或者如何处理紧急情况。紧急事件可能包括跌倒、中风、心脏病发作或交通事故。当需要治疗的时候，老年人及家人才会开始应对突发状况。这时候，把老年人安置在正规医疗环境下，周围有医生、护理人员、社会工作者和护士的陪同，通常是默认的解决方案。因为此前没有过深入的讨论或针对突发事件的后续计划，当事情发生时就没有过多时间进行积极反馈。所以搬到协助生活设施或护理机构的决策，基本是在没有太多讨论的情况下作出的。正因为如此，老年人通常无法直接参与决策，也因此会感到被边缘化。我们应该先探索在居家照护的协助下，家庭成员帮助老年人的方案，直到持久有效的养老方案被设计出来。如果老年人髋部骨折或有严重的认知问题，就很难避免机构养老的方案，但至少不会走投无路。

策略二：计划搬家并积极寻找可行方案

第二种策略是实事求是地审视形势，考虑有意义的居住选择和应该避免的选择。这种类型的老年人通常属于"视情况而定"的搬家者。[14] 如果个人有足够的经济实力，他们可能会考虑持续照料退休社区或人生计划社区（LPC），因为他们除了提供独立生活设施外，还包括协助生活设施、认知症照护设

图 1-4　位于丹麦布拉贝德（Brabend）的经济实惠型老年住宅项目，设立了承担维修任务的驻地委员会来减少老年人每月的支出；虽然这里的居民不会提供直接的"一对一"帮助，但是整个社区联系紧密，互帮互助

施和护理院。另一种方式可能是多次搬家，这种情况在个人能力逐渐衰弱，需要的照护越来越多或开始需要专门的医疗照护时比较常见。

第一步应该搬去有便利商店和便利服务的地方，靠近家人，附近有公园、礼拜场所、图书馆和其他有价值的场所。选址还应该考虑家庭安全、无障碍条件、交通情况和家庭护理的便捷程度。可以选择搬去公寓、分契式公寓、独户住宅，或是老年住宅，但是应该仔细分析，这些住宅是否有条件支持老年人实现原居安老。老年人可以和家庭成员一同搬进去，或可以从社区获得家庭照护服务。事先进行研究考察，并且综合考虑各种备选方案后，就很容易作最后的选择。

为什么不搬去一个（地理位置、环境）更好的地方呢？

这是一个很合理却经常被忽视的观点。列出理想住房的条件和特征，让它能够优于目前的居住条件，且兼顾未来的需求，相对来说比较容易。适老化的、经济实惠的，位于商业区附近、交通便利，便于获得家庭支持或居家护理服务的公寓或分契式公寓是较为常见的选择。此外，如果未来由于考虑了其他重要因素而搬家，通常也不会很难。列出重要特征并考虑未来可能发生的事情，可以使未来处理问题变得更容易。

这种做法特别美式。自"二战"以来，人们购房的策略就是先买最新式的住宅，等待它升值，然后卖掉它再进行更高价值、更有盈利潜力的购房投资。随着时间的推移，人们越来越少会把房子作为一种有归属感的寄托，而更多地依赖于它的升值能力，以为后代提供一笔储蓄，或作为遗产赠予子孙。

事实上，按照美国税法的规定，老年人出售房屋是十分有利的，因为在他们的房屋原始成本与当前售价之间的资金差额中，有至多25万美元（每对夫妇50万美元）是可以免税用于再投资或储蓄的。[15]

适应性和弹性十分重要

适应性十分重要。人们的习惯、生活方式和使用模式可能会改变。他们可以通过安全改造、安装新设备等来改变生活环境，或者搬到更好、更有支持性的环境中。大多数年轻人在面临住房选择有限或没办法继续生活在现有环境的时候会这么做。但老年人往往非常谨慎，他们无法想象从养育家庭或在社区扎根的地方搬到别的地方。

适应力是成功应对逆境的必备要素，如今普遍被认为是老年人最强大的应对机制之一。[16] 应对破坏性的变化，还可以直面困难，奋勇直前，是一种需要培养的品质。"看到半杯水"依然乐观自信。重要的是，这种品质和心态可以通过行为疗法来培养。解决困境的最好方法之一就是与朋友、知己和家人多交流。

图1-5 对一些人来说，理想的居住条件就是一栋乡村别墅加上可以提供餐食和活动的大社区；图示为查尔斯新桥养老项目（案例8，NewBridge on the Charles）的50个别墅小屋之一，那些移居到持续照料退休社区或者人生计划社区的人通常是从大房子里搬出来的，虽然搬家后会适当缩小住宅面积，但也会选择相对大一点的居住单元
图片来源：Chris Cooper, Perkins Eastman

家太大，日常维护是个负担

另一个搬家的动机是目前居住在一个过大的房子中。大房子或许在50年前是合理的，而现在已经不合理了。过去设计的可容纳5个人合住的房子，如今已经超出所需。当一个房子已经有50年的寿命，它的维修费用将变得特别昂贵。耙树叶、铲雪、割草、修补屋顶裂缝等日常维护工作对老年人来说十分艰难。奇怪的是，一家颇有影响力的线上住宿服务公司尚未找到将这些富余空间通过市场化运作推向他人的方式。国家共享住房资源中心[17]在24个州拥有60多家中介机构，从事房屋共享匹配的中介工作，但与上百万的未充分利用的住房资源相比，他们的努力还显得微不足道。

图1-6 伦德格拉夫帕尔克养老公寓（案例2，Rundgraafpank）的厨房采用一字形布局，透过窗户能够看到中庭：这里的单人间及双人间面积更大，有800~1100平方英尺（约合74.32~102.19m²）。住在这里可以享受额外的居家照护服务，减少他们对于需要再次搬家的焦虑

房子是人的另一个保护层，包裹着自己，抵挡外部的负面影响。

对高龄老人来说，安全维护及家庭照护服务十分必要

年老体弱的人往往没有能力很好地照顾自己，常常需要他人的帮助及照护。例如，超过40%的80岁以上的人有步行障碍。[18]在美国，老年人通常由家人、朋友或专职的护理人员照顾。通常，家庭提供的帮助最大。帮助强度越大，老年人就越有可能需要搬到家庭成员那里住，或依赖小时工及其他提供照护服务的人。目前的医疗补助计划豁免项目（Medicaid Waiver Program），越来越受欢迎，也在一定程度上帮助老年人可以居住在家里，获得家庭的帮助。

电子安全系统正在从简单的应急响应向更全面的在线监测设备发展。摄像头和语音传输功能正在网络化。随着设备技术逐渐成熟，信息传递能力逐渐提高，家庭成员就可以通过这些监测老年人的设备获得更多信息及帮助。这些新技术旨在改善全面监测能力，提高安全性，并确保输出端有人响应。

认知症是如何带来变化的？

最难照顾的是那些有记忆障碍的人。他们反复无常，行为复杂，还可能认不出家庭成员和照护者。北欧在照顾认知症老人这方面有领先的优势，因为他们在家庭照护体系和高质量护理院的建设方面投入了大量资金，这些护理院能够提供认知症照护培训及综合的解决方案。他们的目标是让老年人尽可能长时间待在家里。这是由老年人（和家庭）的偏好，以及希望避免机构护理的高额成本所驱动的。在荷兰，那些必须搬到专业护理机构的认知症老人，可以选择附近一些小型认知症照护之家，从而继续和他们的配偶及朋友待在一起。目前北欧一些国家的社区在支持独立生活方面做得非常好，只有最严重的认知症患者才需要搬到护理院，普通认知症患者仍可待在原来的社区。

和他人分享生活益处多多

住在提供服务的老年公寓可以增加同龄人之间的互动，促进建立新的友谊。这是很多高龄老人的关键问题，因为随着时间的推移，他们失去了许多亲密的朋友。一个精心设计的"为交友特制"的环境，还可以提高

安全性、可达性和独立性。大多数居室被设计成灵活可适应的形式，以应对未来一系列潜在的变化。与一群同龄人一起生活也可以促进公共活动，例如考虑老年人特殊身体条件而配置的共享锻炼设备。和别人一起生活能让你更容易找到一个锻炼的伙伴，这为锻炼带来很大的激励作用。

以 50 岁或 55 岁以上居民为目标的活力老人社区，能够成功地在早期阶段培养居民之间的友谊。[19] 活力老人社区在原居安老方面似乎也凸显出其优势。当项目售罄，开发商退出时，代表业主的民选居民委员会通常会与专业管理公司合作，监督社区的运营。[20] 尽管居住区原本不是只面向老年人的，但随着人口老龄化，社区也会增加面向老年人的支持性服务，包括交通服务和家庭送餐等。由于这些是业主自住型建设项目，它们比典型的持续照料退休社区或协助生活设施受到更少的管制，因此居民有更多的灵活性。

> **即便目前老年人自有住宅中有大量未充分利用的富足空间，但线上住宿服务公司还未能找到合理营销这些空间的方法。**

考虑开车、步行和其他出行方式

另一个主要的难题是当你不能再开车时如何应对交通问题。搬到一个可以步行、骑自行车或骑摩托车就能到达商店和享受服务的地方，会给你更多的自由和灵活性。如果你住在家里，并且正好是那 50% 住在郊区的老年家庭，[21] 那么你可能需要依靠家人、朋友和出租车来出行。令人惊讶的是，80 岁以上的老年人中只有 24% 没有车 [22]，而 65~69 岁的老年人中有 90%（可能通过朋友和亲戚）可以使用汽车。

在美国，老年人很少以公交车作为他们的主要出行方式。除自己开车外，第二常见的交通方式是乘坐朋友或家人的车出行，接下来是步行，[23] 以及辅助客运系统。辅助客运系统配备训练有素的司机和考虑残疾人特殊需求的车辆，通过面包车把老年人从家里接到目的地。如今，通过网络约车也变得更加容易。出租车在小城镇或缺少正规辅助客运系统及网络车辆的城市更受欢迎。

搬到离家人更近的地方十分有益

搬到主要负责照顾老年人的家庭成员附近也是一个好主意。事实上，2/3 在家养老的人都是从家庭成员（主要是妻子和成年女儿）那里获得照顾服务的。[24] 照顾者的负担往往是巨大的，为了让父母待在家里而不去护理院，他们大多都做了很多牺牲。由于家庭少子化、住得较为分散，同时仍在抚养子女的中年夫妇所承受的经济压力日益增加，原本

图 1-7 对许多老年人来说，拥有设计质量高的锻炼场所十分重要：丹麦这个游泳池是社区共享的，泳池边设计了嵌入式的走道，便于正在进行水上运动的人与泳池外的人进行交流，给予反馈等。水阻力锻炼是有氧运动和力量训练的有效媒介

由子女照护的养老模式在未来将会减少。

为了应对这一趋势，北欧国家和日本提供了很多日间照料服务补助，以减轻家庭照护者的负担，为他们提供喘息的机会。如今，美国的日间照料服务比 10 年前要普及得多，但对于收入中等无法获得贫困补助的人来说，仍然无法享受该项服务。此外，改造房屋以容纳小型附属（养老）公寓或将预制居住单元搬入家中，是其他的可行方法，这些将在第 9 章进一步描述。

居住环境和服务可以从哪些方面更好地服务于高龄老人？

创造最佳的居住环境和最满意的服务涉及一系列因素。图 1-8 显示了 4 个重要的影响因素：**营养、体育锻炼、社会交往，以及处理损伤和慢性病。**

运动常被视为解决衰老问题的灵丹妙药。罗（Rowe）和卡恩（Kahn）曾说："身体健康也许是老年人保持自理所能做的最重要的一件事。"[25] 锻炼身体不需要大量的资金投入，受自己控制，还能够让自己的身体和心理直接受益。此外，随着时间的推移，似乎越来越多的证据显示健身的好处。通过建筑设计，鼓励室内外步行并优化相应空间至关重要。在丹麦，在公共场所或走廊使用物理治疗器械及运动器材十分常见。几十年来，丹麦一直在实施一些项目，对老年人的身体能力进行仔细监测和培养。

社会交往可能是为老年人设计集体住宅最重要的原因。除了共享护士、行政人员或厨师等资源带来的经济利益外，让人们能够与他人互动，是将年龄相仿的一群人聚集在一起的最佳理由。但是在建筑设计阶段，通过创造不同层次的环境和活动空间来打造一个"友好建筑"的想法往往被忽略或根本没

图 1-8 优化居住和服务满意度：打造一个理想的居住环境，4 个重要组成部分应该满足：1）一个允许社会融入的友好环境；2）身体锻炼及力量练习的机会；3）营养美味的食物；4）对安全和健康的保障

有被考虑。社会交流和结交朋友对创造成功而幸福的生活十分重要，创造条件以鼓励社会交往是一个重要的设计目标。

处理损伤和慢性病方面需要仔细考虑如何监控每个人的特殊问题。无论问题是生理上的还是认知上的，处理方法都必须保证个人能力和独立性的优化，同时鼓励老年人尽可能多地为自己做事。重点关注护理而不是治疗，为老年人创造能对治疗产生最大积极影响的经历。安全性、可达性和适应性应在设计师的控制之内，并且是设计成功的核心。

居家养老的老年人独居情况是护理院老年人的 1.5 倍。

营养涉及食物的选择和就餐。这是一个既令人愉快又体现社会关爱的过程。就像药物一样，我们正在学习营养基于 DNA 图谱以独特的方式影响每个人的模式。总有一天，营养会变得和药物一样重要，甚至比药物更重要。由于嗅觉和味觉的敏锐度会随着时间的推移而降低，而且食物的质量、种类和味道往往是老年住宅中一个重要且有争议的问题，因此需要更多的关注。用餐和下午茶的

物理环境也需要更好的设计，包括噪声的处理、灯光环境的营造、地面铺材的选择和家具的设计与布置（如设计舒适的椅子）。

确定未来居住的选择并提前研究这些选项是很重要的。无论你决定"原居安老"、选择附带服务的住房，还是从家庭成员那里获得更多直接帮助，都需要计划，以达到最佳效果。记住，未来的不可预测要求你制定不止一个计划，有时也可能不止搬一次家。在探索存在的许多可能性时，灵活性和弹性十分必要。

下一章概述了正常老化过程中经常发生的变化，以及老年人的常见经历。一个让自己在作选择或给照护模式排序时变得更敏感的好方法，就是把自己当作一个年老体弱的85岁女性来思考问题。

引用文献

[1] Keenan，T. A.（2010），*Home and Community Preferences of the 45+ Population*，AARP，Washington DC，3.

[2] Joint Center for Housing Studies of Harvard University（2014），*Housing America's Older Adults：Meeting the Needs of an Aging Population*，Cambridge，MA，9.

[3] Belsky，D.，Caspi，A.，Houts，R. et al.（2015），Quantification of Biological Aging in Young Adults，*Proceedings of the National Academy of Sciences*（*PNAS*），112（30），4104–10.

[4] Cohen，P.（2014），Personalized Aging: One Size Doesn't Fit All, in *The Upside of Aging*（ed. Paul Irving），John Wiley & Sons，Hoboken，NJ，19–32.

[5] CDC National Center for Health Statistics（2014），Nursing Home Care，https://www.cdc.gov/nchs/fastats/nursing-home-care.htm（accessed 10/1/17）.

[6] Keenan，*Home and Community Preferences of the 45+ Population*，AARP，Washington DC，4.

[7] Rowles，G.，and Bernard，M.（2013），*Environmental Gerontology：Making Meaningful Places in Old Age*，Springer Publishing，New York City.

[8] Free Dictionary，http://www.thefreedictionary.com/genius+loci（accessed 10/1/17）.

[9] Joint Center for Housing Studies，*Housing America's Older Adults*，9.

[10] Ibid.

[11] Ihrke，D.，and Faber，C.（2012），*Geographical Mobility：2005 to 2010*，US Census P20–567. GPO，Washington DC.

[12] Span，P.（2015），At Home，Many Seniors Are Imprisoned by Their Independence，*New York Times*，June 19，https://www.nytimes.com/2015/06/23/health/at-home-many-seniors-are-imprisoned-by-their-independence.html.

[13] Ganguli，M.，Fox，A.，Gilby，J.，et al.（1996），Characteristics of Rural Homebound Older Adults：A Community-Based Study，*Journal of the American Geriatrics Society*，44（4），363–370.

[14] Koss，C.，and Ekerdt，D.（2016），Residential Reasoning and the Tug of the Fourth Age，*The Gerontologist*，57（5），921–929.

[15] Fishman，S. Top Seven Tax Deductions for Seniors and Retirees，http://www.nolo.com/legal-encyclopedia/top-tax-deductions-seniors-retirees-29591.html（tax consequences of selling house；accessed 10/1/17）.

[16] Resnick，B.（2014），Resilience in Older Adults，*Topics in Geriatric Rehabilitation*，30（3），155–163.

[17] National Shared Housing Resource Center. http://nationalsharedhousing.org（accessed 10/1/17）.

[18] Joint Center for Housing Studies，*Housing America's Older Adults*，11.

[19] Simpson，D.（2015），*Young-Old Urban Utopias of an Aging Society*，Lars Muller Publishers，Zurich.

[20] Suchman，D.（2001），*Developing Active Adult Retirement Communities*，Urban Land Institute，Washington DC.

[21] Hayutin，A.，Dietz，M.，and Mitchell. L.（2010），*New Realities of an Older America：Challenges，Changes and Questions*，Stanford Center on Longevity，Stanford，CA，2010.

[22] Joint Center for Housing Studies，25.

[23] Ibid.

[24] Ibid.

[25] Rowe，J.，and Kahn，R.（1998），*Successful Aging*，Pantheon Books，New York.

第 2 章

影响独立性的衰老变化主要包括哪些？

为了给身体机能或认知功能受损的人群进行环境设计，我们需要了解人们随年龄增长在身体上所发生的变化。在这些变化当中，有些被认为是"正常老化"，是自然衰老的副产品；而其他变化更多是由慢性病或损伤引起的疾病，具体情况因人而异。在进行空间环境的优化设计时，有必要了解老年人典型的能力状况和存在的出行困难。仅仅知道一个人是"老年人"并没有多大帮助，因为老年人的年龄范围从 65 岁到 100 岁以上不等，同样是老年人，可能一位还能跑马拉松，而另一位连路都不能走了。但目前仍有许多建筑师和设计决策者并没有意识到居住者能力与空间和服务之间的连带关系。

在大多数情况下，我们会衡量个人与环境之间的契合度。鲍威尔·劳顿（Powell Lawton）的能力压力理论有助于将其形象化，具体应用于居住环境时，他的理论指出：个人能力应与环境支持性相匹配。事实上，创造一个对个人来说有点"挑战性"的环境可以产生积极的刺激。不同居住环境的支持力度各不相同。没有电梯的公寓是一个存在潜在环境压力的案例，对一些人来说，这种压力可能是压倒性的，但对能力更强的其他人而言，它可能反而会起到鼓励健康行为习惯

的作用。这一理论认为，每个个体都存在一个最佳的环境契合度。

老年人经常需要帮助，但当我们为他们做一些他们本可以自己完成的事情时，其实并没有帮助他们锻炼力量和柔韧性，反而会使他们处于"习得性无助①"的状态 [1]。我们需要允许身体虚弱的老年人尽可能多地为自己做些事情，同时在他们面临超出个人能力范围的任务时给予监护和支持。

> **要想了解环境中什么最为重要，最佳方式就是把你自己想象成一个脆弱的 85 岁女性。**

感知能力的变化

我们的 5 种感官在解码、理解和欣赏环境方面是非常重要的。正常衰老的一部分是经历感觉灵敏度的丧失，这会将老年人置于危险的境地。在 65 岁以上人群中，有 94% 在至少一种感官方面存在缺陷，28% 在 3 种或更多感官方面存在缺陷 [2]。按轻重程度不同，能力的丧失可体现为部分失灵到完全丧失。以下内容概述了丧失这些能力的后果，以及设计人员该如何降低丧失这些能力所带来的不利影响。

---

① 习得性无助（Learned Helplessness）是美国心理学家塞利格曼（Martin E.P. Seligman）在 1967 年提出的，指当反复忍受痛苦或其他令人厌恶的刺激时，无法逃脱或避免的行为状态。

图 2-1 鲍威尔·劳顿的环境压力模型 [3]；这张图（又称"生态模型"）为匹配个人能力与环境背景下的困难程度提供了一种方法。这一模型表明，当环境对个人产生轻微的挑战时，人的满意度通常会更高

图片来源：劳顿，1973年，经美国心理学会授权转载

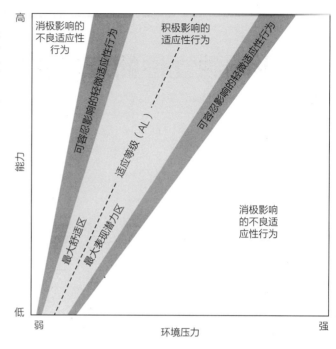

视力衰退

人们大多在40岁以后开始出现视力衰退的情况。七成老年人认为有必要佩戴眼镜或隐形眼镜。[4] 视力问题主要体现在以下几方面能力的衰退：1）看清物体的能力；2）聚焦不同距离物体的能力；3）在光线较暗的情况下看清物体的能力；4）分辨颜色的能力。但在70岁以上的人群当中，只有一小部分才会完全失明。[5]

随着年龄的增长，眼睛中的晶状体会变厚变黄，导致视力衰退。眩光是比较严重的问题，夜间开车时尤是如此。此外，从暗环境到亮环境的适应能力也会受到限制（类似于下午从漆黑的电影院中走出来的情形），周边视觉能力和深度感知能力也会受到影响。人们经常抱怨老花眼或眼睛难以聚焦到近处的物体上，这往往会造成眼睛疲劳 [6]。影响视力的主要疾病包括白内障、糖尿病导致的视网膜病变、青光眼和黄斑病变。略多于11%的人会在70多岁（即70~79岁）时遭遇严重的视力衰退情况，而在80岁以上人群中这一比例会翻一番。面向视力障碍人群的调查显示，他们在行走活动方面存在困难的比例是做饭和管理药物的两倍 [7]。

应对策略：在照明方式上，可通过使用间接照明灯具来避免眩光，这些灯具可遮挡光源的直射光线。在环境色彩上，受角膜变黄的影响，老年人看蓝色和绿色时都会看成灰色，无法分辨，因此应避免同时使用这两种颜色。在光照强度方面，60岁以上人群要想看清，光照强度需要达到一般成年人的两倍，而80岁以上人群则需达到3倍。总而言之，更高的光照强度、更简洁的字体形式和更明亮的公共空间将有助于改善老年人的视觉感受 [8]。

听力衰退

听力衰退是一个渐进的过程，需要25~30年才会变得较为显著。人到40岁之后，听力每年下降1%是非常普遍的情况。约有10%的人患有影响交流的听力障碍，在70岁以上的男性人群中，这一比例跃升至34%，而女

图 2-2 "年龄交换"是一个让年轻人体验老年状态的模拟训练：用绷带模拟关节炎，用耳塞降低听力。照片中所示的学生戴着模拟眼角膜发生黄斑病变的有色眼镜，被要求将不同颜色的药片分开，但在眼镜中这些药片看起来都是一样的

性也达到了 21%[9]，在 85 岁以上人群中，这一比例更是接近 50%。虽然听力衰退的情况十分普遍，但在 70 岁以上人群中，失聪和重度听力衰退的比例仅为 7.3%[10]。

老年人听力衰退的主要特征之一体现在不能听到语言传输中常见的高频声音（即震动频率超过 4000Hz 的声音），而低频声音通常不受影响。许多老年人抱怨在餐厅等采用硬质装饰界面、噪声较大的地方难以听清，或是听不懂别人在说什么，有时很难确定声音是从哪里发出来的。辨别像"tea""pea""key"这样发音较为相似的单词尤为困难。听力损失会产生社会性的后果，并与抑郁、戒断综合征①和身体机能减退有关[11]。

应对策略：利用吸声材料可以降低混响。铺设地毯或使用织物覆盖的软垫家具是非常经济有效的措施，同时采用多孔的墙壁或顶棚材料也有所帮助。降低谈话场所的顶棚高度可以更加有效地聚拢声音。有时，加强照明能够使谈话对象看清唇语，起到辅助作用。与失聪的人士交谈时，通过不同的语言来表达意思更为有效，要直接面对老年人的脸说话，而不是增大说话的音量。

味觉衰退

人到 50 多岁时会开始出现味觉衰退的情况，但在 60 多岁时衰退速度才会明显加快。因为衰退过程是较为缓慢的，所以大多数人并没有注意到这个问题的存在。如果不提嗅觉，我们很难去讨论味觉。它们二者之间相互作用，创造出味道的感觉，这种感觉还包括口感、辣度、温度和香气。我们 2/3 的味觉能力取决于我们的嗅觉。例如，如果你捏着鼻子吃巧克力，你只能尝到甜味，但识别不出巧克力的味道。虽然舌头上大约有 1 万个味蕾，但到了 70 岁时，味蕾数量会大幅减少[12]。同时，唾液的减少也会影响味觉。芝加哥大学的一项研究显示，味觉衰退被认为是最普遍的感知能力丧失问题，有 74% 的人认为自己的味觉一般（26%）或较差（48%）[13]。

酸、甜、苦、辣、咸 5 种不同味道是由舌头上的不同部位所感知的。随着年龄的增

---

① 戒断综合征：指停用或减少精神活性物质的使用后所致的综合征，临床表现精神症状、躯体症状或社会功能受损。

图 2-3　要达到相同的视力水平，老年人眼睛所需要的光照强度是年轻人的两倍：解决这个问题的最简便方法是增加灯泡瓦数。但是，如果灯头无法安全地接受更高瓦数的灯泡，这个方法就无法起到作用了

长，甜味和咸味的感知会首先受到影响，然后是苦味和酸味。有时一些老年人由于味觉衰退会添加额外的糖和盐，这会加重高血压和糖尿病等疾病。

应对策略： 老年人通常可以通过在食物中加入香草和香料来弥补味觉的衰退。其他策略包括更加关注食物的口感、温度和味道等。味觉衰退也可能是由吸烟、疾病或药物引起的。当老年人因为不喜欢食物而拒绝进食时，他们的体重会降低。可口的开胃菜对老年人饮食特别有帮助。

嗅觉衰退

人类的鼻子可以辨别多达 10000 种不同的气味。60 岁以后，人的嗅觉会逐渐衰退，出现类似于难以分辨柠檬和橘子气味的情况。到 80 岁时，大多数人的嗅觉都会出现严重的衰退。嗅觉和味觉一起工作，但它们是相互独立的系统 [14]。嗅觉是由位于鼻腔深处嗅球组织中的神经末梢激发的。嗅觉的衰退通常是由于嗅球组织或传递信号给大脑的神经受损而造成的。随着年龄增长而带来的嗅觉衰退被称为嗅觉缺失症。虽然没有官方的气味测量系统，但人们经常使用好的、坏的或水果的味道等来描述气味。嗅觉衰退的情况因人而异，有证据表明，女性嗅觉衰退的速度会更慢一些 [15]。

应对策略： 通过气味人们能够识别诸如气体泄漏、烟雾扩散和食物变质等危险情况。2006 年的一项研究发现，在 65 岁以上的受试者当中，有 45% 的人无法察觉到天然气泄漏的味道 [16]。已有证据表明，嗅觉衰退会导致抑郁和体重降低。吸烟同样会影响人的嗅觉。气味像音乐一样，对个体情绪有很强烈的影响，既可能唤起良好的感觉，又可能带来不佳的体验。散发气味的装置和芳香疗法经常用于帮助认知症患者回忆时间和地点。

> **当你面对听力衰退的人说话时，通过不同的语言来表达意思比增大说话的音量更为有效。**

触觉衰退

触觉是人类成长过程中最先发展起来，而最后丧失掉的感觉。一般而言，从 20 岁到 80 岁，人的触觉灵敏度平均每年会下降 1%，这是由神经系统的变化引起的。老年人利用他们的触觉来认知世界，保护自己，与他人交往并体验快乐。负责触觉的器官是皮肤——人体的皮肤总共有 18 平方英尺（约合 1.67m^2）[17]。因为触摸是快乐和痛苦的最基

图 2-4　照片中所示的是德普卢斯普伦堡养老公寓（案例 5，De Plussenburgh）中的会议室，采用了吊坠灯罩遮挡直射灯光，设置地毯吸收噪声：吊坠灯罩是解决眩光问题的绝佳方式，灯光被顶棚反射，或被半透明的悬挂式灯罩均匀散射

本来源，所以它对安全和情绪健康有很大的影响。人对疼痛的感知能力通常在 50 岁左右开始减退，痛觉的减退会使我们更容易受到烧伤、体温过低或过高、冻伤、割伤、擦伤，以及水泡等伤害。在血流和神经受损的手脚部位，触觉的衰退最为严重。随着皮肤老化，它会变薄，失去弹性，更容易受伤和撕裂[18]。

应对策略：对于失去其他感知能力的人来说，触觉是一种非常有用的感官补偿。缺少身体接触会导致抑郁、记忆缺陷和疾病，写字等对灵巧度要求较高的精细运动技能也会受到影响。大脑运动感知功能的丧失会导致人在走路时出现重心不稳或跌倒的情况。手脚按摩疗法常用于认知症患者或身体机能受损的人士。据了解，接触木质家具和其他自然材料也会引发情绪反应。

限制独立性的慢性病和失能

失能是一项重要的考虑因素，因为它将自立的高龄老人与那些努力希望保持独立的老年人区分开来。目前存在很多评估慢性病和失能程度的方法。这些方法通常用于确定一个人所经历的损伤程度，以及恢复更好独立性所需的帮助。失能通常由 3 种原因导致。

3 种导致失能的原因

1. **特定的疾病：如糖尿病或关节炎；**
2. **不良的习惯或生活方式；**
3. **正常的老化：如肌肉量、视力、听力等的变化。**

伴随慢性病而来的是失能[19]。以下是影响老年人的 8 种慢性病。从 65 岁至 74 岁人群，到 85 岁以上人群，患有 5 种以上慢性病的人数比例从 20% 增加到了 30%[20]。

8 种慢性病[21]

1. **心脏病；**
2. **高血压；**
3. **中风；**
4. **哮喘；**
5. **支气管炎／肺气肿；**
6. **癌症；**
7. **糖尿病；**
8. **关节炎。**

导致失能的原因有 3 类：1）疾病；2）生活方式；3）正常老化。

另一种测量失能的方法是评估日常生活活动能力（ADLs）。我们在家独立生活需要具备 6 项日常生活活动能力。这相当于一个正常的 5 岁孩子能够完成的任务。这些方法常用于确定一位身体虚弱的老年人的护理程度。

6 项日常生活活动能力[22]

1. 进食；
2. 洗澡；
3. 穿衣；
4. 如厕；
5. 走路；
6. 起坐。

工具性日常生活活动（IADLs）难度更高，对于在社区中独立生活是非常必要的。一个正常的 16~18 岁孩子能够完成这 6 项任务，包括交流和独立生活所必需的复杂活动。

6 项工具性日常生活活动能力[23]

1. 烹饪；
2. 重家务劳动；
3. 使用电话；
4. 购物；
5. 轻家务劳动；
6. 跟踪财务状况。

通常情况下，我们可以借助外界帮助代替自己完成工具性日常生活活动，但日常生活活动则需要个人的帮助和支持。居住在社区的 65 岁以上老年人当中，只有 8% 存在 3 种或 3 种以上日常生活活动受限的情况，而居住在护理院的 65 岁以上老年人中，这一比例高达 68%。失能比重的增加把人们推向了机构化[24]。虽然人们对于日常生活活动的协助需求会随着年龄的增长而增长，但在 85 岁以上的老年人当中，仍有 77.8% 居住在社区的传统住房中，仅有 14.2% 入住护理院。对许多人而言，家庭的支持是必不可少的，成年子女对老年人日常生活方面（ADL/IADL）

图 2-5　拉瓦朗斯养老公寓（案例 3，La Valance）的餐厅设置了 48 英寸高（约合 121.9cm）的花箱，不仅起到了划分空间的作用，还能够吸收噪声；顶棚上悬挂着柔软的片状织物，能够起到额外的吸声效果。硬质地面和周围的玻璃幕墙更多的是反射而不是吸收声音

提供的帮助最大（42%），其次为配偶（25%）。在 70 岁以上的人群当中，女性的日常生活功能受限程度要高于男性。

慢性病会继续减少吗？

一个令人鼓舞的迹象是，从 1982 年到 2001 年，美国 65 岁以上人口中严重失能的人数减少了 25%[25]。2012 年，在 85 岁以上的受访者中，有 67% 认为自己的健康状况较好、很好或非常好[26]。导致自我评价的健康水平上升的主要原因包括医疗条件的改善、积极的行为改变、辅助技术的广泛应用、教育水平的提高和社会经济地位的改善。

图 2-6 这些协助生活设施的餐厅设有凸窗，用于控制噪声；U 形的凹室空间将其与周边自由平面的大餐厅分隔开来。声音从较低的顶棚反射下来，更利于听清桌边的对话

图片来源：Martha Child Interiors, Jerry Staley Photography

体重的过度增加是唯一的负面影响，它会降低移动能力，导致更多的慢性疾病，如Ⅱ型糖尿病。2009~2010 年，在 65 岁以上人群中有 38% 被认定为肥胖[27]。最主要的原因之一就是久坐[28]。

肌肉减少症

这种情况又称肌肉损耗，包括肌肉质量、力量和功能的丧失。30 岁以后如果不运动相当于每 10 年肌肉量减少 3%~5%。随着高龄老人数量越来越多，肌肉减少症已经成为一个严重的问题。

这一术语通常与"虚弱"一词联系在一起，在 60 岁以上人群中，肌肉减少症的发病率为 10%，而到了 80 岁，男性和女性的发病率则分别高达 53% 和 43%。到 90 岁时，老年人已经失去了自身超过 50% 的肌肉。在年轻人的身体当中，肌肉的质量约占总体重的 50%，但在 75 岁以后，这个比例下降到了 25%。即使你的体重增加了，增加的额外重量也是脂肪而不是肌肉[29]。

应对策略：肌肉力量的丧失会导致行动受限、骨质疏松、跌倒、骨折和活动水平下降。炎症、激素水平下降、慢性疾病和缺乏运动会加重肌肉减少症。进行阻力训练或举重训练可增加力量，逆转部分疾病。进行营养疗法同样有效，其核心是摄入更多的蛋白质，这对身体机能的修复是非常必要的。久坐在高龄老人中非常常见[30]，例如，在 2010 年，65~74 岁的老年人每周会花大约 26 个小时坐在沙发上看电视，而 75 岁以上老年人看电视的时间则会增加到每周 30 个小时，但实际上，避免久坐非常重要。

关节炎与力量

关节炎是导致 5250 万人失能的主要原因，这一数量占美国总人口的 1/4。65 岁以上的人群中，约有一半患有关节炎（包括 45% 的男性和 56% 的女性）[31]。影响老年人的 3 种最常见的关节炎是骨关节炎（影响 75% 的患者）、类风湿性关节炎和痛风。然而，实际上存在有超过 100 种不同类型的关节炎，从令人心烦的间歇性疼痛到慢性的伤残性疼痛，程度不一。报告显示，约有 2000 万人因此在生活方面受到严重限制。数千年来，关节炎一直在困扰着社会，目前尚无预防或治愈的办法。

90 岁时，老年人已经丧失了超过 50% 的肌肉。

类风湿性关节炎是一种引起肿胀和僵硬的自身免疫性疾病。关节炎始于关节软骨磨损，具体症状体现为手、颈、后背及较大负重关节（如膝盖和臀部）的疼痛。最主要的影响是活动困难，约 2270 万名患者存在行走困难、难以进行社交活动等情况。关节炎的严重程度随年龄增长而增加，在 85 岁以上人群中有 25% 患有髋关节疼痛性关节炎。就共同发病率而言，关节炎患者中有 53% 患有高血压，47% 患有糖尿病。吸烟会影响关节润滑剂胶原蛋白的产生。许多人因无法承受关节炎所带来的失能和痛苦而选择手术。据报道，每年进行的膝关节置换手术超过 60 万例，髋关节置换手术超过 30 万例[32]。

应对策略：治疗关节炎的最佳方法是休息、锻炼、健康饮食、冷 / 热敷、减肥和药物治疗（非甾体抗炎药，NSAIDs）。游泳、骑自行车和散步等对关节有益的运动也非常推荐。相关报道显示，每周锻炼 3 次可以将罹患关节炎的风险降低一半[33]。可通过对环境进行改造，使患有严重关节炎的人士能够正常地生活。使用单杆式水龙头和杠杆式门把手代替圆形旋钮，采用带扶手的椅子和沙发，在浴室中的恰当位置设置扶手，架高马桶座圈和采用防滑地板等都是可以考虑的改造措施。关节炎会给扣纽扣、系鞋带、使用牙刷和餐具等精细化操作带来困难。许多经过针对性设计的家居用品可以减轻关节炎造成的握力减弱所带来的影响。

平衡控制与跌倒

65 岁以上人口中每年有 1/3 会跌倒。1/5 的摔伤会导致骨折或头部受伤，这使得摔伤成为意外死亡的首要原因。全球每 20 分钟就会有一个老年人因跌倒而死亡。事实上，87% 的老年人骨折是由跌倒引起的，这一比例占住院老人的 25%，占护理院入住老人的 40%。当老年人因髋部受伤而被送进护理院时，40% 的人将无法恢复独立生活，25% 的人会在一年内去世[34]。跌倒对于高龄老人而言是非常悲惨的，由于身体虚弱，他们经常跌倒，并且很可能受重伤[35]。在老年人群体当中，跌倒是导致外伤性脑损伤的最常见原因。虽然跌倒在护理院中很常见，但有六成跌倒事故是发生在家里[36]。

图 2-7　伦德格拉夫帕尔克养老公寓（2：119[①]）的步行俱乐部提供规律的锻炼和良好的交谈机会：集体居住的最大优势之一就是可以结识他人并建立新的友谊。把锻炼变成一种社会交流活动将为入住老人提供继续生活下去的动力

---

① 养老设施名称后括号内的数字表示该案例在本书中编号及其完整介绍的起始页码，下同。——译者注

跌倒的最大风险因素来自于过去跌倒的经历。正因为如此，老年人变得更加谨慎，可能会减少锻炼，从而增加了未来跌倒的风险。最常见的问题是平衡和步态障碍、腿部肌肉力量下降、视力减退、行走困难、头晕、认知障碍等。其他因素还包括缺乏维生素 D、穿着不安全的鞋子和低血压等。对于存在认知障碍的人士而言，跌倒的风险是普通人的两到三倍。中风患者在接下来的一年当中有 40% 的几率会发生严重的跌倒事故，那些在医院中久坐后出院的人们也是如此。每年护理院中有 1/2~3/4 的居住者会出现跌倒的情况。

应对策略： 在导致跌倒事故的原因当中，肌肉和步态问题占比为 24%，地面湿滑、光线不足和床高度不合适等环境危害因素占比为 16%~27%[37]。理解这个问题的最好方法是进行有关风险的身体健康评估。最好的治疗方法是制定一个解决肌肉力量、步态和平衡问题的锻炼计划。而最糟糕的应对方法是减少活动。预防措施还包括了解跌倒后如何站起来并呼救。大约有一半的老年人跌倒后即使没有受伤也站不起来。老年人住在没有什么安全设施的老房子里具有一定的潜在风险，可通过对家庭环境的评估对这些风险加以识别。部分改造措施是非常昂贵的，但也有许多改造措施仅涉及很小的改变或行为调整。例如，多层住宅的楼梯可能是一个危险元素。在两边增加扶手，提高照度，或把老年人的卧室搬到一楼都是降低风险的好方法[38]。

> **因髋关节受伤而入住护理院的老年人当中，40% 将无法恢复独立生活，25% 会在一年内去世。**

记忆减退和认知障碍

认知症是一种由记忆力、语言能力和解决问题能力下降而引起的疾病。在 65 岁以上人群中有 10% 罹患此病，但在高龄老人中更为普遍。在被诊断为认知症的人群当中，年龄在 75 岁~84 岁之间的占 17%，年龄在 85 岁以上的占 32%[39]。在 71 岁以上的人群中，女性患病的比例（17%）比男性（11%）更高。年长的非裔美国人的患病率是平均值的 2 倍，拉丁裔美国人的患病率是平均值的 1.5 倍[40]。2017 年美国认知症患者的数量为 550 万人，到 2050 年这一数字将增长至 2017 年的 2.5 倍，届时将有 1380 万美国人（占 65 岁以上人口的 16%）罹患认知症[41]。每 3 个死亡的人中就有一个患有认知症（2017 年美国因认知症去世的人数为 70 万人），这是美国 65 岁以上人群的主要死亡原因之一。在世界范围内，相关的预测更加引人注目。预计到 2050 年，全球认知症患者数量将增至 1.154 亿，是 2009 年 3560 万的 3.2 倍[42]。

记忆减退是因大脑中 β - 淀粉样蛋白的堆积和缠结所造成的。目前已有 6 种药物经过检验，可以通过增强大脑中的神经传递起到暂时缓解症状的作用，但目前还没有治愈的方法[43]。主要症状体现为无法制定计划、无法解决问题、难以完成熟悉的任务、对时间和地点感到困惑、难以理解视觉图像和空间关系、存在语言障碍、将物品放错位置、判断力减退、逃避工作、情绪和性格发生变化等。

随着疾病的发展，患者会丧失时间的概念，过上每周 7 天、每天 24 小时不分昼夜的生活。他们在行为上存在困难。65 岁以上的认知症患者中，58% 生活在社区，由子女或配偶照料[44]。在美国提供给老年人的照护服务中，83% 来自家庭和其他无偿看护人。老年人在确诊后通常还可存活 4~8 年，个别能够存活 20 年。美国前总统罗纳德·里根从确诊罹患认知症到去世大约存活了 11 年。严重的认知症会使人丧失辨认人物、进食、吞咽

图 2-8　宾夕法尼亚州匹兹堡附近的伍德赛德认知症照护设施（Woodside Place）中，设有板架与挂钩结合的装置，能够对丧失记忆的人们有所帮助：窄板架可用于展示物品和照片，而挂钩则便于悬挂衣物。这个装置被应用于每个居室的两面墙上

和说话的能力。这一严重阶段目前折磨着一半的确诊患者。

最近一个令人鼓舞的趋势是该病的发病率出现了下降[45][46]。很多有前景的新疗法正在试验当中，但不断增加的老年人数量是一个问题。如果没有治愈的方法或更好的药物来提升老年人的能力或延迟老年人入住机构的时间，医疗成本很可能会上升。据估计，2017 年所有阿尔茨海默病和其他认知症患者的医疗支出总额为 2590 亿美元。预计 2050 年这一成本将高达 1.1 万亿美元（以 2017 年的美元汇率计算）[47]。照顾认知症患者所需的平均时间（每月 171 小时）是非认知症患者平均照护时间（每月 66 小时）的 2.5 倍[48]。

应对策略： 鉴于以上这些情况，大量认知症患者入住长期护理机构并不为奇。在协助生活设施中，42% 的居民患有认知症，而在护理院中，这一比例接近 61%[49]。然而，我们对如何设计出满足认知症老人需求的建筑知之甚少。虽然科恩和韦斯曼（Weisman）编写了设计指南[50]，科恩和戴（Day）[51] 以及布劳利（Brawley）[52] 已经帮助定义了重要的设计原则，但是还有很多东西有待我们去发现。20 年前，

认知症患者通常会被送进护理院，关进"上锁的病房"。在这种环境中，他们在走廊里来回踱步，不知自己身在何处，也无法接触到户外环境。第 8 章的一些案例研究，如**霍格韦克认知症社区（案例 12，Hogeweyk Dementia Village）**、**绿屋养老院**①和**比佛利山黎明认知症照护组团（案例 18，Sunrise of Beverly Hills Dementia Cluster）**，探索了为认知症老人提供更多自由的、更接近于正常生活的解决方案。

引用文献

[1] Martin Seligman, M.（1972），Learned Helplessness, *Annual Review of Medicine*,（23）407–412.

[2] U Chicago Medicine（2016），Sensory Loss Affects 94 Percent of Older Adults, http://www.uchospitals.edu/news/2016/20160218-sensory-loss.html（accessed 10/2/17）.

[3] Lawton, M.P., and Nahemow, L.（1973），Ecology and Aging Process, In *Psychology of Adult Development and Aging*（eds. C. Eisdorfer and M.P. Lawton），American Psychological Association, Washington.（Copyright 1973 by American Psychological Association. Reprinted with permission）.

[4] Fisk, A.D., Rogers, W.A., Charness, N., Czaja, C.J., and Sharit, J.（2009），*Designing for Older Adults：Principles and Creative Human Factors Approaches*（2nd ed.），CRC Press, Boca Raton.

[5] Dillon, C., Gu, Q., Hoffman, H., and Ko, C.（2010），Vision, Hearing, Balance and Sensory Impairment in Americans Age 70 Years and Over, *NCHS Data Brief, No 31*, GPO, Washington DC.

[6] CDC（2011），The State of Vision, Aging and Public Health in America, http://www.cdc.gov/visionhealth/pdf/vision_brief.pdf（accessed 10/2/17）.

[7] Campbell, V., Crews, J., Morierty, D., Zack, M., and Blackman, D.（1999），Surveillance for Sensory Impairment, Activity Limitation, and Health-

---

① 绿屋养老院：Green House ©，一种以保证生活质量、营造家庭氛围为特色的美国养老护理设施类型。

Related Quality of Life Among Older Adults: United States, 1993–1997, *CDC #48* (*SS08*), 131.

[8] Fisk, A.D., Rogers, W.A., Charness, N., Czaja, C.J., and Sharit, J. (2009), *Designing for Older Adults: Principles and Creative Human Factors Approaches* (2nd ed.), CRC Press, Boca Raton.

[9] Ibid.

[10] NIH (NIDCD) (2016), Age-Related Hearing Loss, https://www.nidcd.nih.gov/health/age-related-hearing-loss (accessed 10/2/17).

[11] Dillon, C., Gu, Q., Hoffman, H., and Ko, C. (2010), Vision, Hearing, Balance and Sensory Impairment in Americans Age 70 Years and Over, *NCHS Data Brief, No 31*, GPO, Washington DC.

[12] NIH/NIA (2015), How Smell and Taste Change as You Age, https://www.nia.nih.gov/health/publication/smell-and-taste (accessed 10/2/17).

[13] Chicago News (2016), Losses in Smell, Taste Common with Age, U of C Researcher Finds, *Chicago Sun-Times*, April 2, http://chicago.suntimes.com/news/health-smell-taste-losses-common-with-age-university-chicago-doctor-finds (accessed 10/2/17).

[14] NIH/MedlinePlus (2017), Aging Changes in the Senses, https://www.nlm.nih.gov/medlineplus/ency/article/004013.htm (accessed 10/3/17).

[15] NIA/NIH AgingCare.com (2017), Problems with Sense of Smell in the Elderly, https://www.agingcare.com/Articles/When-elderly-lose-sense-of-smell-133880.htm (accessed 10/2/17).

[16] Nagourney, E. (2012), Why Does My Food Have Less Flavor? *New York Times*, December 6, http://www.nytimes.com/2012/12/06/booming/sense-of-taste-changes-with-age.html?_r=0 (accessed 10/2/17).

[17] Wickremaratchi, M.W., and Llewelyn, J.G. (2006), Effects of Aging on Touch, *Post Graduate Medical Journal*, 82 (967), 301–304, http://www.ncbi.nlm.nih.gov/pmc/articles/PMC2563781 (accessed 10/2/17).

[18] University of Maryland Medical Center (2014), Aging Changes in the Senses, http://umm.edu/health/medical/ency/articles/aging-changes-in-the-senses (accessed 10/2/17).

[19] Wiener, J., and Tilly, J. (2002), Population Aging in the United States of America: Implications for Public Programs, *International Journal of Epidemiology*, 31, 776–781.

[20] Federal Interagency Forum on Aging Related Statistics (2012), *Older Americans 2012: Key Indicators of Well Being*, GPO, Washington DC.

[21] Ibid.

[22] Ibid.

[23] Ibid.

[24] Ibid.

[25] NIA/NIH, (2011), *Global Health and Aging*, Publication # 11-7737, GPO, Washington DC.

[26] Federal Interagency Forum on Aging Related Statistics (2012), *Older Americans 2012: Key Indicators of Well Being*, GPO, Washington DC.

[27] Ibid.

[28] Ibid.

[29] Vella, C., and Kravitz, L. (n.d.), Sarcopenia: The Mystery of Muscle Loss, University of New Mexico, http://www.unm.edu/~lkravitz/Article%20folder/sarcopenia.html (accessed 10/17/17).

[30] Waters, D.L., Baumgartner, R.N., and Garry, P.J. (2000), Sarcopenia: Current Perspectives, *Journal of Nutrition, Health & Aging*, 4 (3), 133–139.

[31] CDC (2017), Arthritis-Related Statistics, https://www.cdc.gov/arthritis/data_statistics/arthritis-related-stats.htm (accessed 10/17/17).

[32] NIH/NIAMSD (2016), Hip Replacement Surgery, https://www.niams.nih.gov/health_info/hip_replacement (accessed 10/2/17).

[33] CDC, Chronic Disease Prevention and Health Promotion, Arthritis (2017), Improving the Quality of Life for People with Arthritis, http://www.cdc.gov/chronicdisease/resources/publications/aag/arthritis.htm (accessed 10/2/17).

[34] CDC, Home and Recreational Safety (2017), Important Facts about Falls, http://www.cdc.gov/Home and RecreationalSafety/Falls/adultfalls.html (accessed 10/2/17).

[35] Scott, J.C. (1990), Osteoporosis and Hip Fractures, *Rheumatic Diseases Clinics of North America* 16 (3), 717–40.

[36] Fall Prevention Center of Excellence, USC Leonard David School of Gerontology (2017), Basics of

Fall Prevention, http：//stopfalls.org/what-is-fall-prevention/fp-basics（accessed 10/2/17）.

[37] Al-Aama, T.（2011）, Falls in the Elderly: Spectrum and Prevention, *Canada Family Physician*, 67（7）, 771-776, http：//www.ncbi.nlm.nih.gov/pmc/articles/PMC3135440（accessed 10/2/17）.

[38] National Center for Injury Prevention and Control（2006）, Falls Among the Elderly: An Overview, http：//www.menshealthnetwork.org/library/fallsfacts.pdf（accessed 10/2/17）.

[39] Alzheimer's Association（2017）, 2017 *Alzheimer's Disease Facts and Figures*, Alzheimer's Association, Chicago, 18.

[40] Ibid, 20.

[41] Ibid, 18.

[42] Mebane-Sims, I.（2009）, *2009 Alzheimer's Disease Facts and Figures*, Alzheimer's Association, Chicago, 234-270.

[43] Alzheimer's Association（2017）, 2017 *Alzheimer's Disease Facts and Figures*, Alzheimer's Association, Chicago, 71.

[44] Ibid, 33.

[45] Landhuis, E.（2016）, Is Dementia Risk Falling? *Scientific American*, January 25.

[46] NIA Demography of Aging Centers（2016）, Eileen Crimmens says Recent Research Suggests the Likelihood of Getting Dementia in Old Age Is Decreasing, https：//agingcenters.org/news/detail/2243（accessed 10/2/17）.

[47] Alzheimer's Association（2017）, 2017 *Alzheimer's Disease Facts and Figures*, Alzheimer's Association, Chicago, 60.

[48] Ibid, 37.

[49] Ibid, 55.

[50] Cohen, U., and Weisman, G.（1991）, *Holding on to Home*, Johns Hopkins Press, Baltimore.

[51] Cohen, U., and Day, K.（1993）, *Contemporary Environments for People with Dementia*, Johns Hopkins Press, Baltimore.

[52] Brawley, E.（2006）, *Design Innovations for Aging and Alzheimer's: Creating Caring Environments*, Wiley and Sons, Hoboken, NJ.

第 3 章
人口统计与居住安排

全球的生育率和死亡率

在 2018 年的某个时刻，历史上第一次出现了 5 岁以下儿童数量与 65 岁以上老人数量相等的情况 [1]。这听起来令人惊讶，但如果我们关注大多数发达国家的情况，就会发现早在几十年前它们的人口就已经超过了这一界限。事实上，到 2030 年，美国 15 岁以下人口就将与 65 岁以上人口数量持平。为什么会这样？根本原因是什么呢？

这种具有流行病学特征的转变，又被称为"交叉"，它始于 100 年前，伴随着人类对传染病和急性病的征服，以及慢性病和退行性疾病①的出现而快速兴起 [3]。人口持续城市化减少了对大家庭的需求，与此同时，公共卫生条件的改善减少了过早死亡的情况，特别是在发展中国家，情况更是如此。

两种主要的人口统计因素正在推动这一

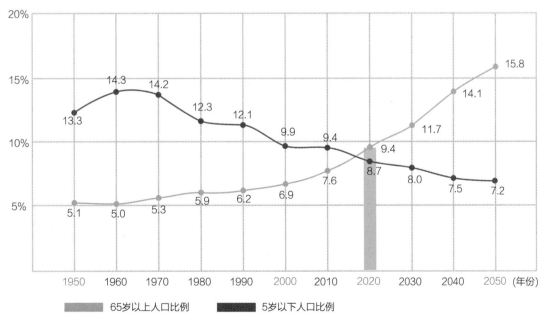

图 3-1　1950 ～ 2050 年全球总人口中 5 岁以下儿童和 65 岁以上老年人所占比例的变化状况：不仅我们自己在变老，更重要的问题是未来只有更少的子女能够通过转移支付或家庭支持的方式为老年人提供帮助 [2]
图表来源：经联合国批准转载

---

① 退行性疾病：身体随年龄增长而发生的、不可避免的衰退性疾病。

图 3-2 1950～2050 年全球人口总和生育率①和出生时预期寿命②[4]：图中显示预期寿命和综合生育率正朝着相反的方向发展。预期寿命在过去的一百多年里经历了前所未有的增长，而城市化导致了生育意愿的降低

图表来源：经联合国批准转载

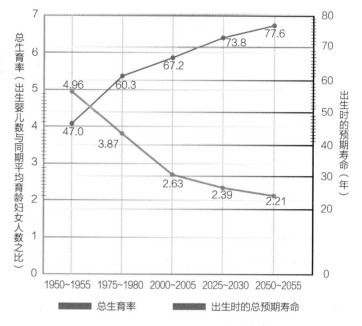

转变：1）**预期寿命**的增加；2）**生育率**的降低。当这两个因素向着相反的方向发展时，我们将经历一个孩子更少、老年人更多的世界。由于这两个年龄段的人口与 5~64 岁的人口结合在一起定义了总人口，其中一个群体的人口减少会导致另一个群体的人口按比例增加。

> **令人惊讶的是，人类的寿命就如同自动扶梯，自 1840 年以来，从出生起，我们的预期寿命就在以每年 3 个月的速度持续增长。**

长寿是导致老年人口数量增长的主要驱动力

长期以来，人类的寿命一直在延长。从 1840 年到 2000 年，女性的预期寿命惊人地增长了 40 岁 [5]。这是基于这样一个事实：1840 年瑞典女性的预期寿命最长为 45 岁。到 2000 年，日本女性的平均寿命达到了 85 岁。**这是一个终生的奖励，每过一年平均寿命就能延长 3 个月，换算成每天几乎是延长 6 个多小时。** 时至今日，这样的增长已不那么令人瞩目了，因为增长曲线从 1950 年开始变得平缓，但老年人口的增长仍在继续。

怎样才能缓和这种趋势呢？随着近年来慢性病导致失能人数的减少 [6]，唯一可能的阻碍似乎是肥胖。我们目前所能了解到的是，美国 20~74 岁人群在过去 30 多年中的肥胖比例翻了一番，从 1971 年的 15% 增长至 2003~2006 年的 34%[7]。尽管如此，在麦克阿瑟研究网络（MacArthur Network）③的研究中，假定技术进步和未来行为变化，预计到 2050 年时，出生人口的预期寿命将会达到 86~90 岁，仍高于目前美国人口普查局（US Census Bureau）预测的 83 岁 [8]。另一个需要考虑的因

---

① 总和生育率：也称总生育率，是指在特定国家或地区，每个妇女在育龄期间平均的生育子女数量。

② 出生时预期寿命：简称平均寿命，指一批人出生时平均还能继续生存的年数。

③ 麦克阿瑟研究网络（MacArthur Network）：一个由心理学、社会学、心理神经免疫学、医学、流行病学、神经科学、生物统计学和经济学等多学科学者组成，长期致力于健康与社会经济研究的学术组织。

素是，随着年龄的增长，我们可能会受到更高程度的损伤。因此，在寿命延长的那些年当中，可能会有一部分用来与慢性病作斗争。

为什么会出现更多的高龄老人？1）长寿导致高龄老人绝对数量的增长；2）生育率的降低导致高龄老人在总人口中相对比例的增长。

全球 65 岁以上、85 岁以上和 100 岁以上人口数量的增长状况

全球 65 岁及以上人口的增长速度预计将超过美国，从 2010 年的 5.33 亿（占世界人口的 7.9%）增长到 2050 年的 15.6 亿（占世界人口的 16.6%）[9]。这 2.9 倍的增长将主要发生在欠发达国家。85 岁以上人口的增长速度更快，增长了 3 倍以上，从 2010 年的 4190

万增长到了 2050 年的 2.216 亿。

之所以出现这种情况，是因为许多欠发达国家正在享受更好的公共卫生条件所带来的寿命延长的红利[10]。从 2010 年到 2050 年，60 多个欠发达国家的人口将增长 250%，相比之下，发达国家的这一比例仅为 71%。欠发达国家人口的预期增长率如此之高，以至于到 2050 年，全球 60 岁以上人口中的 80% 可能都会来自欠发达国家。人口老龄化确实是一个世界性的现象。

理论上我们可以生存到 122 岁，珍妮·卡尔芒（Jeanne Calment）在 1997 年做到了这一点。

这种变化最有趣的一面是其飞快的速度。法国 65 岁以上人口从 7% 上升到 14% 用了 100 年，而巴西只用了 20 年[11]。

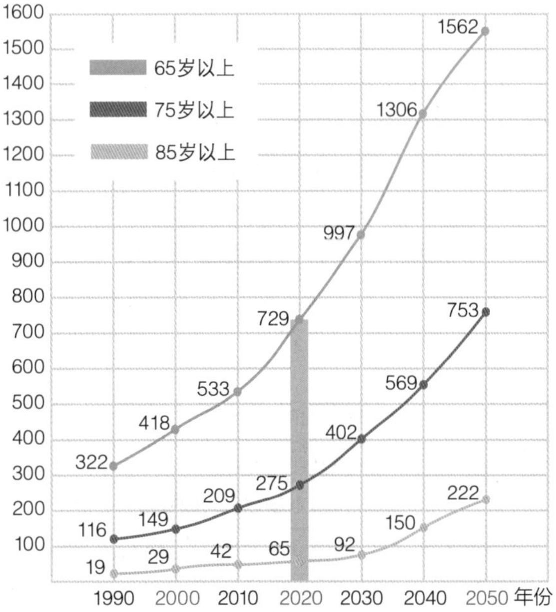

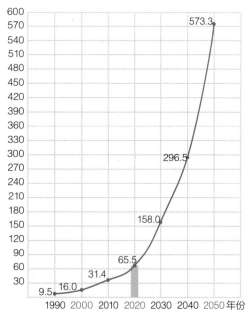

图 3-3 1990～2050 年全球 65 岁以上、75 岁以上和 85 岁以上人口数量的变化（单位：百万人）[12]：从 1990 年到 2050 年，65 岁以上人口增长了 3.8 倍，75 岁以上人口增长了 5.5 倍，85 岁以上人口增长了 10.6 倍甚至更高。这些增长大多发生在欠发达国家

图 3-4 1990～2050 年全球 100 岁以上人口数量的变化（单位：万人）[13]：百岁老人是增长速度最快的年龄群体，从 1990 年到 2050 年，增了近 60 倍。这一数量是指数型增长的，几乎每 10 年就要翻一番，2020~2050 年将经历最大的增长，30 年间百岁老人数量将增长至原来的近 9 倍

全球 80 岁以上的人口数量预计将增长 4 倍以上，从 2010 年的 1.06 亿增长至 2050 年的 4.46 亿 [14]。这一数字令人吃惊，因为仅仅一个世纪以前，全球 80 岁以上的人口数量还不到 1400 万 [15]。到 2050 年，预计全球有超过一半的 80 岁以上人口将集中在 6 个国家，分别是中国（1.14 亿）、印度（5300 万）、美国（3300 万）、日本（2000 万）、巴西（1300 万）和德国（1000 万）[16]。

研究世界上的百岁老人是件激动人心的事情。2010 年，世界上仅有 31.4 万名百岁老人（其中 16% 在美国）[17]。到 2050 年，这一数字将增长 18 倍，达到 570 万，而美国在这一数字中所占比例将降至 7%。如今，100 岁以上的人口中有超过 3/4 生活在最发达的国家，但到 2050 年，这一比例将会是 2/3 左右。

中国是世界上人口老龄化速度最快的国家

受到公共卫生条件改善和独生子女政策的影响，中国 65 岁以上人口预计将在 2000 年至 2050 年间增长 4 倍，从 8640 万增至 3.48 亿。相比之下，同期美国 65 岁以上人口将增长至 2000 年的 2.5 倍，从 3500 万增长至 8800 万。在同样的 50 年里，中国 80 岁以上人口将以更快的速度增长，从 2000 年的 1100 万增长至 2050 年的 1.14 亿 [18]。

2050 年 80 岁以上人口数量将达到 2000 年的十多倍。2000 年，80 岁以上人口仅占中国人口的不到 1%，而美国 80 岁以上人口占比约为 3.3%。惊人的是，预计到 2050 年，中国和美国 80 岁以上人口的比例**将接近相同**。美国 80 岁以上的老年人口数量将从 2000 年的 920 万增加至 2050 年的 3260 万，增长 3.5 倍 [21]，这一增长率是每个美国人都关心的。试想，如果美国必须像中国那样面对 10.4 倍——这样一个几乎是美国 3 倍的增长比例，会怎样呢？

欧洲的老龄化经验：前车之鉴

欧洲呢？许多西欧和北欧国家已经经历了我们计划在今后 40 年中经历的状况。2007 年，27 个欧盟国家 65 岁以上人口的平均比例为 17.0%（2010 年美国的这一比例为 13%）。到 2030 年，预计 27 个欧盟国家的 80 岁以上人口比例将增至 7.3%，而美国 80 岁以上人口将增至 5.1% [22]。整体而言，欧洲 65 岁以上人口的数量要比美国的平均水平高出 20%~25%。

正因为如此，欧洲是美国很好的学习榜样。几十年来，他们一直在努力应对人口老

表 3-1　2050 年预计中国 65 岁以上的老年人口将达到 3.48 亿，占人口总数的 1/4，是 2000 年 8640 万人的 4 倍

2000 年和 2050 年中国、印度和美国 65 岁以上人口数量比较 [19]					
2000 年 65 岁以上人口数量			2050 年 65 岁以上人口数量		
国家	65 岁以上人口数量	占总人口的比例	国家	65 岁以上人口数量	占总人口的比例
1 中国	8640 万	6.8%	1 中国	3.481 亿	26.7%
2 印度	4450 万	4.4%	2 印度	2.434 亿	14.7%
3 美国	3510 万	12.4%	3 美国	8800 万	22.1%
2000 年全球 65 岁以上人口数量			2050 年全球 65 岁以上人口数量		
3.73 亿			15.6 亿		

表 3-2　中国老年人口的增长率更为惊人，在 50 年的时间里增长到了原来的 10 倍。在 2050 年之前，中国 80 岁以上老年人口的比例将超过美国

2000 年和 2050 年中国、印度和美国 80 岁以上人口数量比较 [20]					
2000 年 80 岁以上人口数量			2050 年 80 岁以上人口数量		
国家	80 岁以上人口数量	占总人口的比例	国家	80 岁以上人口数量	占总人口的比例
1 中国	1090 万	0.9%	1 中国	1.137 亿	8.7%
2 美国	920 万	3.3%	2 美国	5280 万	3.2%
3 印度	480 万	0.5%	3 印度	3260 万	8.2%
2000 年全球 80 岁以上人口数量			2050 年全球 80 岁以上人口数量		
7100 万			4.46 亿		

龄化问题，而这也是我们很快将要面对的现实。例如，在欧洲，老年友好城市的建设得到了更加强有力的支持。这反映出了一个现实情况，那就是对于一个城市而言，为老年人创造更加便利的购物、步行、公交出行、锻炼和使用公共服务的环境，是帮助当地老年人在社区中保持独立生活能力的最有效投资。从公共政策和经济角度来看，每个人都是赢家。为了避免老年人口机构化，北欧人致力于发展服务型住宅。

生育率降低限制了应对人口老龄化的替代措施

欧洲最大的问题之一是新生儿的匮乏。当生育率较低且存在人口低迁入或高迁出的情况时，总人口数量通常会下降。西欧最具代表性的例子是**德国**，最近的估算显示，德国人口预计将在 2010 年至 2050 年间减少 12%（即从原来的 8200 万减少至 7200 万）[23]。德国 1.3 的生育率①在欧盟国家中排名最低。他们最近在鼓励外来移民（虽然会带来其他副作用）方面作出的努力已对改善他们的人口环境起到了帮助作用。德国并不孤单，葡萄牙、意大利、希腊和西班牙等南欧国家的人口也在迅速老化，这同样是由于低生育率造成的。

在美国和加拿大，人口的迁入和更高的生育率使得人口还相对较为年轻。2016 年，美国的生育率估计在 1.87 左右，到 2050 年将更加接近 2.0 [24]。在移民方面，美国可能会继续保持世界领先地位。2010 年接收移民 140 万，除非政治局势变化导致整体政策出现调整，否则美国每年增加的移民数量将以 1% 的速度增长，到 2050 将达到 210 万人 [25]。欠发达国家的生育率历来很高，但也在下降。从 1950~1955 年的 6.2 降低至 2000~2005 年的 2.9。关于未来的预测显示，到 2045~2050 年，欠发达国家的生育率将达到 2.2，接近于人口零增长时 2.1 的生育率。

日本人口老龄化所面临的三重挑战：长寿、低生育率和低移民

全球最强劲的人口老龄化趋势出现在日本，那里在老年人口增长的同时，还在经历着预期寿命延长、低生育率（2014 年为 1.4）和严格的限制移民政策。40 年间，日本人口预计将减少 16%，从 2010 年的 1.28 亿减少至 2050 年的 1.07 亿 [26]。因此，到 2050 年，65 岁以上人口可能会占到总人口的 1/3。试想 2050 年在一个典型的日本社区当中，将仅

---

① 生育率：此处指总和生育率，即该国家每个育龄期间妇女平均生育的子女数量。

需要原来 5/6 的住宅为居民提供居住场所，并且每 3 栋住宅中就有一栋居住着老年人。日本人保持着 84.3 岁的最长预期寿命世界纪录。预测显示，这一数字到 2050 年将达到 88.4 岁，到 2100 年将达到 94.2 岁，与 100 岁相差无几。在日本，实现人口的就地老化较为困难，因为现有的住宅存在走廊狭窄、浴室狭小、楼层变化复杂等问题 [27]。日本也是世界上百岁老人比例最高的国家（每 1000 人当中就有 4.1 人）[28]。在 2000 年至 2050 年的 50 年间，日本 100 岁以上人口数量将从 1.25 万增长至 130 万，是 2000 年人口普查时数量的 100 多倍 [29]。

美国 2050 年 100 岁以上的人口数量将与 1940 年 85 岁以上的人口数量非常接近。

美国 65 岁以上和 85 岁以上人口的增长率如何呢？

几十年来，美国 65 岁以上和 85 岁以上人口的增长速度远远高于 65 岁以下人口。事实上，从 2010 年到 2050 年，美国 65 岁以上

的人口数量将翻倍，而 65 岁以下的人口增长率仅为 12.2%。

简而言之，美国 65 岁以上人口在 40 年间翻了一番，从 1970 年的 2000 万增长至了 2010 年的 4030 万，预计在 2010 年至 2050 年的 40 年间，这一数量还会翻倍，从 4030 万增长至 8800 万。同样在 40 年间，85 岁以上的人口增长了两倍多，达到了最初的 3.6 倍，从 1970 年的 150 万增加到了 2010 年的 550 万。预计从 2010 年到 2050 年，这一数字还将增加两倍多，从 550 万增加到 1890 万，是最初的 3.2 倍。如此之高的增长率意味着 85 岁以上人口每 25 年而不是每 40 年就会翻一番 [30]-[32]。

2000 年 65 岁以上的人口比例为 1/8（12.4%），2050 年这一比例将达到 1/5（22.2%）[36]。在欧洲，2050 年 65 岁以上的人口比例将更高，达到 1/4（25%）。

百岁老人和近百岁老人：美国 100 岁以上和 90 岁以上的老年人

尽管 85 岁以上人口的增长率已经非常惊人了，但那些超过 90 岁和 100 岁的人口（即

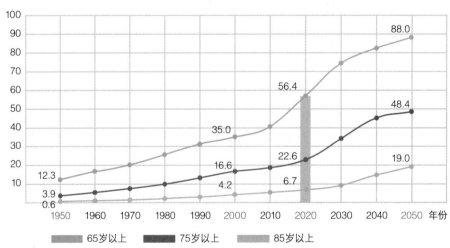

图 3-5　1950 ~ 2050 年美国 65 岁以上、75 岁以上和 85 岁以上人口的增长状况（单位：百万人）[33]：在 1970 年至 2050 年间，65 岁以上人口每 40 年翻一番。2015 年起，婴儿潮一代开始步入老年，65 岁以上人口数量大幅增加。2020 年至 2040 年所有年龄段的老年人口增长率都会很高

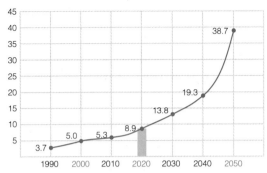

图3-6 1990～2050年美国100岁以上老年人口的增长状况（单位：万人）[34]：100岁以上老年人口的增长主要发生在当下，并且将一直持续到2050年以后。随着65岁以上老年人口数量每40年翻一番，2010年到2050年间100岁以上老年人口将增长为最初的7.3倍

超高龄老人）的增长速度更快。过去我们很少能够听到一个百岁老人的故事。在1950年以前，百岁老人的数量非常少，少到美国人口普查[37]难以统计。在这些早期统计数据的回顾性分析中，美国人口普查局估计，1950年美国大约有2300名100岁以上的老年人。1950年美国总人口略多于1.5亿，这意味着在**6.5万人**中才能有一位百岁老人。例如，如果你当时在堪萨斯城，你可能会在城里找到7个百岁老人。1917年，英国只有24名百岁老人。而100年后的今天，这一数字已达到了15000名[38]。

表3-3 简而言之，美国人口每80年翻一番，65岁以上人口每40年翻一番，75岁以上人口每30年翻一番，85岁以上人口每40年增长2倍，100岁以上人口在40年内将增长6～9倍

1950~2050年美国65岁以上、75岁以上、85岁以上和100岁以上的人口变化[35]								
美国人口增长（1950~2050年）								
年份（总人口）	65+	%65+	75+	%75+	85+	%85+	100+	%100+
1950（150697000）	12270000	8.10%	3875000	2.60%	577000	0.40%	2000	0.01%
1960（179323000）	16560000	9.20%	5539000	3.10%	939000	0.50%	3000	0.02%
1970（203212000）	20066000	9.90%	7611000	3.80%	1511000	0.70%	5000	0.02%
1980（226546000）	25549000	11.30%	9940000	4.90%	2240000	1.00%	15000	0.07%
1990（248710000）	31242000	12.60%	13180000	5.30%	3080000	1.20%	37000	0.15%
2000（281422000）	34991000	12.40%	16640000	5.90%	4240000	1.40%	50000	0.18%
2010（308746000）	40268000	13.00%	18509000	6.00%	5494.00	1.80%	53000	0.17%
2020（334503000）	56441000	16.90%	22622000	6.80%	6727000	2.00%	89000	0.27%
2030（359402000）	74107000	20.60%	33833000	9.40%	9132000	2.50%	138000	0.38%
2040（380219000）	82344000	21.60%	44973000	11.80%	14634000	3.80%	193000	0.50%
2050（398328000）	87996000	22.20%	48365000	12.10%	18972000	4.80%	387000	0.97%

每80年翻一倍	每40年翻一倍	每30年翻一倍	每40年增至3倍	每40年增至7~10倍
1970-2050 = 2.0X	1970-2010 = 2.0X	1950-1980 = 2.6X	1970-2010 = 3.6X	1970-2010 = 10.6X
	2010-2050 = 2.2X	1980-2010 = 1.9X	2010-2050 = 3.5X	2010-2050 = 7.3X
		2010-2040 = 2.4X		

如今新生儿有 30% 的几率能够活到 100 岁!

1980 年我们估算的美国百岁老人数量约为 1.5 万人，2010 年我们统计的百岁老人数量超过了 5.3 万人[39]，而到 2050 年，我们预计百岁老人的数量将达到 38.7 万人，是 2010 年百岁老人数量的 **7 倍**多。但这确实是最好的猜测。试想如果我们找到了治疗认知症或癌症的方法，会发生什么呢? 也许这些数字可能就会显得很低了。我们过去一直低估了高龄人口的增长[40]。

2011 年，英国劳动和养老金部 (Department for Work and Pensions) 进行了一项分析，以进一步理解活到 100 岁的可能性。他们的结论是，2011 年出生的儿童中有 30% 有希望活到 100 岁以上。这比像我这样出生于 1950 年左右的男性活到 100 岁以上的几率 (8%) 要高得多[41]。

另一个有趣的统计数据是，1940 年美国 85 岁以上老年人的数量为 36.5 万[42]，似乎非常接近我们预计的 2050 年 100 岁以上老年人的数量 (38.7 万)[43]。如今，认识 85 岁以上的老年人已经是非常普遍的事情了，30 年后我们对百岁老人的期望将如何演变，这是一件有趣的事情。《国家地理》杂志 2013 年 5 月的封面故事和《时代》杂志 2015 年 3 月的封面故事展示了标题为"这个婴儿将活到 120 岁[44]""这个婴儿将活到 142 岁[45]"的婴儿照片。虽然这两种说法似乎有些极端，但鉴于我们在过去 160 年中所经历的变化，它们的可能性依然存在。

人口增长的影响

我们知道全球的高龄老人 (这里主要指 85 岁以上、90 岁以上和 100 岁以上的老年人) 数量都在快速增长。对于他们来说，这些"额外的岁月"将充满机遇还是备受煎熬? 有两个主要的理论预测了预期寿命与能力之间的关系，它们的结论是截然相反的。一种称为**疾病压缩理论**，这种理论预测人们的身体在临终的短暂失能期之前还将继续处于较高的功能水平。第二种理论称为**疾病扩张理论**[46]，这种理论的观点与疾病压缩理论相反，认为失能人数虽然在缓慢减少，但人的身体一旦失能，在很长一段时间内情况会不断恶化，最后以死亡告终。现今这两种情况在个人案例中都很常见，但未来的发展趋势是怎样的呢? 新的药物和基因编辑协议，如 CRISPR①，可能会在这两个方向上发挥领导作用，所以我们将不得不拭目以待。我们所知道的是，今天百岁老人所经历的发病期大约为 9 年，仅为普通人 19 年发病期的一半[47]。高龄老人数量的增长将会对美国社会的居住选择产生怎样的影响呢?

女性比男性更长寿，但这并不总是一种优势

美国高龄老人 (85 岁以上和 100 岁以上人群) 有两个最为明显的特征——**绝大多数是女性、经济状况很差**。女性比男性长寿，但是健

表 3-4　虽然女性在出生时比男性的平均寿命长 4.9 年，但到 65 岁这一差距将缩小至 2.6 年。在可以预见的未来，男性的预期寿命尚不会超过女性

目前美国不同性别人口在出生和 65 岁时的预期寿命[48]		
男性	**女性**	
76.3 岁	81.2 岁	出生时
		女性比男性多 4.9 年
83.0 岁	85.6 岁	65 岁时
		女性比男性多 2.6 年

---

① CRISPR : Clustered Regularly Interspaced Short Palindromic Repeats 的缩写，本意指原核生物基因组内一段具有免疫功能的重复序列，在本书中主要指利用相关作用机理实现的一种基因编辑技术，目前广泛应用于生命科学领域。

康状况普遍更差。在美国，女性出生时的预期寿命比男性长 4.9 年。社会保障方面的数据显示，到 65 岁时，这一差距下降了 50%，但仍在 2.6 岁左右。还有一些预测显示，男性寿命的增长速度要高于女性，尤其是在 21 世纪中期。但男性需要面对这样一个事实，那就是女性在生物学上更优越（至少在寿命方面是这样的）。

2010 年，美国 65 岁的人口中有 57% 是女性，但到了 85 岁，这一比例上升到了 67%（即 2/3）[50]。事实上，在 85 岁以上的人群中，女性只有 17% 配偶依然健在，而男性配偶健在的比例为 59%。换句话说，男人和照顾他们的人结婚，当他们死后，他们的妻子会剩下更少的钱，因为养老金和社会保障金通常会减少。随着更多高收入女性担任要职，这种情况在未来可能会有所改变，但如今，这仍是该体系的一个明显弱点。

事实上，这是在平等对待妇女的口号背后最为可耻的一面。男人通常不担心入住护理院，因为他们不太可能在那里度过自己生命的最后一程 [51] [52]。在美国，当你参观护理院或协助生活设施时，70% 以上的居民是女性。这通常是因为她们是家庭中最后留下的人。在社会中，我们已经开始接受将护理院作为最后的选择——就算是对那些花了一生时间来照顾别人的人而言也是如此。这种现象发人深省，如果男人比女人更长寿，情况还会是一样的吗？

> **大多数 75 岁以上的男性配偶依然健在，而大多数同年龄段的妇女都已经丧偶。**

哪些其他的人口因素将会对未来产生影响？

生育率的下降可能会影响到能够为高龄老人提供日常帮助和支持的子女人数。第 4 章描述了家庭成员（特别是第一个出生的女儿）对于家中老年人非正式照护系统的重要

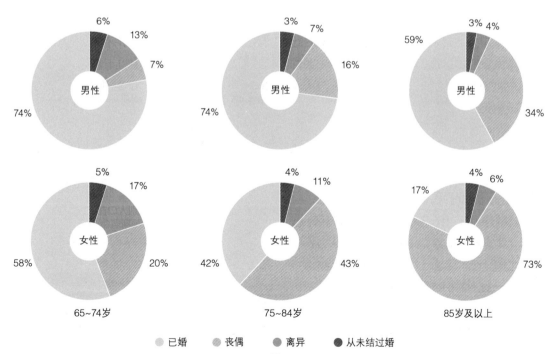

图 3-7　按性别划分的美国 3 个年龄段人群的婚姻状况 [49]：在 65 ~ 74 岁之间，大多数男性（74%）和女性（58%）还处在已婚状态。但到了 85 岁以上，大多数女性（73%）已经丧偶，而大多数男性（59%）的配偶依然健在

支持作用。据预测，未来 20~25 年，居住在老年人附近的家庭成员数量将会减少。这种变化也是全球性的，与之相对应的是用**潜在抚养比**来衡量的更大图景[53]。抚养比是指每个 65 岁以上的老年人所对应的可以为其提供支持的 15~64 岁人数。在世界范围内，1950 年 15~64 岁人口与 65 岁以上人口之比为 12 ：1[54]，而到 2015 年这一比例为 4.48 ：1。在欧洲，这一比例目前在 3~4 之间，但到 21 世纪中叶将接近于 2。这不仅会影响到家庭的支持，还会影响到为老年人提供医疗和社会保障经济支持的转移支付系统。

少数民族老年人数量将会增加，同时白人人口将会减少

最后，美国人口未来预期出现的另一个变化发生在老年人的种族和文化身份方面。2014 年，65 岁以上人口中 78% 是白人，9% 是黑人，8% 是西班牙裔，另有 4% 是亚洲人[55]。预计到 2060 年，白人比例将大幅减少至 55%，拉美裔人口将增长近 3 倍，达到 22%。在 65 岁以上的人口中，非洲裔美国人和亚洲人的比例预计将分别增加到 12% 和 9%。如今，大约有 1/3 的西班牙裔、黑人和亚洲老年人与大家庭成员生活在一起，而在白人中这一比例仅为 13%[56]。这种大家庭生活的文化现象也可能影响到未来更多混龄家庭的居住安排。

> **有工作的老年人将延迟退休。1945 年，65 岁以上的男性中有近一半仍在工作，而到 1990 年这一比例下降到了 16%。但到 2050 年，这一比例将回升至 17%~20%。**

低收入同样加剧了这种情况

另一个令人沮丧的数据是高龄老人的平均收入。2010 年，65 岁以上老年人的家庭年

收入中位数为 31410 美元[57]，虽然较低，但还可以接受，但 90 岁以上老年人的家庭年收入仅为 65 岁以上老年人的一半，即 14760 美元。甚至在 90 岁时，男性的收入要比女性高出 50%（20133 美元对 13580 美元）[58]。这使得女性更可能进入可使用医疗补助的护理院。长寿会将她们推上最后的人生旅途，而有限的经济资源则会终结她们的寿命。

应对长寿的趋势之一是选择延迟退休。**劳动力参与率**用于衡量就业人口的百分比，对于 65 岁以上的男性而言，这一比例从 1950 年 45.8%[59] 的高点跌至了 1990 年 16.4% 的低点。预计到 2050 年，这一比例可能会保持在 17%~20% 的水平。从 1950 年起，高龄女性老人的就业比例一直稳定保持在 10% 左右，并将保持至 2050 年。延长工作时间和推迟退休是 65 岁以上老年人为数不多的可控选择之一。

生活安排方面，在一个相对富裕的社会中，老龄化的另一个副作用是老年人经常独居。未来发展中国家也将呈现出这样的趋势[60]。2008 年 65 岁以上人口中，独居老人占比为 29%，但性别差异很大。女性老年人的独居比例为 39%，而男性老年人的独居比例仅为 19%[61]。2008 年 85 岁以上人口中，独居老人比例为 41%，其中绝大多数都是女性。随着人口的老龄化，与配偶生活在一起的老年人将越来越少，而独自居住、与家人共同居住或在机构中居住的老年人则会越来越多。

长寿所带来的红利是以那些个人经济状况较差，更有可能被孤立、处于机构化风险之中的女性为代价所换来的。这样的回报似乎并不公平。

引用文献

[1] NIA/NIH（2011），*Global Health and Aging*，Publication #11-7737，GPO，Washington，DC，2.

[2] United Nations，Department of Economic and Social Affairs，Population Division，World

Population Prospects（2017）, https：//esa. un.org/unpd/wpp/DataQuery（accessed 9/26/17）.

[3] Easterbrook, G.（2014）, What Happens When We All Live to Be 100? *Atlantic*, October, 60–72.

[4] United Nations, Department of Economic and Social Affairs, Population Division, World Population Prospects,（2017）, https：//esa. un.org/unpd/wpp/DataQuery（accessed 9/26/17）.

[5] Oeppen, J., and Vaupel, J.（2002）, Broken Limits to Life Expectancy, *Science*, 296, May 10, 1029.

[6] NIA/NIH（2011）, *Global Health and Aging*, Publication #11–7737, GPO, Washington, DC 12.

[7] Hayutin, A., Dietz, M., and Mitchell, L. （2010）, *New Realities of an Older America*： *Challenges, Changes and Questions*, Stanford Center on Longevity, Stanford, CA, 56.

[8] Olshansky, S. J., Goldman, D. P., Zheng, Y., and Rowe, J.W.（2009）, Aging in America in the Twenty-first Century： Demographic Forecasts from the MacArthur Research Network on an Aging Society, *Milbank Quarterly* 87, 842–862.

[9] US Census International Programs（2017）, World Population by Age and Sex（2010–2050）, https：//www.census.gov/population/international/ data/idb/informationGateway.php（accessed 9/26/17）.

[10] NIA/NIH（2011）, *Global Health and Aging*, Publication #11–7737, GPO, Washington DC, 4.

[11] Ibid.

[12] US Census International Programs, World Population.

[13] Ibid.

[14] Ibid.

[15] NIA/NIH, *Global Health*, 5.

[16] US Census International Programs, World Population.

[17] Ibid.

[18] Ibid.

[19] Ibid.

[20] Ibid.

[21] Ibid.

[22] Mamolo, M., and Scherbov, S.（2009）, *Population Projections for Forty-four European*

Countries： *The Ongoing Population Ageing*, Vienna Institute of Demography, Vienna, 2.

[23] Statistiaches Bundesamt（2006）, *Germany's Population by 2050*, Federal Statistics Office, Weisbaden, Germany, 5.

[24] United Nations, Department of Economic and Social Affairs, Population Division, World Population Prospects（2017）, https：//esa. un.org/unpd/wpp/DataQuery（accessed 9/26/17）.

[25] Wiener, J., and Tilly, J.（2002）, Population Aging in the United States of America： Implications for Public Programs, *International Journal of Epidemiology*, 31, 776–781.

[26] US Census International Programs, World Population.

[27] Kose, S.（1997）, Housing Elderly People in Japan, *Ageing* International, 23（3-4）148–164.

[28] Pew Research Center（2016）, World's Centenarian Population Projected to Grow Eightfold by 2050, http：//www.pewresearch. org/fact-tank/2016/04/21/worlds-centenarian- population-projected-to-grow-eightfold- by-2050（accessed 10/17/17）.

[29] US Census International Programs, World Population.

[30] Hobbs, F., and Stoops, N.（2002）, Demographic Trends in the 20th Century, Census 2000 Special Reports, *U.S. Census Bureau Report # CENSR-4*, Washington DC.

[31] Werner, C.（2011）, The Older Population： 2010： Census Briefs, *US Census Bureau, Report C2010BR-09*, Washington DC.

[32] Ortman, J., Velkoff, V., and Hogan, H.（2014）, An Aging Nation： The Older Population in the United States： Population Estimates and Projections, US Census Bureau, *Current Population Reports*, Washington, DC 25.

[33] US Census International Programs, World Population.

[34] Ibid.

[35] bid.

[36] Hetzel, L., and Smith, A.（1999）, The 65 Years and Over Population： 2000, U.S. Census Bureau. *Report #C2KBR/01-10*, Washington DC.

[37] Krach, C., and Velkoff, V.（1999）, Centenarians in the United States 1990, US

Census Bureau, *Report # P23-199RV*, Washington DC.

[38] Anonymous（2017）, The New Old, *Economist*, July 8, 3.

[39] Werner, C.（2011）, The Older Population: 2010: Census Briefs, *US Census Bureau*, *Report C2010BR-09*.

[40] NIA/NIH（2011）, *Global Health and Aging*, Publication #11-7737, GPO, Washington DC.

[41] Office for National Statistics（2017）, Estimates of the Very Old Including Centenarians, 2002-2016, People, Population and Community, ONS, London, UK. https://www.ons.gov.uk/peoplepopulationandcommunity/birthsdeathsandmarriages/ageing/bulletins/estimatesoftheveryoldincludingcentenarians/2002to2016（accessed October 1, 2017）.

[42] Boscoe, F.,（2008）, Subdividing the Age Group 85 and Older to Improve US Disease Reporting, *American Journal of Public Health*, July 98（7）, 1167-1170.

[43] Ortman, J., Velkoff, V., and Hogan, H.（2014）, An Aging Nation: The Older Population in the United States: Population Estimates and Projections, US Census Bureau, Current Population Reports, Washington DC, 25.

[44] Hall, S.（2013）, New Clues to a Long Life, *National Geographic*, 223（5）, 28-49.

[45] Anonymous,（2015）, The Longevity Report, *Time* magazine, 185（6-7）, 68-97.

[46] Fries, J.（1983）, The Compression of Morbidity, Milbank Quarterly 61（3）, 397-419.

[47] Hall, S.（2013）, New Clues to a Long Life, *National Geographic*, 223（5）, 28-49.

[48] National Center for Health Statistics,（2017）Health, United States, 2016, With Chartbook on Long-term Trends in Health, Hyattsville, MD. http://www.cdc.gov/nchs/hus/content2016.htm#015,（Accessed May 15, 2018）.

[49] Federal Interagency Forum on Aging Related Statistics（2012）, *Older Americans 2012: Key Indicators of Well-Being*, GPO, Washington DC, 88.

[50] Ibid.

[51] Jones, A., Dwyer, L., Bercovitz, A., and Strahan, G.（2009）, The National Nursing Home Survey: 2004 Overview, National Center for Health Statistics. *Vital Health Statistics* 13（167）.

[52] Kemper, P., and Murtaugh, C.（1991）, Lifetime Use of Nursing Home Care, *New England Journal of Medicine*, 324, 595-600.

[53] Jacobsen, L., Kent, M., Lee, M., and Mather, M.（2011）, America's Aging Population, *Population Reference Bureau* 66（1）, 12-14.

[54] United Nations, DESA,（2001）, World Population Ageing 1950-2050, *Report #ST/ESA/SER.A/207*, New York.

[55] Federal Interagency Forum on Aging Related Statistics（2016）, *Older Americans 2016: Key Indicators of Well-Being*, GPO, Washington DC.

[56] Ibid.

[57] Ibid.

[58] Wan, H., and Muenchrath, M.（2011）, *American Community Survey Reports*, *ACS-17, 90+ in the United States: 2006-2008*, U.S. Census Bureau, Washington, DC.

[59] Toosi, M.（2002）, A Century of Change: The U.S. Labor Force, 1950-2050, *Monthly Labor Review*, 22, https://www.bls.gov/opub/mlr/2002/05/art2full.pdf（accessed 9/10/17）.

[60] NIA/NIH（2011）, *Global Health and Aging*, Publication #11-7737, GPO, Washington DC, 22.

[61] Hayutin, A., Dietz, M., and Mitchell. L.（2010）, *New Realities of an Older America: Challenges, Changes and Questions*, Stanford Center on Longevity, Stanford, CA, 5.

第 4 章

如何定义长期照护? 存在哪些选择?

20 年前,"长期照护"(LTC,Long-term Care)一词的意思为在护理院中接受的专业护理。而时至今日,长期照护已发展成为了一个更加宽泛的概念,用于描述包含家庭帮助和家庭健康护理等一系列可能的选择。除专业护理设施之外,长期照护设施还包括协助生活设施、社区小型护理组团、认知症照护设施、临终关怀设施和社区成人日间照料设施。近年来,还出现了一些能够协助老年人在社区中更加独立生活的新选择,例如老年人全面照护项目①以及基于居家和社区的个性化护理选择。以上这些均属于长期照护的范畴。

"协助生活设施"具体指的是一种建筑形式,但更应关注"协助生活"更加宽泛的含义,即我们协助身心障碍或失能人士享有更好、更独立生活的方式。不幸的是,当人们变得非常虚弱时,护理院通常是默认选择。虽然 65~69 岁的老年人中仅有 1% 居住在护理院,但对于 70~79 岁的人群而言这一比例会攀升至 3%,85~89 岁老年人入住护理院的比例为 11.2%,90~94 岁的为 19.8%,95~99 岁的为 31%,而 100 岁及以上的则为 38%[1]。

虽然在 2013 年仅有 15% 的 85 岁以上老年人住在护理院中[2],但护理院的入住老人当中 85 岁以上的人口比例却超过了 40%[3]。65 岁以上老年人有超过 2/3 的几率需要长期照护服务[4]。每个人有 46% 的几率将会在护理院中度过一段时光[5]。因此即便你自己能够避免住进护理院,你的配偶或兄弟姐妹也很难全部幸免。高龄老人是失能比例最高且长期照护服务需求最为迫切的人群。随着年龄的增长,你有可能经历丧偶,独自生活,无法依靠任何人提供日常帮助[6][7]。我们有责任用更好的东西来取代或改造现有的护理院,因为如果你活得够长,身体能力又足够衰弱,你很有可能会在那里终老。

长期照护的主要选项有哪些?

就规模和普遍性而言,美国有 6.7 万家受监管的长期照护服务提供商,为 900 万人提供服务[8]。其中包括 15600 个护理院、30200 个协助生活设施、12400 个家庭保健机构、4800 个成人日托中心和 4000 个临终关怀设施。长期照护是一项主要开支,最近的估算结果显示,长期照护成本在 2109 亿美元到 3171 亿美元之间[9]。入住护理院或使用社区居家护理服务的年老体弱者人数预计将从 2000 年的 1500 万增加到 2050 年的 2700 万[10]。

---

① 即 PACE 项目:美国开始时间最早、知名度最高并且还在进行的社区照护项目。详见本书第 9 章第 3 节。

图 4-1　北欧的成人日间照料服务在白天会将居民从他们的家中接到社区环境中：因为住宅和配套设施建筑与社区护理服务建立了合作伙伴关系，所以成人日间照料服务经常使用老年人社区当中的公共空间。一个典型的成人日间照料项目通常服务于 10~15 名参与者，每位参与者每周来访 2~4 次

图 4-2　通常情况下，持续照料退休社区当中的协助生活部分、认知症照护部分或专业护理部分要比独立居住部分更具医疗机构般的外观：在福克斯山（Fox Hill）的持续照料退休社区当中，协助生活部分和认知症照护部分运用了与独立居住部分相同的走廊和公共空间处理手法，使得建筑具有了浑然一体的感觉

图片来源：John Becker，DiMella Shafer

设施类似：他们的平均年龄约为 80 岁，其中 2/3 为女性。如今，7.7% 的护理院入住者超过了 95 岁 [13]。对许多人来说，开销是个问题。医疗补助计划虽然可以支付护理费用，但你必须"减少开支"才能符合补助资格。越来越多的老年人拥有长期照护保险，但很少覆盖全部额度。如果没有医疗补助和长期照护保险，或不符合相关要求，老年居民就只能利用他们的积蓄来支付这些费用了。

护理院的事实和数据

入住护理院的居民仅占 65 岁以上人口的 2.8%，这一比例在过去的 10 年里一直在稳步下降 [11]。与此同时，护理院中 85 岁以上的居民数量增加了 20% 以上。随着协助生活服务的普及和社区家庭护理服务范围的扩大，越来越多的老年人选择在护理院之外度过晚年时光。不过，护理院仍然是这个国家中孤寡、虚弱和贫困老人的最后一站。

美国护理院的平均规模是 108 张床 [12]。其中将近 70% 是私人所有的。尽管护理院的入住者中有 15% 在 65 岁以下，但对于 65 岁以上的居民而言在年龄和性别上与协助生活

> **2013 年虽然仅有 15% 的 85 岁以上老年人选择入住护理院，但在入住老人中 85 岁以上人口的占比超过了 40%。**

传统护理院存在哪些问题？

在 20 世纪 50 年代，随着年老体衰人口数量的增长和医疗护理成本的上升，护理院这种建筑形式应运而生并迅速发展起来 [14]。作为一个类似医院的环境，护理院公共卧室的面积标准起初为每人 100 平方英尺（约合 9.3m²），每个房间可容纳 2~4 人。当时设定

图 4-3 多感官疗法通常包括彩色投影、舒缓的音乐和充满情感的物品来帮助严重认知障碍患者进行放松：这些方法主要用于那些失去沟通能力的人，以重新激发情感反应。有时多感官疗法也与洗浴和音乐配合使用

的标准很低，不过那已经是 70 年前的事了。后来，随着医疗环境质量要求和感染控制标准的提高，多人病房已逐渐被单人病房所取代。时至今日，在美国，几乎所有的新建医院都 100% 采用了单人病房，并留有额外的亲友过夜空间。

一提到 20 世纪 50 年代，我们就会联想到那些带有鳍片的汽车、油印机、打字机和笨重的公共电话。传统护理院目前仍然被禁锢在那个年代，要求你与他人共用一间卧室和卫生间[15]。

惨淡的生活条件

在传统的护理院当中，病房不但很小，而且通常住着两个不相干的人。除非床位采用"脚对脚"的布置形式，否则你要么在靠窗一侧，要么靠近卫生间和进门的通道。两张床之间仅通过薄薄一层遮光幕帘进行分隔，无法阻挡噪声和异味。此外，为了方便工作人员操作，可通过护理床的 42 英寸（约合 1067mm）宽的大门经常是开着的。这意味着来自走廊的、不受控制的噪声，甚至能够在半夜传入居住者的房间。共用坐便器和洗手池也是个问题。你的室友有 50% 的几率存在认知受损的情况，可能会不小心使用你

的牙刷或梳子[16]。尽管美国的护理院一直饱受诟病，但大多数研究几乎没有包含有关物理环境的信息。我们几乎不知道单人间和双人间的比例，也不知道有多少人共用坐便器、洗手池或淋浴设施。这些特征与当前许多用于评估护理院服务质量的指标一样，对老年人的私密性、自主性和情绪都具有相当大的影响。

有关护理院条件恶劣和疏于照料的报道[17][18]影射在各种文学作品中。即使是最好的护理院也常常把效率看得比自主选择更为重要[19]。效率通常意味着入住老人要适应机构的规章制度。对于即将步入老年的婴儿潮出生的一代来说，护理院的吸引力会变得更小，因为他们的期望更高，对控制权的需求也更大。

护理院是机构，而非提供服务的住房

机构化的日程安排会减少入住老人的选择。北欧的护理院和美国的绿屋养老院项目已经实施了"自定义"或"定制"计划[20]。这使得老年人能够自己设定起床、用餐、睡觉、洗澡的时间，以及他们白天的活动内容。它将选择权交给了入住老人，而不是机构。

另一个备受关注的问题是有关劳动力连续性的关键问题。照顾老年人是一项需要付出大量体力劳动的艰苦工作。但不幸的是，护理人员的工资很低，由于人们认为这份工作并不光彩，因此挽留和招聘护理人员十分困难[21]。北欧国家同样存在劳动力短缺的问题，但通过向员工支付更多薪酬，并普遍承认照顾"每个人的母亲"是一项需要尊严和尊重的工作，劳动力短缺的情况得以避免。

对于老式护理院，我们能做些什么？

我们该如何避免未来价格高昂的老式护理院成为最虚弱老年人的首要选择呢？丹麦人在 1987 年采用的策略是暂停护理院

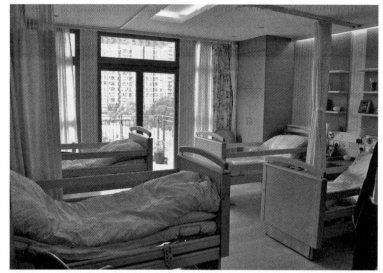

图 4-4 虽然单人间在北欧是标准配置，但在中国大陆和中国香港的很多长期照护设施当中，依然沿用着三人和四人居室；在美国，共用双人间已成为过去几十年的通用标准。在那之前，多人病房在美国的医院和护理院中非常普遍

图 4-5 丹麦欧登塞的艾特比约哈文养老设施（案例 13，Ærtebjerghaven）通过设置 5 个小型居住组团为 45 名入住老人提供照护服务；照片中的中心庭院是带顶露台的延伸部分，为建筑中部空间提供了自然采光。在北欧，这种规模的项目非常普遍

的建设 [22]，当时作出这一决定是出于对不断提升的运营费用的忧虑，以及对家庭护理可以更好为社区中的体弱老人服务的假设。2000 年以后，他们重启了一个带有限制条件的护理院建设项目。艾特比约哈文养老设施（13：174）和赫卢夫 - 特罗勒养老设施（案例 14，Herluf Trolle）都是暂停期之后建成的。北欧人通过建造新建筑或对现有建筑进行改造，将建筑空间细分成了拥有 100% 独立居住单元的、更小的居住组团。这种做法是可行的，因为大多数建筑物是由当地市

政府所有和运营的。大多数公民都会将护理院视为一个人从摇篮到坟墓的连续统一体中不可分割的一部分。公民自豪感和真正的个人利益驱使他们尽可能好地为高龄老人服务。

美国的护理院所有者表示，他们的利润率很低，可用于再投资的资本不足，甚至连微小的改善都难以进行 [23]。如果没有协调一致的努力，它们很可能永远不会被取代或得到实质性的改造。可悲的事实是，这些过时的机构是现存护理院中的重要组成部分，并且它们仅靠自己的力量不会变得更好。

每个人有 46% 的几率要在护理院中度过一段时光

机构化的室内空间、令人窒息的规章制度和不理想的照料服务 [24] 并非护理院所有的问题。许多建于 1960~1980 年之间的建筑物已经破败或过时了，它们中的大多数是中低质量的单层木结构建筑，平均使用时长已达 36 年，不仅能源利用率低、外观单调，而且破旧不堪 [25]。一些政策制定者甚至认为这是一个阴谋，目的就是让护理院看起来和感觉起来都很糟糕。这种现象被称为"木制品效应" [26]，其假设是如果护理院更好，就会吸引更多的人搬到那里。

绿屋养老院和小屋模式会取代传统的护理院吗？

目前世界上最令人鼓舞的传统护理院替代品就是绿屋养老院或小屋模式。第 8 章全面地介绍了这种建筑类型。绿屋养老院借鉴了在北欧流行了数十年的理念。这种理念将物理环境概念化为一个由 10~12 名居民组成的小型集体居住组团，采用非官僚主义的管理策略，主要依靠护理人员进行管理，他们 80%~90% 的工作时间都会与居民在一起。在很短的时间内，这一模式就已经成为美国护理院设计的首选。但目前遇到的最大问题是，绿屋养老院运动建成 200 个设施（大约 2200 个居住单元）花费了 15 年的时间 [27]。即便按照目前有 1500 个居住单元在建，并以每年 5000 个居住单元的建设速度进行乐观的估算，要想取代美国现存的护理院，也需要将近 300 年的时间。

我们应该争取将哪些属性赋予新型的护理院？

表 4-1 以美国的绿屋养老院和北欧的护理院为例，介绍了新型护理院和协助生活设施环境设计在支持独立性、去机构化等方面应该遵循的 45 条属性。物理属性和操作属性在这些护理设施当中都很重要，其中 10 条是总原则，13 条是有关环境属性的，剩下的 22 条则主要涉及项目、活动、生活方式和运营管理。

协助生活设施与居住照料设施有何不同？

"协助生活"和"居住照料"这两个词经常互换使用。但是协助生活设施通常设有超过 25 间居室，更像是公寓而不是一间卧室。

表 4-1　在北欧和美国绿屋养老院护理院环境中最有效的 45 条环境和护理服务属性：美国老式护理院的很多缺陷已经被新的设计和护理服务策略所解决。这个检查清单对于任何一个护理院或长期照护设施而言都会有所帮助

绿屋养老院 45 条环境和护理服务属性
总方针（10 条）
1. 提供充分的自由选择权
2. 取消无法覆盖居住者个人偏好的教条性规则
3. 鼓励个性化和多样化
4. 重视尊重和同理心
5. 将压抑和控制最小化
6. 整个机构的重点是照料而非治疗
7. 不应以牺牲个性化护理为代价换取高效率和统一性
8. 为使居住者在晚上更容易入睡，噪声应得到有效控制
9. 在北欧，无论收入高低，长期护理都是每个人的平等权利
10. 应更加强调生活质量问题，而不是容易衡量的项目

続表

环境属性（13 条）

1. 提供去机构化、没有过多限制的护理服务环境
2. 环境应该是居住化、生活化的，而不能像一家医院
3. 双人房牺牲了私密性，应尽量避免使用
4. 常规的居室空间应足够大，以容纳家具和有意义的物品
5. 使用单廊和天窗引入自然光线
6. 尽可能缩短组团居住者到餐厅和活动空间的移动距离
7. 降低窗台高度的大窗户能够使居民在床上看到外面的风景
8. 提供属于个人且可达性良好的户外空间
9. 使用顶部升降机，以减少工作人员背部受伤的情况
10. 重视并避免出现噪声、眩光和异味
11. 室内设计应该是积极向上的，而不是死气沉沉、令人沮丧的
12. 使用浴缸沐浴时应伴以低照度的照明和芳香的气味
13. 充满欢乐的一天比疾病治疗更为重要

照护服务和生活方式属性（22 条）

1. 尽可能减少对认知症患者的化学抑制
2. 对认知症患者采用沟通疗法（如多感官治疗）
3. 护理院应具有幸福、愉悦、快乐、欢笑和乐观的氛围
4. 照护服务的重点应该放在调剂生活和为生命的结束上作准备
5. 应普遍使用日常生活活动疗法
6. 对于身体最虚弱的人群而言，应优先考虑运动、肌肉训练和物理治疗
7. 即使是最虚弱的人，也要尝试"度假"和外出过夜——这是北欧人的传统
8. 护理院应提供高质量的临终体验
9. 居民活动应带有目的性，而不是仅仅用于填充时间
10. 鼓励居民执行任务，为自己做尽可能多的事情
11. 鼓励家庭成员探访和留宿
12. 应让家人和朋友感到他们是受欢迎的
13. 应该教会家属如何让他们的探视成为愉快的经历
14. 强调同辈家庭成员之间的压力分担
15. 不应尝试危险和笨拙的双人手动升降机
16. 促进和鼓励配偶前来探视
17. 应按照居民的时间表而非机构的时间表组织活动
18. 员工流失率应最小化
19. 鼓励护士和护理人员与居住者成为朋友
20. 照顾居住者的护理人员应该得到家庭成员的更多尊重
21. 护理助理的培训应该严格按照他们的培训要求支付工资
22. 对每个居住者应指派专门的照护人员

协助生活设施的居室通常都设有独立卫生间、可上锁的门和一定的食品储存空间[28]。在有许可证要求的州，居民超过 25 人的建筑物在消防安全和建筑规范方面有着比小规模建筑更高的技术标准。在美国 31100 个居住照料和协助生活设施当中，约有 50% 是可供 4~10 人居住的小型设施，另有 16% 是可供 11~25 人居住的中型设施。不同地区可能存在一定的差异。在西部，规模较小的设施比在东北部更为常见[29]。小型居住照料设施的规模通常与大型独立式住宅相近，能够适用于大多数居住区。小型建筑易于建造，为家中的老年人寻找适宜住所的家庭可以将一栋住宅进行改造，并招募其他的居住者。这种供 4~6 人居住的建筑通常是较为亲切和私密的。虽然小型的居住照料设施建筑通常也需要办理执照，但它的标准是最低的。这类设施通常只配备一名服务人员，负责包括做饭和个人护理服务在内的所有工作，并且他们大多没有接受过正规的培训。与 6~10 个建筑组合在一起形成经济规模的绿屋养老院模型不同，这些居住设施往往孤立存在于社区当中。它们的价格可能会更加便宜，并因其自身的区位条件和居住条件而异。

图 4-6 打牌等需要进行思考的活动能够激发记忆和回忆：一般而言，有真正目的的活动对老年人更有益处。在丹麦的小镇上，居民经常参与特殊活动装饰品的制作活动。哪怕只是观看其他人进行活动，每个人也都会参加

> 使用护理院、居住照料设施和居家照护服务的人群数量预计将从 2000 年的 1500 万增长至 2050 年的 2700 万。

协助生活设施规模更大、管理更为专业

美国养老行业联合会（Argentum）提出的以居民为中心的理念包含 4 个基本特征 [30]：1）提供选择的可能性；2）维护尊严；3）鼓励独立；4）提高生活质量。在协助生活设施中，可提供个人护理协助和认知症照护服务，而那些需要复杂器械设备和相关专业知识的医疗服务通常只在特殊情况下才会提供。

最近的一次行业调查 [31] 发现，一个协助生活设施的平均规模为 54 间居室。居住者中，54% 的年龄在 85 岁以上，70% 左右为女性，63% 丧偶。大约 40% 的居住者在 3 种以上的日常生活活动中需要他人的帮助 [32]。在护理服务方面，最普遍的需求是洗浴（75%）、穿衣（54%）、如厕（37%）和助餐（22%）[33]。大约 40% 的居民存在失禁的情况，需要帮助。大多数居民需要服用 7~8 种药物，必须

进行监测。在慢性病方面，59% 患有高血压，37% 患有心脏病，26% 患有抑郁症，29% 患有关节炎，22% 患有骨质疏松症。[34] 在这类设施当中，大约有 1/4 的居民能够独立行走，一半的居民需要借助拐杖或助行器，另外 1/4 的居民则需要乘坐轮椅。

46% 的居民被诊断为认知症，但同时也有40% 的居民不存在任何认知障碍症状。略多于1/4 的协助生活设施分别提供个人护理服务和认知症照护服务 [35]。这些设施通常像对待其他慢性病患者一样对待认知症患者。当记忆受损的居民能够与协助生活区的其他居民一起生活时，他们与大多数居民并无明显差异。但如果出现行为问题，他们往往就会被转移到建筑中的安全区域。这些安全区域通常属于由 12~20名居民组成的小团体，在这里他们的照护、活动和饮食计划都会围绕他们独特的需求展开。

图 4-7 认知症居室当中的家居陈设布置应重点关注例如化妆、打扮、玩娃娃等方面的活动和主题：照片中所示的这些"生活小站"不仅能够用来装饰角落和壁龛，而且还是很受欢迎的活动来源。这张梳妆台是用来化妆和试戴帽子、首饰的

图片来源：Martha Child Interiors，Jerry Staley Photography

当一个或多个居民出现情绪激动的状况时，规模较小的居住组团更易于管理。

在护理和个人照料方面，与注册护士助理（Certified Nursing Assistant，CNA）的交流在居民每天 2.32 小时的联络时间当中占据了 80%。37% 的设施设有注册护士[36]。因为家庭成员希望常来探望老年人，所以区位靠近近亲亲属的设施更加受到欢迎，占比约 34%。目前，42% 的居民被探望的频率为每天一次或每周多次，26% 的居民每周接待一次来访，只有 9% 的居民没有人前来探望[37]。

当一名家庭成员搬入协助生活设施时，最常关注两件事情：1）当你的医疗和个人护理需求无法在协助生活设施中得到满足时，会出现什么情况？ 2）如果你失去了经济支持，会出现什么情况？

协助生活设施的问题之一：收住更多需要依赖他人照料的居民

2/3 的协助生活设施制定有类似这样的政策：当居民需要更高等级的护理服务时，会将他们送到护理院当中。虽然国家要求提供一些灵活性，但一般情况下，是不允许在协助生活设施中进行管饲、呼吸机支持和复杂医疗干预的。一些设施已经在努力尝试为那些在地养老且需要依赖医疗服务的居民拟定"风险协商协议"。这些协议通常需要协助生活设施、家庭、老年居民和医生的批准。另一种方法是接受临终关怀诊断，提供临终服务。两者通常都是通过以家庭照料为基础的援助提供更大的支持。美国养老行业联合会通过他们的"知情选择倡议"来支持这一计划。几个较大的州已经在原则上同意了这一想法，但由于承担相关责任的保险公司认为这样的协议会导致诉讼，这一想法目前还难以实施。而在北欧，情况似乎并不是这样。

协助生活设施的问题之二：照料成本高且缺少报销

钱花光的情况同样是不可预测的，因为没人知道自己能活多久，也不知道自己会在什么环境下生活。大多数（72%）的协助生活设施是私立的，提供私人付费服务。虽然有 43% 的设施参与医疗补助，但只有 19% 的居民使用医疗补助来支付相关的服务[38]。根据设施区位、居室规模、护理程度的差异，收费也各不相同。2017 年，协助生活设施的平均费用为每月 3750 美元[39]，尽管只有护理院收费的一半，但仍然非常高昂。通常情况下，随着老年人生活能力的减退，他们将需要更多的帮助，这也会增加他们的花销。在离开协助生活设施的居民当中，有 33% 是因为去世，47% 是因为需要更多的医疗服务，另有 6% 是存在经济问题[40]。在那些搬走的居民当中，有 59% 搬进了护理院，11% 搬入了另外一家协助生活设施，另有 9% 搬回了自己家，5% 搬到了亲戚家。

> **护理院建筑通常为平均使用了 36 年、中低等质量的单层木结构建筑。**

协助生活设施与护理院的居住者有哪些不同？

护理院居住者的身体和认知健康状况要低于协助生活设施的居住者。在护理院中，61% 的居住者患有认知症，而在协助生活设施当中，这一比例约为 42%[41]。48.7% 的护理院居住者被临床诊断为抑郁症[42]，这一比例是协助生活设施（23.2%）的两倍[43]。因为在护理院中，很多居住者都患有中度至重度的认知症，因此护理院很少能够像协助生活设施那样把认知症患者当作一类特殊人群来对待。

最大的差异体现在日常生活活动能力方面。相比于协助生活设施，护理院中的居住者[44]对协助洗浴和协助穿衣的需求要高出50%，对助行和助餐的需求则要高出一倍[45]。医疗补助为62.9%的护理院居民提供支持。大约1/3的居民存在大小便失禁的情况，5.7%的居民需要通过鼻饲的方式获取营养[46]。护理院居住者的平均居住时间[47]为2.25年，而协助生活设施居住者的平均居住时间为2.7年。

从这些数据中可以清楚地看出，协助生活设施所服务的是身体机能相对更加健全、不需要太多医疗护理服务的人群，结合我们对北欧类似设施的了解，这一群体很容易扩展。

我们能够从临终关怀模式中学到什么？

由联邦医疗保险（Medicare）、私人保险或个人支付的住院病人临终关怀服务是值得研究的伟大案例。临终关怀是灵活的，可以在协助生活设施、护理院、医院和家庭等各

种场合中进行。因为人们认为在家中去世是最好的选择，因此最好的、专门建造的临终关怀设施建筑深受家庭居住生活环境而非医院或护理院的影响。此外，临终关怀鼓励个人带着尊严和控制力离开人世。这能够避免为挽救生命而进行的过度治疗，并创造了一个比奇迹般的治疗更加有利于提供照顾和保证舒适性的环境[48]。虽然有些人认为在临终关怀阶段任何对抗感染的努力都是不允许的，但事实通常并非如此。临终关怀是一项服务，旨在满足居民和家庭的需求。大多数居民年龄较大，并且许多人被诊断患有癌症。

为了获得临终关怀设施的入住资格，大多数参与者必须出具诊断他们只有6个月寿命的医生证明。临终关怀有很多目的，但最主要的是在家人的帮助下调整情感和精神问题。临终关怀的主要参与者包括家庭成员、临终关怀护士和老年人。临终关怀对于疼痛管理、缓解恐惧和不确定性最具价值。整个过程通常是个人化且具有冥想性质的。因此，环境氛围通常是平静、舒适和安详的。重要的是，充满感情的谈话是以一种促进宽恕和满足的方式进行的。与体验自然的能力一样，家庭互动往往是最重要的。

工作人员需经过培训，以应对死亡过程

图 4-8　家中饲养的宠物通常是受人喜爱的对象和活动来源：对于许多居民而言，共享一只的宠物或接触一只来访的宠物是一天中最重要的事情。对于更加独立的个体而言，照顾宠物、带着它散步，是一种健康的生活方式
图片来源：Hans Becker

图 4-9　对于行动不便的老年人来说，在家门附近设置一个装有房门钥匙的锁盒能够方便家庭护理人员进行家访：这些锁盒可以通过密码解锁，密码可以更改，以保证安全

中产生的生理和心理压力。虽然协助生活设施和专业护理设施也经历了很多年老体弱者生命的最后一程，但奇怪的是，它们并没有在敏感度和封闭度方面，形成和临终关怀设施同等程度的运营文化标准。也许，在未来，当长期护理设施中的正式居住时间缩短至6个月甚至更短时，所有的护理院都将更加接近临终关怀环境，注重质量和舒适性，而非仅专注于效率和控制。

我们能够从特殊设计的临终关怀环境中学到什么？

参观一家精心设计的临终关怀机构是一件令人大开眼界的经历。人们普遍的反应是，它的设计要比护理院或协助生活设施好得多。一般情况下，临终关怀设施中的居室要比护理院更大，并且通常是一个人住。更大的房间主要是用于容纳更多的设备，容留家人或朋友过夜。即使过夜的空间很小，像第8章威尔森临终关怀设施（案例20，Willson Hospice）中讨论的折叠式窗边座椅也能够显示出对家庭参与的考虑。为家庭提供的社交空间、为孙子女提供的玩耍空间能够让每个人都清晰地感受到自己是受欢迎的。

室内设计能够满足个性化布置的需求，便于展示照片和有意义的物品。地板、顶棚和家具主要采用天然的木材。木材具有特殊的哲学意义，因为它曾经是具有生命的，但死去之后仍然是一种抚慰人心的材料。浅泥土色能够令人放松，可用于替代一些大胆的颜色[49]。

考虑到许多居民的失能状况，所有空间都应该满足可达性需求。建筑规模可以有所不同，但24~30人的范围是最理想的。它足够大，可以独立存在，也可以连接到另一个提供护理的实体空间，例如协助生活设施等。

直射阳光、黑暗、视线方向、窗户大小和灯光控制都是重要的影响因素。睡眠障碍是一个问题，所以外部的门窗必须隔声，但同时又可开启，让新鲜空气进入。人在床上或靠窗的椅子上应能看到户外空间的景观。在阴霾、寒冷或刮风的日子里，地被植物和彩色植物会特别有价值。天气好的时候，朝南或部分朝南的户外露台或阳台能够使坐在那里成为一种愉快的体验。设有无障碍通道的地面能够鼓励步行和轮椅通行。观看野生动物，倾听自然的声音，或在自然栖息地中放松也是非常有效的减压方法。

一个供访客共同使用的小厨房能够鼓励他们带来一道最受欢迎的菜，这可以使他们的来访更加个性化，也更加难忘。除了个人的私密空间，这里还应设有与他人互动的地方，提供打牌、聊天、看电视和用餐的共享空间。对于临终的老年人而言，宠物通常是非常有意义的伴侣，因为它们能够表现出无条件的爱。如果个人养宠物不太现实，那么与他人共同养一只狗或猫可能是最好的选择。

> **即便以极度乐观的每年 5000 套的建成速度计算，用绿屋养老院取代所有现存的护理院也需要接近 300 年。**

通过家庭成员和正式来源提供家庭护理

2013年，一项针对长期照护提供者的全国性研究报告称，在900万接受长期照护服务和支持的人群当中，家庭卫生机构服务了约490万人[50]。其中，大部分人是在自己的居住单元中接受的、医疗保险覆盖的亚急性期护理服务。但更具潜力的是，采用不间断的家庭护理与家庭支持相结合的方式，来帮助老年人在社区中保持独立生活。

传统护理院越来越不受欢迎，同时越来越多的老年人选择在家人、朋友和家庭健康服务人员的帮助下在社区中养老。在 85 岁以上的人口中，14% 居住在护理院中，8% 住在包含协助生活设施在内的、提供服务的社区住房当中，另有 78% 居住在社区的传统住房当中[51]。

对于那些住在集中照料设施之外的居民，90% 的非正式照顾来自家庭成员和朋友。2/3 的老年人只从家庭成员、朋友和邻居等无需支付报酬的个人那里获取帮助[52]。许多倡导社区医疗照护服务的人指出，家庭医疗照护的开销会比护理院便宜 35%~40%[53]，但仍然可以达到每年 3 万美元之多。

此外，25% 的老年人同时从家庭和正式渠道获得帮助，只有 9% 的人仅仅依靠正式帮助[54]。最积极的非正式照顾者是配偶，能够提供 31% 的帮助，子女提供另外 50% 的帮助。女儿提供的帮助通常是儿子的两倍[55]。初期的任务包括购物、出行、洗衣和预约看病。后期的药物管理、膳食供应和个人护理支持会占用更多的时间。正式的护理人员除了提供直接的帮助之外，还可以提供有助于节省时间或解决困难问题的产品和实践信息。

对于许多家庭成员来说，找时间帮忙是一个挑战[56]。七成照护者都有兼职工作。尽管这需要他们与孩子和父母分开，但 2/3 的家庭成员表示提供照护总体而言是积极的经历。心理压力比生理压力更容易导致不愉快。家庭照料的未来将充满挑战。更高的离婚率和更大的流动性意味着在身边没有配偶或孩子的典型 75 岁老年人数量将翻一番，从 2010 年的 87.5 万增加至 2030 年的 180 万[57]。

图 4-10　艾特比约哈文养老设施（13：174）餐厅中的桌子某天下午被布置成了工坊的形式，这样居民们就可以参与到为当地节庆制作装饰品的活动中了：居住者们在选择他们度过闲暇时光的方式时，会优先考虑对他人有积极影响的、有目的的活动

图 4-11　有阳光和阴凉休息区的花园方便可达，深受拉瓦朗斯养老公寓（3：123）中的认知症居民所喜爱：花园中的设施通常包括凸起的花池、喷泉、充满想象力的雕塑和环形的小路。这样人们可以从活动和锻炼中受益

在需求的边缘重新制定家庭照护计划

美国需要一种建立在生命公寓模型之内，并已在北欧成功运营的移动式家庭照护服务交付系统。基于家庭照护服务支持各种各样的居住选择，如共同居住、独立居住和"村庄式"社区组织，以支持身体虚弱人士的生活。在美国，家庭照护还没有像北欧那样得到全面的发展，设施可以得到慷慨的补贴。相较于仅提供必需的照护服务，美国仍普遍存在坚持每周 7 天、每天 24 小时的私人家庭照护服务，但实际上很多情况下这种等级的照护服务是不必要的。有了老年人全面照护项目和基于社区的照护系统，家庭照护服务的选择得以扩大。我们需要为所有身体衰弱的老年人提供这类帮助，而不仅仅针对拥有医疗保险和医疗补助双重资格的人。

在家里或机构当中接受认知症照护怎么样？

认知症患者的家庭照护成本最高、时间最为密集。患有认知症的家庭照护接受者所需要的帮助平均是慢性病患者的 2.5 倍[58]。而且，与认知症斗争的时间越久，困难也就越大。这对女性家庭成员来说尤其困难，她们在斗争中身心俱疲。在日常生活活动能力方面，2009 年的一项研究发现，近 30% 的患者需要在他人的帮助下洗漱、沐浴和用餐。在患者生命的最后一年，59% 的护理人员报告说，他们需要 24 小时值班。尽管对认知症患者的支持主要来自于家庭，但一项研究发现，在 65 岁以上的认知症患者中，有 2/3 最终是在护理院中去世的[59]。把患者送到护理院能够最大限度地减少照护者在身体方面的压力，但精神上的代价往往会增加。

在社区，老年人家庭需要喘息服务和成人日间照料服务。这类资源能够使老年人的

成年子女和配偶在照顾责任之间取得平衡，并抽出重要的时间。在北欧，护理院的服务提供者通常将日间照料服务、喘息服务和家庭保健服务作为社区支持系统的一部分来进行管理。这使得通过选择所需资源管理年老体弱者的需求变得更加容易。斯堪的纳维亚半岛的家庭护理能够使老年人在家中成功度过认知症的中期。由于认知症的发病时间较长，因此最常见的照护方法是将家庭护理与护理院和认知症照护机构相结合。

关于未来

我们需要开发支持系统来帮助那些存在功能障碍的老年人在社区中独立生活，避免搬入机构。这个系统应该包括成人日间照料服务、扩展的家庭卫生保健服务供应系统和家庭喘息服务。最后，我们必须认识到，避

图 4-12 斯堪的纳维亚半岛为轮椅使用者设计的产品在灵活性、美观性和简洁性方面都非常出色：这个 L 形厨房的设计是模块化的，可以通过调整高度来适应使用者的人体特征。台面下方的柜子装有轮子，可以灵活移动，方便使用

免让老年人搬入机构，尽可能让他们居住在正常的社区住房当中，是我们能够进行的最佳投资之一。医学的发展很可能会对死亡率产生深远的影响，但如果这些系统不能为这个迅速增长的脆弱人口群体提供充分的支持，那么那些额外的岁月将问题重重而非充满欢乐。

引用文献

[1] He, W., and Muenchrath, M.（2016），*90+ in the United States：2006-2008*，*GPO*，*Washington*，*DC*.

[2] Federal Interagency Forum on Aging Related Statistics（2012），*Older Americans 2012：Key Indicators of Well-Being*，GPO，Washington，DC.

[3] Harris-Kojetin, L., Sengupta, M., Park-Lee, E., and Valverde, R.（2013），Long-term Care Services in the United States：2013 Overview，National Center for Health Statistics，*Vital Health Statistics* 3（37）.

[4] Kemper, P., Komisar, H.L., and Alecxih, L.（2006），Long-term Care Over an Uncertain Future：What Can Current Retirees Expect? *Inquiry* 42（4），335-50.

[5] Spillman, B.C., and Lubitz, J.（2002），New Estimates of Lifetime Nursing Home Use：Have Patterns of Use Changed? *Med Care*，40（10），965-75.

[6] Feder, J., and Komisar, H.（2012），*The Importance of Federal Financing to the Nations Long-term Care Safety Net*，Georgetown University，Washington，DC.

[7] Houser, A., Fox-Grage, W., and Ujvari, K.（2012），*Across the States：Profiles of Long-term Services and Supports*，9th ed.，AARP，Washington，DC.

[8] Harris-Kojetin, L., Sengupta, M., Park-Lee E., et al.（2016），Long-term Care Providers and Services Users in the United States：Data from the National Study of Long Term Care Providers 2013-2014，National Center for Health Statistics，*Vital Health Stat* 3（38）.

[9] O'Shaughnessy, C.（2014），The Basics：National Spending for Long-term Services and Supports（LTSS）in 2012，http：//www.nhpf.org/library/the-basics/Basics_LTSS_03-27-14.pdf（accessed on 10/4/17）.

[10] United States Congressional Budget Office（CBO）（2013），*Rising Demand for Long Term Care Services and Supports for Elderly* People，GPO，Washington DC.

[11] Centers for Medicare and Medicaid Services（2013），*Nursing Home Data Compendium 2013 Edition*，DHHS，Washington，DC.

[12] Jones, A.L., Dwyer, L.L., Bercovitzm, A.R., and Strahan, G.W.（2009），The National Nursing Home Survey：2004 Overview，National Center for Health Statistics，*Vital Health Statistics* 13（167）.

[13] Centers for Medicare and Medicaid Services，*Nursing Home Data Compendium 2013 Edition*.

[14] Verderber, S., and Fine, D.（2000），*Healthcare Architecture in an Era of Radical Transformation*，Yale University Press，New Haven，CT.

[15] Ibid.

[16] Hiatt, L.（1991），*Nursing Home Renovation Designed for Reform*，Butterworth Architecture，Boston.

[17] Institute of Medicine（1986），*Improving the Quality of Care in Nursing Homes*，National Academy Press，Washington，DC.

[18] Mendelson, M.（1974），*Tender Loving Greed*，Alfred A. Knopf，New York.

[19] Gawande, A.（2014），*Being Mortal：Medicine and What Matters in the End*，Metropolitan Books，New York.

[20] Regnier, V.（2002），*Design for Assisted Living：Guidelines for Housing the Physically and Mentally Frail*，John Wiley & Sons，Hoboken，NJ.

[21] Wiener, J., and Tilly, J.（2002），Population Aging in the United States of America：Implications for Public Programs，*International Journal of Epidemiology*，31，776-781.

[22] Lelyveld, J.（1986），Denmark Seeks a Better Life for Its Elderly，*New York Times*，May 1，http：//www.nytimes.com/1986/05/01/garden/denmark-seeks-a-betterlife-for-its-elderly.html（accessed 10/4/17）.

[23] Joint Center for Housing Studies of Harvard University（2014），*Housing America's Older*

Adults: Meeting the Needs of an Aging Population, Joint Center, Cambridge, MA.

[24] Kane, R., and West, J. (2005), *It Shouldn't Be This Way: The Failure of Long-Term Care*, Vanderbilt University Press, Nashville.

[25] Joint Center for Housing Studies, *Housing America's Older Adults*, 49.

[26] LaPlante, M. (2013). The Woodwork Effect in Medicaid Long-Term Services and Supports, *Journal of Aging & Social Policy*, 25: 2, 161–80.

[27] The Green House Project (2016), The Green House Project Reaches Important Milestone, http: //blog.thegreenhouseproject.org/the-green-house-projectreaches-important-milestone 2016 (accessed 10/4/17).

[28] Khatutsky, G., Ormond, C., Wiener, J.M., et al. (2016), *Residential Care Communities and Their Residents in 2010: A National Portrait*. DHHS Publication No. 2016-1041, National Center for Health Statistics, Hyattsville, MD.

[29] Ibid.

[30] Argentum (2017), Learn More About Our Mission and Values, https: //www.argentum.org (website accessed 10/4/17).

[31] AASHA, AHSA, ALFA, NCAL, and NIC (2009), *Overview of Assisted Living*, American Association of Homes and Services for the Aging, American Seniors Housing Association, Assisted Living Federation of America, National Center for Assisted Living, National Investment Center, Washington, DC, 26.

[32] Khatutsky et al., *Residential Care Communities*.

[33] AASHA, AHSA, ALFA, NCAL, and NIC, *Overview of Assisted Living*.

[34] Khatutsky et al., *Residential Care Communities*.

[35] Ibid.

[36] Ibid.

[37] Ibid.

[38] AASHA, AHSA, ALFA, NCAL, and NIC, *Overview of Assisted Living*.

[39] Genworth Financial (2017), Compare Long Term Care Costs Across the Country, https: //www.genworth.com/about-us/industry-expertise/cost-of-care.html (accessed 10/1/17).

[40] AASHA, AHSA, ALFA, NCAL, and NIC, *Overview of Assisted Living*.

[41] Alzheimer's Association (2017), *2017 Alzheimer's Disease Facts and Figures*, Alzheimer's Association, Chicago, 55.

[42] Centers for Medicare and Medicaid Services, *Nursing Home Data Compendium 2013 Edition*.

[43] AASHA, AHSA, ALFA, NCAL, and NIC, *Overview of Assisted Living*, 26.

[44] Centers for Medicare and Medicaid Services, *Nursing Home Data Compendium 2013 Edition*.

[45] AASHA, AHSA, ALFA, NCAL, and NIC, *Overview of Assisted Living*.

[46] Centers for Medicare and Medicaid Services, *Nursing Home Data Compendium 2013 Edition*.

[47] Jones, A.L., Dwyer, L.L., Bercovitzm A.R., and Strahan, G.W. (2009), The National Nursing Home Survey: 2004 Overview, National Center for Health Statistics, *Vital Health Statistics* 13 (167).

[48] Gawande, *Being Mortal*.

[49] Verderber, S., and Refuerzo, B. (2006), *Innovations in Hospice Architecture*, Taylor and Francis, New York.

[50] Harris-Kojetin et al. (2016), Long-term Care Providers and Services Users.

[51] Federal Interagency Forum on Aging Related Statistics (2012), *Older Americans 2012: Key Indicators of Well Being*, GPO, Washington, DC.

[52] Population Reference Bureau (2016), Today's Research on Aging: Family Caregiving, http://www.prb.org/Publications/Reports/2016/todays-research-agingcaregiving. aspx(accessed 10/7/1).

[53] Joint Center for Housing Studies, *Housing America's Older Adults*.

[54] Doty, P. (2001), The Evolving Balance of Formal and Informal, Institutional and Non-institutional Long-Term Care for Older Americans: A Thirty Year Perspective, *Public Policy and Aging Report*, 20 (1), 3–9.

[55] Ibid.

[56] Ibid.

[57] Ibid.

[58] Alzheimer's Association, *2017 Alzheimer's Disease Facts and Figures*, 37.

[59] Hayutin, A., Dietz, M., and Mitchell. L. (2010), *New Realities of an Older America: Challenges, Changes and Questions*, Stanford Center on Longevity, Stanford, CA.

第5章
为年老体弱者提供住房的宗旨和理念

本章首先通过确定 10 个一级理念，阐明了环境应该如何支持老年居民的生活方式并创造幸福感。这些词汇描述了对老年人具有社会和心理价值的属性。更重要的是，对于建筑师和护理人员而言，这些词汇明确描绘了老年居民在支持型住房当中应该具备的重要感受。其次是 15 种环境品质特征，它们代表了鼓励独立和高质量生活的物理环境属性。以上两类要素共同为我们判断设计决策的重要性以及护理和管理人员的具体操作提供了参考标准，以优化老年人的居住环境，提升他们的生活满意度。

在为小规模组团、专门住宅和服务环境进行设计时，应该牢记这些理念。本书的一个核心主题就是帮助那些高龄老人尽可能长时间地保持独立生活的能力，以避免他们接受机构化的照护。对于精神和身体最为虚弱的人群而言，环境中应该设有允许他们尽可能多进行自由活动的空间。本部分提出的这些原则可用于测试住房设计如何为独立性和自主性提供支持。

一级理念

这 10 个通用的一级理念是基于社会环境和物理环境对老年人基本需求的支持程度来进行界定的。这些词语描述了老年人的感受，它们被选中来强调居民在支持型住房当中应该享有的自由。它们是**自主、独立、尊严、选择、控制、隐私、社会联系、个性、舒适性和可预测性**。这些属性已在其他出版物中被提及和阐述，并且得到了普遍的认同。（Regnier，[1][2] Regnier and Pynoos，[3] Weisman and Calkins，[4] Wilson，[5] Cohen and Weisman，[6] Brummett，[7] Tyson，[8] Zeisel，Hyde and Levkoff，[9] Marcus and Sachs，[10] Kellert，Heerwagen and Mador，[11] Brawley，[12] Perkins Eastman，[13] Steinfeld and Danford[14]）

这些理念帮助我们构建了有关支持性环境更大目标的问题，以及老年人如何实现独立、过上幸福的生活的问题。

二级理念

在以上 10 个一级理念之下还有 15 个更加具体的品质和特征，用于表征为老年人生活提供支持、令老年人满意的建筑物理环境属性。这些词语可以用于衡量那些使物理环境更加适合老年人群的属性。**无障碍、感官刺激、功能性目的、个性化、熟悉度、刺激、家一般的外观、适应性、安全性、鼓励健康、有目的的活动、锻炼、尊重员工、欢迎家人和朋友以及支持度**。这些理念全部或部分存在于先前提到的书或其他文本当中。（Moore，Geboy and Weisman，[15] Verderber and Refuerzo，[16] Cohen and Day，[17] Husberg and

Ovesen，[18] Marcus and Barnes，[19] Steinfeld and White，[20] Story[21]）。

这些属性是可以被论证的，并且可以从更加专业的角度加以描述。将这25个理念、品质和特征结合在一起，可以建立一组实用的原则和目标，用于测试建筑设计思路或护理服务策略的可行性。它们是非常直接的，并且在某些情况下是不言自明的，因此关于它们为什么重要，以及如何应用它们等问题几乎不需要解释。第6章和第7章详细描述了设计和护理实践当中的32个细节。它们被看作典型的理念，并在第8章的许多案例研究当中被引用。

环境顺从假说

本章和以下两章的内容通过呈现设计和护理理念，强调了环境的社会属性和物理属性。

与管理理念和居民照护方法相关的属性实际上可能比建筑设计更为重要。换言之，事物的设计和使用方式：往往会直接影响老年居民。

心理学家在描述环境时，通常会采用多个不同的层次。劳顿[22]使用了3个层次，即**个人**、**物质**和**超个人**，来进行描述。其中个人部分包括与家人朋友的关系。物质部分是布局具有社会性的客观场所。而超个人则涉及周围环境中人的社会特征。

设计和照护的想法能够在物质层次和超个人层次上进行运作。由护理人员和其他居民定义的社会环境，以及共享的物质环境，都会影响居住者的行为。设计师不能够控制超个人环境的全部维度，因为这涉及居民、员工、家庭，甚至邻里之间的行为。但是，作为行为发生的空间，物理环境的配置是建筑师和设计决策者能够决定的。

第一级——以人为中心的理念

1. **自主**：个体从他人的约束或受限情景中感受到的自由感（与自我评价紧密结合）。
2. **独立**：不受他人控制和影响的自由（有援助和支持）。
3. **尊严**：值得尊敬和自尊的（对正式场合的欣赏）。
4. **选择**：有选择地满足自己偏好的行为。
5. **控制**：影响或指导行为的权力（权威命令）。
6. **隐私**：不受他人观察或干扰的状态。
7. **社会联系**：个体之间偶然发生的社会互动，这可能会在未来导致实质性的情感联系。
8. **个性**：将一个人区别于其他人的品质和特征。
9. **舒适性**：身体放松，免于痛苦和烦恼的状态。
10. **可预测性**：能够通过提前预知的方式减少令人不快的活动。

第二级——环境特征

1. **无障碍**：方便轮椅使用者和其他存在能力障碍的人士按照预期使用环境的设计考虑。
2. **感官刺激**：一种降低视觉、听觉、嗅觉、触觉和味觉敏感度和损伤程度影响的设计考虑。
3. **功能性目的**：一种实现预期结果的简单直接的方法，通常应用于工具或其他通用设计当中。
4. **个性化**：人们根据各自的兴趣和品位对其居住单元进行改造的能力。
5. **熟悉度**：物体或场所具有的、使其看起来已知的特性。
6. **刺激**：使一个地方生动有趣的性质或动作。
7. **家一般的外观**：使一个地方看起来舒适和居住化的美学特征。
8. **适应性**：调整对象或设置以适应居住者不断变化的需求的能力。

9. 安全： 让一个地方不具备伤害性的行动或设备。

10. 鼓励健康： 一种鼓励居民展示出与健康状态相一致行为的环境。

11. 有目的的活动： 以为他人创造切实利益为中心的活动和项目。

12. 锻炼： 使人们增强体力和有氧能力的设备和程序。

13. 对员工的尊重： 亲切而温暖地对待护理人员。

14. 欢迎家人和朋友： 满足家庭成员需求，鼓励他们探亲的政策、项目和场所。

15. 支持性： 为帮助人们提供便利的社会环境和物理环境特性。

与环境相关联的潜在目标是其服务于**健康、长寿和幸福**的能力。下面两章所提及的例子主要分为两类，一是设计思想，二是护理与管理实践。这些是环境当中对居民产生重大社会和运营影响的改变。它们并不是一个详尽的清单，但代表着重要的影响。我相信它们包含了设计和管理方面的全面考虑，这些考虑可以激发我们去思考如何更好地为高龄老人创造能够激发独立性的环境，并为他们带来尽可能多的快乐。

引用文献

[1] Regnier, V. (1994), *Assisted Living Housing for the Elderly：Design Innovations from the United States and Europe*, Van Nostrand Reinhold, New York.

[2] Regnier, V. (2002), *Assisted Living Housing for the Elderly：Design Innovations from the United States and Europe*, John Wiley & Sons, Hoboken, NJ.

[3] Regnier, V., and Pynoos, J. (1992), Environmental Interventions for Cognitively Impaired Older Persons, in *Handbook of Mental Health and* Aging, 2nd ed. (eds. J. Birren, B. Sloane and G. Cohen), Academic Press, New York.

[4] Weisman, G., and Calkins, M. (1999), Models for Environmental Assessment, in *Aging, Autonomy and Architecture：Advances in Assisted Living* (eds. B. Schwartz and R. Brent), Johns Hopkins Press, Baltimore.

[5] Wilson, K. (1990), Assisted Living: The Merger of Housing and Long Term Care Services, *Long Term Care Advances 1*, 1–8.

[6] Cohen, U., and Weisman, G. (1991), *Holding on to Home*, Johns Hopkins University Press, Baltimore.

[7] Brummett, W. (1997), *The Essence of Home：Design Solutions for Assisted Living Housing*, Van Nostrand Reinhold, New York.

[8] Tyson, M. (1998), *The Healing Landscape*, John Wiley & Sons, New York.

[9] Zeisel, J., Hyde. J., and Levkoff, S. (1994), Best Practices：An Environment–behavior (E–B) Model of Physical Design for Special Care Units, *Journal of Alzheimer's Disease*, v.9, 4–21.

[10] Marcus, C.C., and Sachs, N. (2014), *Therapeutic Landscapes：An Evidence-based Approach to Designing Healing Gardens and Restorative Outdoor Spaces*, John Wiley & Sons, Hoboken, NJ.

[11] Kellert, S., Heerwagen, J., and Mador, M. (2008), *Biophilic Design*, John Wiley & Sons, Hoboken, NJ.

[12] Brawley, E. (2006), *Design Innovations for Aging and Alzheimer's*, John Wiley & Sons, Hoboken, NJ.

[13] Perkins Eastman (2013), *Building Type Basics for Senior Living*, 2nd ed. John Wiley & Sons, Hoboken, NJ.

[14] Steinfeld, E., and Danford, S. (1999), *Measuring Enabling Environments*, Kluwer Academic/Plenum, New York.

[15] Moore, K.D., Geboy, L., and Weisman, G. (2006), *Designing a Better Day：Guidelines for Adult and Dementia Day Services Centers*, Johns Hopkins University Press, Baltimore.

[16] Verderber, S., and Refuerzo, B. (2006), *Innovations in Hospice Architecture*, Taylor and Francis, New York.

[17] Cohen, U., and Day, K. (1993),

Contemporary Environments for People with Dementia, Johns Hopkins University Press, Baltimore.

[18] Husberg, L., and Ovesen, L. (2007), *Gammal Och Fri (Om Vigs Angar)*, Vigs Angar, Simrishamn, SW.

[19] Marcus C.C., and Barnes, M.(1999), *Healing Gardens*, John Wiley & Sons, Hoboken, NJ.

[20] Steinfeld, E., and White, J.(2010), *Inclusive Housing: A Pattern Book*, Norton, New York.

[21] Story, M. (1998), *The Universal Design File: Designing for People of All Ages and Abilities*, Center for Universal Design, NC State, Charlotte.

[22] Lawton, M.P. (1983), Environment and Other Determinants of Well–being in Older People, *Gerontologist*, 23 (4), 349–357.

第 6 章

20 个改变设计结果的设计理念及原则

设计人员面临的最重要的挑战之一是权衡各种优先级，**寻求最佳的解决方案**。在某些情况下，选址需格外注意。在另一些情况下，一些必要的组成部分可能需要优先考虑。这种（老年）建筑类型要想成功，就必须最大限度地提高老年人的独立性和自主性，因为他们会随着年龄的增长而变得身心虚弱。在建筑的规划设计和运营阶段，设计和护理原则都是重要的考虑因素。

本章和第 7 章概述了**20 个设计注意事项和 12 个照护实践案例**。这些虽然并不全面，但对于老年建筑该如何围绕老年人的利益开展运营提供了一种思考方式：好设计有利于高质量的服务。

接下来阐述的理念和案例需涵盖多种不同的建筑类型，这是一个挑战，但每一部分都提出了生命公寓、小型护理组团和协助生活设施的通用属性。虽然这本书的重点是高龄老人、失能老人和认知症患者，但仍提出了生命公寓的概念，让老年人可以安享晚年，接受临终关怀，而不用去护理院。65 岁和 85 岁的人对自主性的追求大不相同。从两个不同年龄段的角度来讨论居住话题，提醒我们考虑建筑和居室应该如何适应随时间而不断改变的需求。

这 20 个设计理念通过照片来阐述说明，以展示其对创造尊重高龄老人独立自主性的空间的潜在影响。美国和北欧的案例交替使用，来说明不同案例之间的相似性和差异性，并找出最佳实践案例。

邻里街区、场地和户外空间

1　选择一个可达性高的场地

大多数为高龄老人设计的建筑都能吸引附近社区的居民。家人和朋友的频繁造访至关重要，而且随着年龄的增长、老年人行动不便，这种频繁拜访会变得更加重要。访客停车应十分便利，以鼓励访客在午间或晚间顺便探访。场地及周边地区应便于步行。靠近商店、便利服务和活动场所也是不错的选址。临近杂货店、药店、银行、餐馆、礼拜场所和公园等都是优先考虑的地方。随着人们年龄的增长，医疗保健的需求也在不断增加，老年人希望能够离公共医院急诊室以及私人诊所都近一点。

在生命公寓里，居民多是年轻老人，他们有购物的需求，因此有必要临近商场。高龄老人，尤其那些 80 多岁的人，通常依靠汽车出行。有时他们互相帮忙，与邻居或朋友共乘一辆车，或者用比较方便呼叫的网约车和共享交通工具。但是交通便利对于自己准备餐食和保持生活独立十分必要。在欧洲，具有杂货店和底层服务的商住混合建筑促进了这种联系。一些北欧国家放宽了个人交通工具（小型摩托车）的行驶距离限制，使人

图6-1 内普图纳养老公寓（案例4，Neptuna）所在的高密度、功能混合的社区就是理想的选址：这片再开发区域是瑞典马尔默市的沿海片区。这里有便利的商店、安全自由的步行空间，令人愉悦的海风，以及海峡的美丽风景。建筑附近允许汽车、自行车及摩托车通行

们能够到达比步行可达距离更远的地方。生命公寓中通常包括商店、理发店、理疗服务中心和餐馆等公共服务场所。

精心设计的户外空间因其自然属性和特有的疗愈效果而备受推崇。协助生活设施被认为既有住宅属性又有机构属性，通常位于多户住宅和零售商店附近。建筑在设计上应该始终以住宅的形式出现，具有良好的"路边吸引力"，以吸引家人和朋友到访。最后，选址应该远离犯罪聚集地及交通拥堵地区。

2 通向户外及自然

我们越了解自然所拥有的治愈、保护和镇静等力量，就越将其作为设计中美学方面

和行为需求方面重要的组成部分。对于那些患有慢性疾病的老年人群来说尤其如此，他们似乎可以从景观和户外活动中获益。研究显示，对于认知症患者、术后康复的患者以及生命垂危的患者，自然环境疗愈有明显的益处。

以最具创意的方式利用地段的能力通常是衡量设计技巧的一个重要指标。从里到外的环境可以包括近景和远景。远处的风景，如湖泊、天际线或山脉提供了整体环境。而地段附近的空间通常具有更高的实用价值，因为这些地方真实可达。理查德·诺伊特拉（Richard Neutra）[1]在设计居室时布置了转角大窗户和落地窗，使室内空间与相邻的室外空间有效地融合在一起。这使得房间看起来更大，因为视野可以毫不费力地延伸到建筑外围。

房屋的目的通常是保护人们免受户外环境的影响，如雪、热、雨和风。对于身体虚弱的高龄老人来说，去户外本身具有一定难度，而且很危险，尤其是在冬天。通过降低窗台高度和采用开敞大窗户，可以帮助老年人在视觉上接近室外，将室外环境引入室内。室外虽然缺乏保护，但树木和植物可以遮阳挡风。在室外，空气似乎更清新，自然气息更浓，颜色更饱和。

与室外建立视觉和物理联系是很重要的。其他户外特征还包括小动物，如鸟类、松鼠、昆虫和其他生活在这个领域的动物。高龄老人喜欢间接地观看这些（动物的）活动。威尔森临终关怀中心（20：206）论证了阴凉、阳光和微风是如何增强老年人的体验感的。理想的户外空间是在建筑附近设有足够大的空间用于容纳大型活动，也有足够小的空间用于举行亲密的家庭聚会。规划室外空间时应考虑餐饮服务、音乐和照明条件。水景也十分重要，在夏季有助于给空间降温，通常也

图6-2 拉瓦朗斯养老公寓（3:123）中，餐厅附近的室外平台给人强烈的第一印象：高大的绿色树冠和亮红色的遮阳伞相结合，令人眼前一亮。从阴凉处到太阳底下仅一步之遥，平台环绕餐厅一周，为室内提供了可控的生动景色

图6-3 在内普图纳养老公寓（4:127）中，泡泡（Bubblan）温室花园采用丙烯酸外壳将热带植物围合起来：这种被保护的温室空间能够让入住老人在天气寒冷或刮大风的时候享受室外环境，选址于建筑前部，可以俯瞰餐厅广场、人来人往的人行道及滨水空间

是吸引和维持野生动物生存的必要条件。

植物土壤和硬质铺地的比例影响着室外空间的"花园式"特征。大面积的硬质铺地如混凝土、瓷砖或碎石会创造一种广场式而非花园式的室外空间。植物的颜色、质地和生长的季节性会影响室外空间的活力。单调的植物选择缺乏视觉、嗅觉或触觉的多样性。此外，对于认知症患者来说[2]，需要一个6~8英尺（约合1.83~2.44m）高的安全栅栏（保证老年人不会走失），但同时不能遮挡视线，以便工作人员随时看到老年人。老年人喜欢

散步，所以建筑和场地周围的环形小路很受欢迎。在靠近出入口的位置布置座椅，便于老年人问候他人。出入口价值很高，因为距离室内的设施很近，也具有很高的安全感。[3]利用户外场地作为锻炼空间，老年人可以在这里做力量训练，保持身体健康。

3　考虑建筑密度、景色及社会交往的庭院设计

庭院设计是最大限度地提高建筑密度和土地覆盖率的有效手段。这种方式创造了安全而丰富的室外景观空间，可以从老年人的

居室内看到或抵达。庭院在老年住宅中具有特殊的价值，因为它可以刺激社会交往活动。在室内布置可以俯瞰庭院的公共空间，一方面可以扩大视野，同时可以鼓励老年人来到室外。庭院也被用作从建筑一侧到另一侧的捷径。通过人的来来往往激活空间，并为活动流线提供了另一个选择。

四合院在小组团时更容易采用。在一个高度较高，密度较大的生命公寓里，带有顶棚的庭院就变成了中庭。增加将视觉焦点和社交中心引入中心庭院的机会，可以使建筑显得更友好。

单边布房的走廊临近庭院时，可以为居室引入光线，同时帮助老年人寻路。显著的景观特征可以创造视觉焦点。一棵大树、一个特殊的喷泉、一个有顶棚的休息区、鸟舍和鸟的投食器等，通常被用来为庭院空间带来焦点、尺度感和活动。通过设计庭院的形状和朝向，可以使该空间充满阳光，同时处在避风环境中。

最好的庭院尺度应该至少是建筑高度的两倍宽，以保证阳光充足。如果一个庭院太大，则可以细分为几个独立的区域。庭院通常用于锻炼、举办活动，或形成围坐的区域。维斯-恩格尔协助生活设施（案例15，Vigs Ängar Assisted Living）是典型的双庭院设计的优秀案例，设有单边布房及双边布房的走廊，增加了通行频率，同时优化了视野范围内的景色。霍格韦克认知症社区（12：166）的户外空间由3个大庭院、一条林荫大道和4个小庭院组成。这样的设计鼓励居民进行步行锻炼、开展娱乐活动及外出购物。在这种"村庄式"的环境中，有目的的外出似乎有益于老年人保持身体健康。

庭院可以用连续边界来界定（可以是L形或U形），可以用栅栏、树木或灌木来确定边界。内普图纳养老公寓（4：127）是U形布局，在视觉上和空间上将底层空间与中心花园及封闭的冬季花园连接起来。封闭安全的庭院可以让认知症老人畅通无阻地进入户外区域。当庭院位于车库上方或下层有人居住时，如何种植以使其具有郁郁葱葱的景观感觉，往往是个挑战。

4 建筑边缘的缝隙空间

通常墙体在室内和室外之间形成一道屏障。但墙两边的空间有很大的潜力，沿着建筑外周凹进或者突出的空间通常被称为"缝隙空间"。它们既有外部空间也有内部空间，这些空间的存在模糊了内外的边界。

室内一个靠窗的座位可以让你获得良好的景观视野。高层的临窗座位可以获得更广阔的视野。若首层布置带玻璃顶的冬季花园，则可以延伸该层的室内空间。当这个玻璃屋三面均被自然景观环绕时，就能与周围的室外景色融为一体，进一步加强室内外的视觉联系。欧式凸窗也是一种特殊的缝隙空间。它像一扇方形凸窗，向外延伸18~24英寸（约合457~610mm）。这种凸窗通常用于更高楼层，以扩大视野、增强空气流通，并为建筑立面增加视觉趣味。

在建筑外部，有许多不同类型的附属设施，包括开敞门廊、拱廊、三面围合的门廊、玻璃围合的门廊、游廊和桁架等。这些外部空间可以在不同程度上抵御外部气候。封闭门廊提供了最大程度的保护，而仅带顶的门廊或玻璃围合的门廊防护力度则小一些。但大部分构件都有遮阳、遮雨和避风的作用。老年人发现这些缝隙空间很有吸引力，因而经常使用它们。

5 用于社交活动及身体锻炼的中庭空间

中庭就是带有玻璃屋顶的庭院。它一年四季都可以为老年人提供庇护，使他们免受恶劣天气的影响，在社会交往中发挥着良好的作用。虽然在美国，中庭在酒店中更为常见，但在北欧，

（a）

（b）

（c）

（d）

图 6-4（a）~（d）　这些庭院在有限的空间内既有硬质铺地又有软质铺地，增加了安全性，同时提高利用率；庭院设计经常出现在高密度开发建设的项目中，通常用于社交活动。庭院空间对于认知症患者来说十分安全、有益

从（a）~（d）依次是：美国加利福尼亚洲，何尔摩沙海滩黎明老年公寓（Sunrise Senior Living of Hermosa Beach，图片来源：HPI Architects，RMA Architectural Photography）；

丹麦欧登塞，赫卢夫-特罗勒养老设施（14∶180）；

英国伦敦，弗罗格纳尔之家的日出养老项目（Sunrise of Frognal House，图片来源：Martha Child Interiors，Jerry Staley Photography）；

挪威诺霍斯，拉福斯敦养老项目（Raufosstum）

中庭通常用于老年建筑中，原因有以下几点。

首先，它被视为可以促进社交活动的室内空间。老年人待在家里的时间比年轻人多，因而他们经常与邻居互动。中庭可以提供用于公共活动的空间和设施设备，也可容纳大型聚会。

其次，北欧的夏季气候温和，白昼长，湿度低，夜晚凉爽。大多数住宅没有空调，取而代之的是自然通风或加速空气循环的风扇。夏天微风宜人，尤其是靠近大海的地方。相反，冬天很冷，风大，白天时间短，因此日照少。冬天，中庭通过白天储热，温度较高，很受欢迎。在北欧干燥的冬季，带有灌木和树木的中庭分担了室外花园的部分人流压力。

图6-5 Maryland养老项目中这个有安全保障的花园，有好几层介于室内和室外的缝隙空间：图片最左侧是一个封闭的阳光房，带有落地窗，可以很好地看到花园的景色。接着是带顶棚的走廊和玻璃围合的走廊。每个空间都可提供不同程度的外界防御，具有不一样的空间体验感

图片来源：Martha Child Interiors，Jerry Staley Photography

再次，中庭可以让人们安全地进行锻炼，尤其是当冬天室外天寒地冻的时候。中庭还可以优化日照质量，在冬季的时候增加日照时长，夏季的时候则减少得热量。

中庭可以根据铺地材质（软质铺地—土壤或硬质铺地—混凝土）以及利用空调还是自然通风进行分类。未设空调的软土中庭大多会设置百叶窗，以此引入外部空气，加速空气流通。在寒冷的冬夜，一般会采取其他的供暖方式。通常情况下，这种中庭软质和硬质铺地各占一半。

硬质铺地的中庭通常建在停车场或较低的楼层之上。通常会配置一个可操作的屋顶通风机，或功能齐全的暖通空调系统。这种配置还可以在秋季或春季循环自然空气。这些中庭通常选择盆栽类植物。与庭院相比，中庭的优点之一是它可以比同类型庭院小得多，但仍然让人获得愉悦感。与中庭大小相同的开放庭院可能会显得局促、拥挤和昏暗。

细化设计属性和注意事项

6 让建筑平易近人、友好、去机构化

住宅建筑通常具有亲切友好的外观，而传统的护理院散发出一种机构化的氛围。良好的

第一印象可以给人建立一种温暖舒适的感觉，相反则会降低期望值。老年建筑应该看起来像住宅，以区别于商业建筑或医院。当用画笔描绘"家"时，孩子们通常画成坡屋顶，用具有吸引力的入口门和烟囱来定义住宅的本质。

运用非住宅的建筑材料会使建筑给人一种冰冷和不友好的感觉。在芬兰，阿尔瓦·阿尔托（Alvar Aalto）对设计的影响很大，木材（包括染色木和油漆木）经常被用于护理院的外立面和室内空间。美国许多有吸引力的建筑使用木瓦和住宅风格的大窗户来弥补缺少阳台和露台的缺陷。圣安东尼奥山花园绿屋养老院（案例9，Mount San Antonio Gardens Green House ）案例在建筑外部使用木材护墙板，室内采用木饰面，给人一种温暖的感觉。

在首层增加门廊或在顶层增加天窗，可以降低建筑物的视觉高度。降低檐口高度也可以增加建筑的层次感，让建筑看起来规模更小一些。设计更加复杂的建筑外轮廓线可以有效缩短建筑的视觉长度，让建筑显得小而温馨。这些手段对于2~4层的建筑非常有效。总之，应该使用具有住宅特征的窗户、门、外饰面和木瓦屋顶等元素来加强建筑的住宅属性。

（a）　　　　　　　　　（b）　　　　　　　　　（c）

（d）　　　　　　　　　（e）　　　　　　　　　（f）

图6-6（a）～（f）　北欧，中庭常用于老年建筑中：中庭可设置空调或采用自然通风，通常设有硬质铺地（如果下层有居住空间），或与软质土壤相结合。中庭空间在冬季是十分受欢迎的聚会及锻炼空间

从（a）～（f）依次是：荷兰马斯特里赫特，拉瓦朗斯养老公寓（3：123）；荷兰鹿特丹，简范德普罗格养老项目（Jan van der Ploeg）；荷兰布雷达，山景养老项目（Bergzicht）；丹麦海莱乌，格莫斯加德养老项目；
芬兰埃西科，帕尔韦卢塔约养老项目（Palvelutaio）；荷兰鹿特丹，阿克罗波利斯生命公寓（Akropolis）

　　除了减小建筑尺度使其更加平易近人之外，还可以使用各种景观元素使得建筑从外面看起来更柔和，从室内也能看到优美的景色。保留原场地的老树，是让建筑显得友爱、具有历史感的有效方法。

　　人们进入建筑的第一印象应该是感到被欢迎的。接待人员的笑脸或入住老人、家庭成员的问候可以让这个地方具有热闹亲切的氛围。照明应足够明亮以避免老年人被绊倒，但也不应太亮，防止显得机构化。在餐厅设计中常见的集中照明方式，经常用于空间的重点和特色部位。像餐厅这样的大空间应该

图 6-7 查尔斯新桥养老项目（8∶143）中的 3 层别墅共包含 4 个居住单元及地下停车场；设施规模小、尺度亲切，建筑材料包括镀铜金属、木瓦、石材和木质装饰，凸显出建筑的真实与住宅特点。2000 平方英尺（约合 185.81m²）的居住单元是当今美国人对人生计划社区的期望规模

图片来源：Chris Cooper, Perkins Eastman

图 6-8 拉瓦朗斯养老公寓（2∶119）的中庭，将精细的艺术装饰布置在粗糙的木饰立面上，给人一种居家感：运用自然材料、自然光、艺术品、雕塑及古董等物品打造令人振奋的环境。虽然这里的入住者都是年老体弱的人，但这种积极向上的室内装饰，使得空间丝毫没有机构感

细分，以营造小而温馨的空间氛围。公共活动室应调整成普通住宅房间的尺度。

在许多项目中，历史样式的门窗给建筑增添了独特性和时间的沧桑感。围绕人类、儿童、动物主题的古董、手工制品及艺术品，赋予室内柔和及熟悉的观感。以自然景观（森林、海滩、山脉、瀑布）为主题的画也有助于营造轻松的氛围。

事实上，医院在几十年前就注意到机构化的问题，开始使用中庭、花园、艺术品和住宅常用的材料（尤其是卧室的材料），为医院带来振奋人心的感觉。威尔森临终关怀中心（20∶206）是一个很好的例子，利用木材和室外景观来创造宁静、愉悦和平静的环境。

7 打造可灵活调节的适应性建筑

建筑设计应能够适应老年人不断变化的生理条件，设计时需考虑到，即使目前老年人还没有坐轮椅，将来他们也可能会坐。因此，卫生间和厨房的设计至少应能够容纳轮椅以提高适应性。也就是说，这些空间通过很小的调整就可以适用于轮椅老人。通用设计（UD）的概念常用来形容可达性。[4]虽然通用设计的概念（对老年建筑设计）十分有益，是解决问题的核心理念，但实际上大部分人的残疾类型不同，比如他们各自有不同的老年病或慢性病。

图 6-9 乌尔丽卡-埃莉奥诺拉服务型住宅（案例 16，Ulrika Eleonora Service House）居室的入户门可以适应不同宽度的床：一个常规的 3 英尺（约合 0.91m）宽的门与一个 12 英寸（约合 0.30m）宽的带有玻璃窗的侧板相互铰接，当两部分都打开的时候，较宽的床则可以轻松进入

图片来源：L&M Sievänen Architects

斯坦菲尔德（Steinfeld）和怀特（White）[5]在他们关于包容性住宅的书中呼吁制定两个标准。第一，"全生命期住宅"，这意味着很高的适应性。第二，"可达性"，这要求通过一定的设计标准，实现坐轮椅的来访者可以使用厕所或独立进出门的目标。不论对新建还是改建建筑，这两个标准都十分有帮助。

伍德兰兹生命公寓原型（案例 7，Woodlands Condo for Life Prototype）中总结的 80 个"体贴设计"要点是适应性设计最好的案例之一。这些要点中，大约 3/4 是可以在建筑建设之初以最低成本就实现的，而不是等后期再调整。剩下的 25% 可以等到后期有需求时再增加。这些考虑适应性的调整方案是原设计的一部分。例如，方案开始没有在卫生间附近安装扶手，但其附近的墙壁均用厚胶合板加固，以便日后根据居住者的实际需求在合适的地方添加扶手。同理，自动开门器也可以事先埋线预配，等到以后有需求时再安装。

虽然物理环境十分重要，但如何在医疗、洗浴、穿衣、饮食、如厕等方面创造可以提供帮助的条件以维持老年人生活的自主性，是更难解决的问题。生命公寓强调在物理环境和服务可行性两方面，考虑适应性的问题。

面积更大的居住单元（生命公寓模式的居住单元通常不小于 750 平方英尺，约合 69.68m²）可以更好地适应增补的设备或允许（访客）过夜。随着医疗监督和监测需求的增加，大面积的居住单元可能很重要。生命公寓模式重要的一点是，其服务对象中包括中度至重度认知障碍老人。一种可能的方案是在患病初期和室友住在一起，之后，患者可以享受认知症日间照料服务，最终（如果需要的话）搬到一个通常位于生命公寓附近的小型认知症照护设施。

目前，将老年人从床上转移到卫生间或轮椅上的情况更为普遍。北欧的法规要求使用机械设备协助老年人转移以避免护理人员受伤。欧洲各地都在使用带有电动升降机轨道的顶棚和墙壁，但这些在美国并不常见。虽然至少还需要 10 年或 20 年的时间，美国才能研发出解决这个问题的私人辅助设备（私人机器人）。

8 建筑设计应能鼓励步行

锻炼，对保持自理能力和身体健康很重要，但经常需要特殊的设备或空间。然而，步行是很容易实现的,除了跌倒,几乎没有风险。平衡失控、步态问题和肌肉无力都会影响行走能力,但应把这些视为一种挑战,而不是限制。在一个固定的社团里和别人一起散步也是一种令人满意的社交体验。步行可以是有竞争性的,也可以根据个人需要和能力选择行走速度。上下楼时摈弃电梯选择步行,则是另一个挑战。在楼梯休息平台上布置长椅可以增加楼梯的使用率。对于步态控制有问题的老年人来说,边缘锋利、铺材坚硬、坡度过陡的消防楼梯是十分危险的。但是配置窗户、高亮度的照明、鲜明的壁画和地毯的楼梯是有吸引力的,也更安全。牌(Amigo)的手推车和代步车是汽车合适的替代品,尤其是当商店和服务点在附近的时候,但是过度依赖这些设备也会削弱自理能力。

如果建筑需布置户外步行道,环绕建筑布置是最容易规划的路径。这样老年人可以把圈数作为判断行走距离的一种方法。与家人一起散步对两代人都有好处,也可以促进代际交流。将步行通道连接到公共人行道可以鼓励身体健康的老年人多走一些路。

养成每天步行 5000~10000 步的习惯,是老年人自行制定的锻炼方案,可以用活动跟踪器记录下来。研究长期照护环境的运动生理学家认为,鼓励人们"散步"是最重要的活动之一。其中尤为重要的是,要保证老年人从居室到餐厅或其他重要的日常目的地,是通过步行(可以使用拐杖、四叉拐杖或助行器)到达的。

在走廊和公共空间里,每隔 25~40 英尺(约合 7.62~12.19m)就放一张长椅,也可以鼓励步行。这让那些力量有限的老年人能够休息和恢复体力。室外也应采用同样的方法,长椅之间的距离应在 50~70 英尺(约合 15.24~21.22m)之间。在室外,利用适宜的茂盛植物提供遮阳场地非常重要,同时布置可以观赏生动景观的休息座椅。例如,应布置可以接近、便于欣赏的景色,如一个供鸟戏水的水盆,一个喂鸟器,或(颜色、纹理和香气)有变化的景观。

对于认知症老人来说,散步有多种好处,包括锻炼、改善情绪和对抗睡眠障碍。在有围护的场地内,老年人可以通过安全有益的方式自由行走。步行提供了一种与家人共享的活动方式,这种活动比到附近的景点旅行要更加轻松。

图 6-10　在楼梯的中部休息平台处布置休息座椅可以鼓励老年人使用楼梯:马里兰州贝塞斯达(Bethesda)的福克斯山人生计划社区,在楼梯的休息平台处布置了座椅,老年人可以一边休息一边俯瞰中庭的活动。入住老人选择使用楼梯进行体育锻炼而不坐电梯

图 6-11　在北欧，适合老年人的户外锻炼设备十分常见：这些设备经常布置在公园内，用于鼓励老年人运动、调整步法、进行平衡控制，可以有效预防老年人跌倒。夏天，在户外锻炼显然比在无窗的地下理疗空间要更受欢迎

图 6-12　整面的玻璃幕墙通常用于增加自然采光：乌尔丽卡 - 埃莉奥诺拉服务型住宅（16：191）中，由于芬兰白昼短，优化自然采光十分重要。大面积采用 Low-E 玻璃可以减少吸热，增加采光量

图片来源：L&M Sievänen Architects

9　引入自然光

光在促进空间感知方面一直很重要。城市多层住宅有增加开窗数量的趋势，以优化景观，并尽可能多地引入自然光。顶棚高、窗户大的小房间，可以最大化引入自然光，通常会使房间显得更大。房间采用玻璃围护结构，如三面凸窗，也可以增加采光量，并扩大视野。

供老年人居住的房间，单元面积通常在400~800 平方英尺（约合 37.16~74.32m²）之间，窗户至少应该有 6 英尺乘 6 英尺（约合 1.83m×1.83m）。为了保证可以在坐姿时看到室外的地面，窗台的高度应该在 14~20 英寸（约合 355~508mm）。此外，天窗可以将窗户的视觉高度延伸到至少 9 英尺高（约合 2.74m）的顶棚附近。有平衡控制问题的老年人有时候对落地窗有恐惧感。在伊丽丝马尔肯护理中心（案例 17，Irismarken Nursing Center）中，落地窗的下部分采用半透明玻璃来解决这个问题。随着节能 Low-E 玻璃的使用，玻璃安装的方向也很重要。

应该注意避免眩光，尤其对老年人来说。避免眩光的最好方法是增加房间中的照明以平衡窗外的光线。当物体或其表面背对强光的时候也可能产生眩光。老年人还存在从暗房间到亮房间的光适应问题。

天窗通常在采光少的地方效果最好，比如建筑中部。带有透明玻璃的天窗还可以直接看到太阳、天空的颜色和云的图案。北欧因为冬季白昼太短，引入天光十分常见。研究发现，自然采光对认知症老人十分重要，因为他们更容易受到昼夜节律的影响（比如日落），而发生相关的行为问题。

10 布置自由平面

自由平面的建筑理念由弗兰克·劳埃德·赖特（Frank Lloyd Wright）提出。[6] 他的设计理念与维多利亚时代创造独立、封闭房间的风格相对立。赖特推崇在视觉上将空间延伸到邻近区域，倡导将室内空间与外部景观连接起来。这一理念被其他建筑师采用，后来成为现代建筑的一个主要原则。

自由平面在空间之间建立了视觉联系，使它们看起来更大，同时可以扩大观者的视野。通常通过半高墙体（1/2、5/8 或 3/4 高度）、嵌入式柜体、降低的顶棚、家具的摆放、深门廊、改变材料的地板和墙壁，以及壁橱和可移动的花盆等物品来细分空间。这些划分空间的要素高度从 3 英尺（约合 0.91m）到 7 英尺（约合 2.13m）不等，主要为橱柜、壁橱、壁炉或厚墙。例如，有的柜体高度为 30~36 英寸（约合 762~914mm），宽度为 12~24 英寸（约合 305~610mm）。通常，这些分隔空间的物体上方的顶棚是连续的，以加强空间之间的连续性。一个自由平面可以定义一个房间，却不会给人封闭感。能够对空间进行全面观察，可以让空间更具可预测性。设计一

图 6-13　内普图纳养老公寓（4：127）中，楼电梯的核心筒部位布置了大天窗，使得天光洒落建筑内部：在楼梯中部布置天窗，增加人工照明、墙壁装饰艺术画，配合木质扶手，增加了楼梯的吸引力，从而鼓励老年人使用

图 6-14　丹麦查路塔伦德（Charlottenlund）附近的霍尔梅高斯帕尔肯护理中心（Holmegårdsparken），利用图示的橱柜创造了餐厅与起居厅之间的灵活分隔，同时起到展示作用：橱柜带有滑轮，可以通过移动位置来改变空间划分，以适应不同活动目的。用餐时，这个空间可以是小而亲切的，而在进行拉伸活动和运动锻炼时，这个空间又可以扩大

个没有门的房间可以让它更容易接近。当人们使用轮椅、代步车、拐杖和助行器的时候，进出房间可以不用开门，通行变得更容易。

此外，当一个建筑严格地由走廊和房间组成时，它往往显得更制式和机构化。这种情况下的走廊和门往往需要符合防火规范的要求，使得走廊和相邻房间之间必须分隔。在设计自由平面时，地板由于行走需求通常必须平坦，所以可以通过改变顶棚高度来增加空间层次，例如设计嵌入式空间或在空间转折处增加视觉重点。这些方式增加了空间的多样性，同时使空间更加开敞，最大限度地提高了可达性。

自由平面对认知症老人也很有效，因为认知症老人往往没有能力了解一扇关闭的门或一堵墙背后隐藏着什么。自由平面可以让认知症老人看到房间内的东西，然后刺激他进入。自由平面可以让房间更紧密，同时也更友好，更有联系，是一种实用的空间设计手法，在鼓励社会交往的公共空间中尤为有效。

11 室内设计对感官的影响

室内设计包括墙壁和顶棚的材料、颜色、纹理、表面肌理、照明、地毯、配件、生活环境和家具等。除了环境特征，室内的细节也一定程度上定义了居住环境。当你进入一栋建筑时，室内特征会给你留下第一印象，帮助你理解这个空间。房间的用途、规模和基本组织对建筑师来说很重要，但人们更留意的是室内空间的设计和装饰。室内处理方式也决定了整个空间的基本视觉特征。如果室内墙面处理方式和颜色是机构化的，那么建筑很可能就被视为一个机构。如果墙面的涂料和附加装饰太多，也会引起不舒服的感觉。对于大多数老年住宅

项目来说，通常会有一个介于过于朴素和过度装饰之间的折中方案。如今，最常见的是将"热情好客"的形象与住宅装饰风格成功地结合在一起。[7]女性住户对色彩、艺术品和饰品的喜爱是需要考虑的重要因素，因为她们通常是老年住宅项目的主要客群。

室内设计风格受每个人人生经验的影响，比较个人化。室内设计是综合考虑了颜色、质地、材料、风格、家具和照明等因素之后，给人留下的整体印象。虽然没什么规则可言，但室内设计可以给人留下不可磨灭的关于风格的印象，对一个人来说是优雅的，对另一个人可能是怀旧的。有时候可以用语言来描述这种感觉。查尔斯新桥养老项目（8:143）的室内设计，就可以用意第绪语① "Hamish"一词，来形容在舒适居家环境中的感觉。

荷兰语和丹麦语也有描述舒适居家感的词汇，分别是 Gezellig②和 Hygge③。这些词不仅能反映居家感，还能映射出（友好的）社会氛围和（舒适的）规模。霍格韦克认知症社区案例（12:166）的一项研究记录了老年人搬进来之前住房的室内装饰，并以此为依据判断老年人的生活方式及习惯，从而进行分组。

艺术品也会影响一个地方的视觉趣味。有些空间的布置严重依赖于精心制作的物品，比如缝制品。当艺术品很具象，没那么抽象时，人们往往最欣赏它。具有积极主题（如孩子、宠物、植物、风景等）的视觉描绘作品被认为更能让人平静下来，尤其是对认知症患者来说非常有效。

使用地毯是因为可以降低噪声，并减轻跌倒时的损伤。地毯相对便宜，可以定期清洗或更换。以前失禁是一个问题，如今可以

---

① 意第绪语（Yiddish）：中东欧犹太人及其在各国的后裔说的一种从高地德语派生的语言。
② Gezellig：荷兰语，意思为"亲切"。
③ Hygge：丹麦语，意思为"舒适惬意"。

图6-15 为了营造直尔斯新桥养老项目（8：143）的室内设计风格，赞助商用意第绪语"Hamish"一词，来形容舒适居家的感觉：鼓励使用轻木、舒适的软质座椅，居家感的灯架，以及大地色调的各类颜色

图片来源：Chris Cooper，Perkins Eastman Architects

图6-16 在这个小型协助生活设施的入口处，布置了一个大型的石头壁炉和艺术与工艺风格的家具，以营造欢迎访客的氛围：设置壁炉及家具以分隔空间，并给人居家舒适的第一印象。一个大的壁炉、壁炉架和书架可以布置装饰物和植物

图片来源：Martha Child Interiors，Jerry Staley photography

使用防潮，并且容易清洁和消毒的地毯来解决这个问题。失禁相关产品的改进和监控方案的优化，使得家具可以不再用塑料覆盖。此外，走廊和公共空间的正压通风系统会将气味导向居室的卫生间，然后再轻松排出。

家具的角色

对于年老体弱的高龄老人来说，家具是十分重要的考虑因素。老年人臀大肌周围脂肪组织的流失会使久坐变得不舒服。低而宽的软垫沙发对年长的使用者来说是个特别的挑战。为了舒适，座椅必须有足够的衬垫，并且有一定的硬度和弹性。如果把薄垫子放在实心胶合板上，老年人坐下来几分钟内就会不舒服。除了舒适，座椅还需要设置扶手，并有足够的高度，以便老年人坐下和站起来。最受欢迎的座椅是"二人座"，可容纳两个人。[8]

理想的座椅要轻便，可以根据需要随意挪动，比如当两个人想更亲近的时候，就可以挪近椅子。让老年人围坐在一张桌子或一

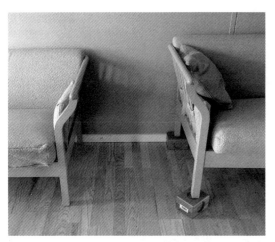

图 6-17　软质沙发虽然舒服，但高度太低，老年人很难起身：配置容易抓握的扶手和稍高一些的坐凳十分必要。在伊丽丝马尔肯护理中心（17：194），沙发底下垫了小木块来提升座椅高度，以便老年人起立坐下

张搁脚凳旁，就形成了一个自然的交谈圈，有助于增进交流。桌子可以用来玩牌、制作工艺品、就餐和讨论，同时也可以用来放饮料、零食和书籍。圆桌和方桌都有各自的优点。方桌可以组合在一起，圆桌可以在老年人想要坐得更近的时候容纳更多的人。餐厅应考虑布置多种座位类型，从 2 人桌到 12 人桌。在较大的建筑中，36 英寸（约合 914mm）高的吧台式柜台（注意不是 42 英寸，约合 1067mm）很受欢迎，尤其是当它们面对着好景色或者开敞的展示厨房时。除了舒适之外，家具还应该看起来具有居家感，使用有吸引力的柔软织物作装饰。如今，使用 Crypton[9] 等抗污渍和防气味的抗菌织物材料，可以很容易地定制去机构化的颜色、纹理和图案。

最后，老年人会花很多时间坐在椅子或轮椅上，所以房间的设计应该考虑坐下来的视线。弗兰克·劳埃德·赖特有句著名的论断，他认为室内设计需要从坐姿的角度来欣赏，[10]事实证明赖特是对的。你确实需要从居住者的视角来设计，这样窗户布置的位置才能正确并且水平，窗框才能确保不遮挡视线。

12　为认知症老人设计的几点特殊考虑

认知症老人是一个独特的群体，因为认知障碍对每个人的影响略有不同。对一些认知症患者来说，这个世界变得令人困惑和不安，噪声和活动属于不和谐因素，他们寻求孤独和安宁。另一些认知症老人失去了当前的生活语境，过着受童年和青年记忆影响的幻想生活。还有一些人很安静，失去了交流的能力。有些人身体强壮、好斗，经常试图逃跑，因为他们想找一个熟悉的、让人安心的环境。那些患有严重认知症的人生活在一种梦一般的混乱状态中，这种混乱状态会随着时间的推移而变化。

虽然每个人都不一样，但这种疾病是渐进性的，大多数人只是想寻求安慰和安全。这种病可能折磨人长达 10 年或很快就恶化。最终，认知症会影响行走能力，降低平衡控制感，并导致跌倒和受伤。

在早期阶段，认知症患者可以用一种良性的方式给予反馈，通常与失能老人一样。然而，最终他们会达到一种寻求自我保护和追求幸福的状态，这时候需要住在有保护的环境中。由于患有认知症的人年龄偏大，他们通常需要更多的医疗照护，但很不幸的是，他们已经失去了表达症状的能力。照顾认知症患者需要思维敏捷、具有耐心和忍耐力的人。护理人员必须接受培训，保证能够以不同的方式应对不同的挑战。

在认知症中期阶段，进行一些有目的性的日常生活活动治疗往往是可行的，如叠衣服、摆桌子、洗碗、洗车和少量的食物准备等，这在北欧尤其流行。对一些人来说，这些日常活动的能力，由于已经经过一生的练习，可以维持在患病初期的水平。后期阶段，患者智力和身体能力的下降往往会剥夺其阅读报纸或玩棋盘游戏等活动的能力。在这个阶段，缓和疗法，如手部按摩、舒缓的沐浴、

图 6-18　对认知症照护组团来说，认知症花园是必备的建筑元素：在加利福尼亚州克莱尔蒙特这个历史小城，艺术品和工艺品围合出了一个花园凉亭，并配有散步道，便于老年人举办活动及日常锻炼。一棵巨大的橡树为庭院遮阳避雨，也为花园增添了别样特色

图片来源：HPI Architects, RMA Architectural Photography

外出散步或家人探视更为有效。

对认知症的治疗通常是在处理每个人的现实感。短期记忆通常是认知症最先影响的部分，人们留下的多是长期记忆。对这些人来说，过去的照片和物品往往可以让他们安心平静下来。这种疗法不会让老年人面对当下的现实问题，例如"谁是现任总统？"。交流通常是建立在与老年人思想一致的现实基础上的。[11] 如果老年人想讨论即将举行的婚礼，那可能是 50 年前的记忆，那就顺势讨论，而不要纠正他们。纠正可能会让老年人泄气，因为这会提醒他们，自己的处境是多么绝望。

荷兰人对使用多感官疗法[12]特别感兴趣，这种疗法能激发认知症老人的长期记忆和反应。该疗法通常使用物体来激发回忆，过程也可以结合音乐或沐浴。即使是在认知症晚期，音乐也能恢复失去的记忆，就像回忆一首歌的歌词一样。

通往户外十分重要，因为运动可以改善"睡眠—觉醒"周期产生的抑郁和失调，可以减少精神药物的使用。通往室外花园可以接触阳光和新鲜的空气，听到流水和鸟鸣等舒缓的声音。

物理环境设计理念

对认知症患者来说，8~12 人的小组团更有效，例如绿屋养老院或荷兰霍格韦克认知症社区案例（12：166）。护理的连续性十分重要，因此应维持护理人员不变。认知症组团设计具有标志性的居室以及厨房、壁炉、花园、

图 6-19　在荷兰鹿特丹阿克罗波利斯生命公寓中，一个认知症博物馆展示了 20 世纪的家具和日常物品：这是一个放满 75 年前工作用的手工用具和装置的商店。这些陈设刺激了代际交流，让老一辈的人回忆往事，给后辈讲述过去的故事

门廊和起居室等活动空间，为日常活动提供居家氛围和熟悉感。相反，护士站、医院式的内装和机构式的家具会让空间显得陌生而可怕。将护士站和厨房合并布置，可以让该空间更容易发挥作用。如今，监控健康、药物和食物偏好的电脑可以布置在安静的角落或老年人居室里（更便于为老年人提供个性化的服务）。

让老年人能够自我定位和寻路对创造幸福感很重要。自由平面可以让人看到相邻空间发生的活动。如果内部循环路径是环状的，可以引导老年人回到熟悉的地方，如厨房或客厅，这也会有所帮助。自然光和人工照明的使用可以吸引老年人到不同的地方，当然就可以促进他们的活动。明亮的冬季花园和明亮的封闭门廊特别具有吸引力，而黑暗的空间往往被忽略。因此，在一个黑暗、孤立的角落放置出入口可以把门伪装起来，防止老年人逃离。布置在明显位置的独特家具、艺术品和装饰品，有时可以成为早期到中期认知症患者的有效地标。与家人的合影或某些突出的物体通常布置在老年人居室入口附近，以提示他们方向。这些物品还具有展示老年人重要生活特征的作用，以帮助工作人

员、其他老年人和其他访客认识这位老年人。

家具可以按照不同主题进行分组。例如，衣架和帽子架可以展示反映历史或当代主题的衣服。婚纱、军装、围巾、帽子和配饰可以增添空间的色彩、质地和趣味。写字和阅读用的桌子、梳妆用的化妆桌、玩偶、婴儿床和工作台都被用来增加老年人生活的兴趣，并让他们参与一系列活动。

在居室里，让老年人在架子上展示物品或在挂钩上挂衣服等方式可以提醒他们该穿什么。伍德赛德（Woodside Place）[13] 养老设施中，在老年人居室内略高于视平线高度一周布置了钉子，并配置了可调节的搁板搁架，方便老年人在合适的地方挂放物品。架子上陈列着照片和艺术品，钉子用来挂帽子和衣服。衣橱里，衣物都放在金属丝篮里以便于区分。荷兰式半开门能够允许老年人打开入户门的上半部分，而封闭的下半部分则保障了隐私和安全。

将卫生间布置在老年人躺在床上也可以看见的地方，或者保证在路过卫生间的时候可以点亮卫生间的灯，能够鼓励认知症老人主动使用卫生间。认知症组团可以布置大的公共空间，同时在老年人居室内布置足够的空间用于个人物品和家具的陈放也十分重要。

图 6-20　荷兰的德克里斯塔尔养老公寓（6：136），10人认知症照护组团设置了一个U形厨房：台面围合的空间足够宽，能够容纳多个人同时使用。玻璃柜门和开敞柜格便于老年人寻找及拿取物品；厨房虽然紧凑但是宽敞，具有适应性

刺激社会交往

13　设置家人朋友的探访空间

家庭成员是长期照护机构最重要的支持者
之一。孩子们与父母之间的情感纽带,虽然并
非不可能,但也很难被一名护理人员取代。大
多数老年人都有家人来探望。但是参观一栋建
筑可能有一种疏远或不友好的体验。让朋友和
家人感到自己是受欢迎的,是鼓励他们参与的
最佳方式。由于护理人员在看护老年人方面发
挥着突出的作用,他们往往主导着整个设施的
面貌和对外形象。如果护理人员表现得不友好,
那设施就看起来更像是一个机构,而不是住宅。
家庭化的、友好的态度、特征和事件可以使整
个设施更容易被接纳。

为了吸引家人和朋友,一些设施布置了
超大的餐厅和打折的食物,将餐厅向公众开
放,同时提供私密的家庭互动空间,可以让
家人和朋友感到备受欢迎。一些具有象征性
的符号可以改变空间原本的印象。例如,一
个儿童游乐场或幼儿玩具盒可以邀请孩子们
过来玩耍。设计一个有电脑游戏的活动室可
以为年轻的家庭成员提供娱乐活动场所,老
年人也可以在一旁观看甚至参与。春末、夏

季和初秋的户外空间可以安排一次临时的野
餐,这会让普通的家庭聚会更加难忘。家人
一般比较忙,通常会在午餐时间或其他活动
之间顺便来探望老年人。布置便利的访客停
车位也能够鼓励访客顺道拜访。重要的是要
认识到,设施设计得越友好,就越能成功地
吸引家人成为社区共有资源的志愿者。

另一种帮助家属的方法是举办临床或心
理主题的研讨会或讨论会,以便他们能在与
同龄人的互动中更多地了解疾病的发病情况
和有用的应对机制。其他有过困难经历的人
可以表达共鸣并发表自己的见解。有时候,
这些互动会带来长期的友谊或通过志愿服务
找到可以提供帮助的人。家人可能会选择减
少探望的次数,因为会感到压力和不安。也
许最令人不安的问题是失去与认知症父母的
亲密关系。认知症老人认不出家属或无法与
他们交流,这既悲惨又可怕。

孩子们有很多理由在生命的最后时刻和
父母在一起。对于双方来说,化解困难、表
达对帮助和支持的感激之情都很重要。家庭
可能面临巨大的压力,包括经济和情感压力。
一些人可能会因为一直在工作没有照顾父母
而感到内疚,而另一些人可能认为他们的兄

图6-21　英国这栋协助生活
设施的门廊三面围合,视野开
阔,能够看到户外的街道和停
车场:具有广阔视野的室内空
间对家庭来说十分具有吸引
力,因为他们可以在这里一边
欣赏风景,一边私密聊天

图 6-22 在霍格韦克认知症社区（12：166），入住老人的家属为他们制作了相册，里面承载着这些老年人一生很多重要的事件：相册是每个人独有的财富，里面包括人生中很多开心的或难过的事。当家人们一起观看相册的时候，相册成为大家交流的媒介，也是勾起往事回忆的手段。

弟姐妹没有尽到自己的责任。对于认知症照护组团来说，重要的是要设想出整个家庭正在经历什么，并寻求帮助他们的方法。

14 100% 角落或社交桌

"100% 角落"这个词通常用来形容闹市区最繁忙的十字路口。它既可以指活动最多、人数最密集地区的人流，也可以指行车数量。在本文中，这个短语指的是建筑中最活跃的社交场所。通过活动和社会交往加强公共空间的使用效果，可以增添建筑的友好特性。一个成功的 100% 角落通常需要一系列的功能布置，使其具有吸引力和参与感。

在长期照护设施中，一个典型的 100% 角落通常有一个可以容纳 6~8 个座位的桌子，桌子的位置方便老年人交谈和互动。这张桌子可以从邻近空间或室外看到，以刺激活动的发生。100% 角落还应该邻近主要通道，便于吸引路过的老年人，并且能为坐在这个区域的老年人提供可观察的活动。此外，这里也可以发生个人或小组的游戏、卡牌及阅读活动。100% 角落的其他条件还包括舒适的座椅、便于使用的卫生间、方便拿取的零食和饮料等。咖啡馆和餐厅等场所的大桌子也有类似的用途。

100% 角落这种类型的空间可能会自然而然地出现在建筑中，也可以通过精细的选址和细致的布置来设计。100% 角落与"第三空间"的概念相似，[14] 都是老年人聚会的地方，可能是为了打牌，或者只是为了间接地观察周围的人流和活动。

使用后评估发现，分散在整栋建筑中的公共空间常常没有得到很好的利用。100% 角落的设计基于这样的理念，使一系列的活动提高了空间使用率，活动越多，空间就越引人注目，并更受欢迎。活动会引发更多活动的发生。选择 100% 角落的最佳方法就是，注意观察入住老人平时在哪个角落聚集活动。通常建筑中的某些特定地方，会比其他地方更吸引人群或个别人。

100% 角落依靠临近空间的使用情况和有策略的布局来提高使用率。以下 11 点分别从视线、邻近空间和空间特征 3 个方面对 100% 角落提出了设计建议。

视线、邻近空间、空间特征

1. 视野开阔，能看到或可直接进入**门厅及室外空间**；
2. 视线（动线）可达**相邻的活动空间**（图书室、起居厅、餐厅）；
3. 可看到交通频繁的步行小路及**入住老人的活动**；
4. 靠近备有**小吃或饮料的小厨房**；
5. 可看到入口与电梯之间的**主要通道**；
6. 临近**公共卫生间**；
7. 靠近**收发室**或等待收发邮件的地方；
8. **有良好的人工照明和自然采光**；
9. 能看到**工作人员的活动**，包括办公空间和行政管理空间；
10. 设置**舒适的座椅**；
11. 临近储藏空间，能够获得**日常用品**，可以**玩智力游戏或其他游戏**。

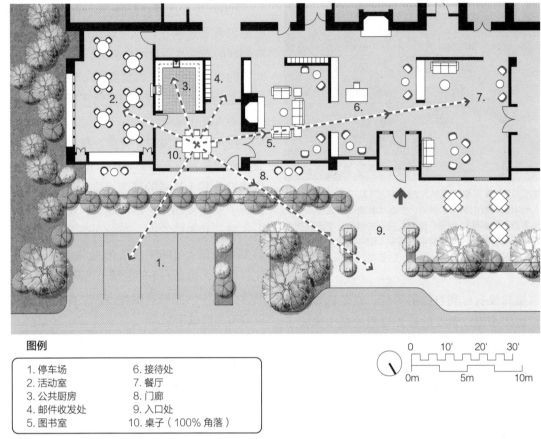

图例

1. 停车场
2. 活动室
3. 公共厨房
4. 邮件收发处
5. 图书室
6. 接待处
7. 餐厅
8. 门廊
9. 入口处
10. 桌子（100% 角落）

图 6-23　这个平面展示了波士顿附近一家协助生活设施 100% 角落的设计理念：这张桌子与周围的公共空间、房间和建筑内外的走廊有 10 条视线通廊。由于视线通达，这个 100% 角落在白天和晚上都很受欢迎

图片来源：Dimella Shaffer Architects

图 6-24　拉瓦朗斯养老公寓（2：119）的这张桌子，可以看到餐厅、中庭和横穿建筑的主要动线：桌子位于中部，周围照明条件较好，透过玻璃窗清晰可见。在这里可以组织一系列活动，当然也可以对它视而不见，是非常高效的 100% 角落

一个成功的 100% 角落通常从早到晚都有很高的人气。早上老年人在这里喝咖啡、看报纸，下午可能会在这里讨论实时发生的事，晚上，人们开始来这里打牌。与此同时，总会有人参与其中或来围观。无论是自发的活动或是组织的活动，都可以很自然地在这里发生。如果将该空间布置在前往另一个目的地的途中或靠近其他空间，则可以进一步提高空间吸引力。

15　隐蔽的观察及预先观察空间

老龄化导致老年人的行动力降低，使得人们很难到食品杂货店购物或在附近散步。帕斯塔兰（Pastalan）和卡森（Carson）[15] 把这种现象称为"生活空间"的限制。如今，老年人放弃开车，减少旅行活动，随着身体和精神上的能力越来越衰退，他们花更多的时间待在家里。帕斯塔兰相信，在生命的尽头，人们的生活空间仅限在走廊、房间里甚至床上。在大多数护理院里，护理站之所以那么拥挤，是因为只能在那里组织活动。护理站的位置选择具有策略性，需保证视野开阔，能看到周围的环境，护士在护理站工作

的时候，也能看到进入建筑的工作人员和访客。在一个活动很少的设施中，护理站是观察各种活动的好地方。

在这样一个与外界有些隔绝的建筑里，如何才能让生活更令人满足和充实呢？通过 100% 角落来激发室内活动是可行的，但一个可以俯瞰整个空间和周边环境的观察点更可以激发一系列活动的可能性。当然，这些观察点可能在一天、一周或四季中发生变化。在一个典型的建筑中，建筑正面的观察点通常可以俯瞰街道，十分活跃，而建筑背面的观察点可能更安静、被动。邻近建筑主入口的位置是老年人们喜欢聚集、聊天的另外一个地方。送货人员、应急车辆、入住老人、家庭成员和朋友都从主入口进进出出，使其成为观察活动的最佳地点。

建筑外的观察点包括临近设施的场所如购物中心或游乐场。这些场地因自身特征会引发一系列的活动。伊丽丝马尔肯护理中心（17：194）中，站在阳台朝一个方向看，可以俯瞰满是鸟类和野生动物的湖，另一个方向是活跃的球场。从其他地方可以看到市中心、交通繁忙的十字路口或公园。这些都可以激发有趣的活动。

图 6-25　贝赫韦格生命公寓（案例 1，Humanitas Bergweg）可以从上层俯瞰中庭的各种活动：从隐蔽的地方俯瞰活动，可以让这里的老年人享受观看一群不同的人（包括家人、志愿者、入住老人和员工）在一起活动的乐趣。这里也是大型聚会活动的绝佳观看点

图 6-26 位于丹麦查路塔伦德的霍尔梅高斯帕尔肯护理中心，标准间内设有悬挑平台，可以看到场地和周围的环境：一些住户将这个空间用作客厅，还有一些用作嵌入式的卧室。室内带滑轮的衣柜可以随意移动，创造不同的空间分隔方式

中庭是容纳活动的宝库，因为许多设施外面的人可以参与其中。此外，中庭的活动可以从建筑上层观察到，而无需老年人直接参与。

进入空间之前预先观察

在决定进入空间之前预先观察的想法来自蔡塞尔（Zeisel）的早期研究。[16] 在关于马萨诸塞州的海恩尼斯市（Hyannis）埃尔德里奇船长集合住宅（Captain Eldridge Congregate House）的著作中，他介绍了预先观察空间的方式，即在建筑中设计一些可以观察临近空

图 6-27 门廊是一个观察场地内外活动的绝佳地：观察运送货物、家人来访和新迁入的居民，让坐在这里的老年人有一定目的性。门廊通常设置了雨篷，可以遮阳避雨。门廊可以和正门有一定距离，使得这个观察点不太明显

间的观察点，以便老年人在进入之前有个预判。这个理念让老年人在群体环境中可以更好地融入集体。

在他的研究中，令人印象最深刻的观察点是一个开放式楼梯的休息平台，在那里，入住老人可以在下楼时看到楼下的起居厅。在休息平台上，他们可以事先看到有谁在起居厅里，然后再决定是不是要下楼。著作中还提到，如果一个人住在周围有很多互不相关的人的地方，那么可能有些人是你想见的，有些人是你想避开的。

这一方式常用来避免在公共空间发生尴尬的碰面，同时也可以促进受欢迎的互动。如果从走廊的玻璃窗就可以看到公共空间的情况，就可以提前作判断，以避免发生不愉快的碰面。

16　独处空间

生命公寓及照护设施都是集体生活环境。在这里，老年人每天都要与其他不相关的人互动，包括其他入住者和护理人员。在这样的环境中，人们必须与许多人共享公共空间。但是远离所有人，独自一人读书、冥想，或独处是很重要的。建筑中应该设有吸引很多

入住者的地方（比如 100% 角落和餐厅），也应该有可以在自己房间之外体验安静和独处的地方。

独处空间可以位于建筑内部、建筑边上或整个场地环境中的某个地方。独处能让人暂时"逃离"既定的空间，但仍能受他人的保护和监督。建筑既需要良好的公共空间，也需要良好的个人休息空间。室外的独处空间可以让人体验场地的环境、自然和野生生命，从而调动人体感官。凉亭很受欢迎，因为它们四面都是开放的，但顶部有遮挡，保证老年人可以不受阳光和其他自然因素的影响。有时候，私密空间可以位于附近的公园里，或者设置在可以看到有趣的自然景观或人工景观的地方。私密空间可以是散步的目的地，也可以是树荫下的长椅。当私密空间具有吸引人的景观特征（如护堤、喷泉、开花的植物或水景）时，就可以让老年人享受花香或看到小鸟及松鼠。私密的独处空间应该布置在安静的地方，以促进老年人放松和冥想。

17　主通道

公共活动空间及主要流线的交叠处经常可以刺激社会交往的发生。桑德拉·豪厄尔（Sandra Howell）[17] 曾对波士顿老年住宅的公共空间使用情况作了研究，揭露了流线与公共空间使用模式的关系。"主要"通道是指将入口门与电梯连接起来的通道。这条通道长 40~75 英尺（约合 12.19~22.86m），当它被很多公共社交空间穿过时，这些空间中的社交活动就增加了。

当入口和电梯之间的通道距离太短或太长时，它对活动的影响力就会变小。此外，当主要的社交空间位于一个孤立走廊的尽头时，空间的使用率会降低。当公共活动空间与主要通道相互关联或交叉时，组织的或自发形成的活动都会增多。

对走廊与公共空间相互关系的进一步研究表明，每天沿着通往共同"目的地"空间（如餐厅、邮箱区和组团洗衣房）的路径来来回回，也能够激活更多自发使用的空间。建筑的规划应该从满足入住老人需求的流线体系开始。当然还需要仔细审查和评估流线对社会交往的影响。

在整栋建筑中分散布置公共交往空间（尤其是在建筑上层）可能不如集中布置在首层有效。

总而言之，当主要和次要通道穿过公共

图 6-28　距离建筑 100 英尺（约合 30.48m）远的长椅可能是很好的独处空间：这是一个加拿大项目，在大树下、小路旁设置了长椅，人们可以在这里享受美景，小憩读书。虽然很多入住老人都喜欢有人陪伴，但是偶尔的独处也颇受欢迎

图片来源：Martha Child Interiors Jerry Staley

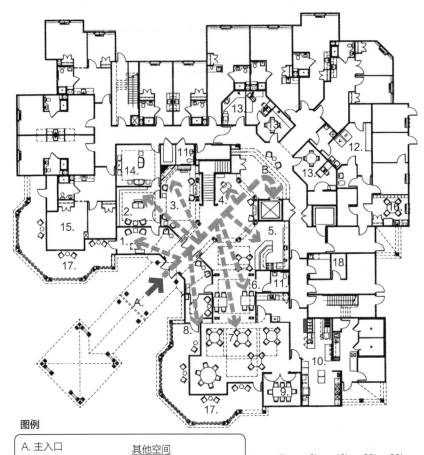

图 6-29（a）（b）"主通道"是指从正门到电梯的主要通道；在该案例中，当你从入口主通道进入的时候，有 8 条视线通廊可以看到周围的场景。理论表明，选择性越多，观察及社交的可能性就越大。左图为华盛顿贝尔维尤（Bellevue）一栋 4 层 L 形平面的建筑，平面的对称性更加凸显了主要通道这条轴线

图片来源：Sunrise Senior Living, Mithun Architects

图例

A. 主入口
B. 电梯

视线通廊
1. 三面围合的门廊
2. 图书室
3. 公共起居厅
4. 接待台
5. 酒吧
6. 小酒馆
7. 餐厅
8. 门廊

其他空间
9. 餐厅包间
10. 厨房
11. 卫生间
12. 公共洗衣房
13. 办公室
14. 电视室
15. 老年人居室
16. 员工休息室
17. 门廊
18. 单元洗衣房

（a）

（b）

空间时，建筑可以变得更加"友好"。公共空间与走廊距离越近，激发活动的可能性越大。这一点很重要，因为社会交往常常会建立友谊。

18　三角刺激

威廉·怀特（William Whyte）[18]在研究了纽约一个小城市公园后，提出了"三角刺激"的概念。它指出，一个能引起共同兴趣的公共物品或活动可以促进陌生人交谈。在公园里，这个刺激可以是一只狗，也可以是即兴的音乐表演。在护理机构中，促进入住老人、家属、朋友和护理人员之间的交流是有价值的。具有历史价值的物品和照片可以引起回忆，促进对话。由于几代人的观点具有时代特征，这些交流也为关于过去、现在和未来的交流提供了一个桥梁。如果引起共同话题的"刺激"具有年代感，比如19世纪厨房的

照片，老年人就可以在这个共同感兴趣的话题上成为主要发言人。

一个历史性的展览（或陈列柜）可以围绕特定主题布置，如"歌剧院"。陈列的物品可能包括白手套、刺绣作品、歌剧眼镜和演出票等。这种展览可以引发一场几代人关于60年前观看歌剧表演的讨论。在贝赫韦格生命公寓（1:114）大楼里，60~100年前的大量展品被用来激发老年人的回忆。老年人们可以解释古老的木工工具或厨房用具的用法，进而讲述那个时期的故事。年轻人听这些故事可能特别有趣。老年人都曾有过各自有趣的职业和生活，他们过去的经历可以引起护理人员的兴趣，成为两者聊天的话题。[19]在认知症老人照护机构中，有意义的个人物品通常被布置在老年人居室入口附近，以用于寻路。同时，这些展示也讲述着一个人过去的生活、兴趣和成就。

居室的规划设计

19　个性化，让居室属于你自己

要搬到护理院，就必须扔掉或放弃一辈子积攒下来的东西。对一些人来说，照片能够激发对家人、朋友和重要场所的回忆，书籍、家具或收藏品等物品也可能具有特殊意义，让老年人摸起来、看起来时感觉很好。

因为传统护理院的老年人居室房间很小，而且经常是两个人一起住，所以几乎不允许个性化。即使只住6个月的时间，身边缺乏熟悉的物品和展示空间也是一种功能缺失。被熟悉的物件包围，意味着创造了一个"属于你的"地方，而不是一个未知的空间。

有效的个性化需要更多的空间和更多的隐私。北欧护理院，像赫卢夫-特罗勒养老设施（14:180）、艾特比约哈文养老设施（13:174）和伊丽丝马尔肯护理中心

图6-30　"三角刺激"可以由任何能够引发兴趣或可以分享的物体引起：霍格韦克认知症社区（12:166），剧院广场上有很多由桅杆支撑的有趣面具和王冠，路人经常被吸引过去尝试。它们稀奇又有趣，是可以和他人分享的话题

图 6-31 小面积的居室布局需要仔细思考如何高效利用空间：在德克里斯塔尔养老公寓（6∶136）的认知症居室，布置了可以挂照片的搁架、衣柜以及一些陈列品，最大化地将老年人的收藏展示出来。这种布置方式形成了一个记忆的宝库

（17∶194）等养老项目，布置有 450~500 平方英尺（约合 41.81~46.45m²）的单人间。空间足够大，可以布置单独的卧室和起居厅，同时提供足够的空间来放置一些精心挑选的个人物品。一个较大的居室可以容纳几件家具和一张小桌子。在提到的这 3 个例子中，床的上方都设置有搁架，且都有小型的室外阳台。

在生命公寓或持续照料退休社区 / 人生计划社区中，居住单元的大小从 600~1200 平方英尺（约合 55.74~111.48m²）不等。目前最流行的居室类型是两间卧室或一间卧室带一个书房。这些居室通常设有阳台、厨房、小型办公空间或书房、客房。伍德兰兹生命公寓原型（7∶138）和查尔斯新桥养老项目（8∶143）这两个案例中的居室规模在美国非常典型，这种居室类型符合婴儿潮一代对于居住的期望，而且面积足够大，可以容纳个人可能需要的设备。

个性化的居室入口及友好的走廊

打造更个性独特的居室入口可以让居室变得更友好、更吸引人。因为老年人之间的友谊通常发生在邻里之间，所以有一个引人入胜的走廊和居室入口尤其重要。常见的个性化处理是设计一个凹进的入口空间，布置书架、展览板或家具。这个凹进空间通常顶棚较低，设有筒灯、吊灯、名牌和门铃。入户门旁边的照片或艺术品展示空间，用来分享新的经历或快乐的回忆。这些布置也强调了每位入住者的独特性。门铃用来确保隐私，提醒老年人客人到访。在支持居家护理的居室里，如伦德格拉夫帕尔克养老公寓（2∶119），门口通常放置一个包含门钥匙的锁盒。

马萨诸塞州的海恩尼斯市埃尔德里奇船长集合住宅[20]采用了几种不同的手段，使居室入口处的凹入空间变得更友好，包括可开启的双悬窗、一扇荷兰式的门、能够容纳一件家具的空间和一盏烛台灯。凹入的入口朝向走廊及中庭，可将自然光引入室内。

如果居室面向单边布房的走廊，则走廊处可以布置座椅，用于俯瞰风景或阅读小憩。在某些情况下，休息区可以布置在凸窗或较宽的走廊空间。将 2~4 间居室的入口空间集中布置，可以更好地促进邻里之间的日常交流。当入户门相邻时，老年人相互熟识的可能性就会增加。集中布置的入口空间面积更大，可以增加走廊空间的多样性。

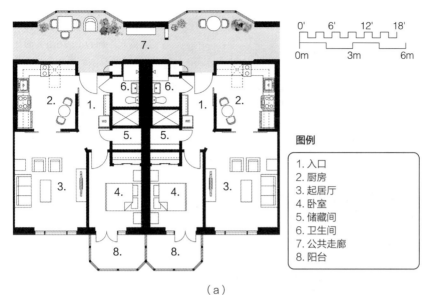

图例
1. 入口
2. 厨房
3. 起居厅
4. 卧室
5. 储藏间
6. 卫生间
7. 公共走廊
8. 阳台

图 6-32（a）（b）瑞典这个单边布房的走廊凸窗被视为每间居室空间的延展部分；尽管每间房间都有自己的私密阳台，但封闭走廊在天气不好的时候可用于与邻居一起活动、聊天。入住老人会根据自己的兴趣来装饰这块小凸窗，通常会布置一套桌椅。一些人放置了植物，还有部分老年人铺了小地毯使得该空间更加舒适

图片来源：White Arkitekter

（a）

（b）

20 居室设计

协助生活设施、小组团式护理院和生命公寓中的老年人居室大小和特征各不相同。在北欧，年老体弱的高龄老人居室（护理院或服务型住宅）通常是单人间或单间公寓，面积为 450~600 平方英尺（约合 41.81~55.74m²）。北欧生命公寓的目标客群通常是夫妇和丧偶的女性老人，面积从 600~1000 平方英尺（约

合 55.74~92.90m²）不等。美国的持续照料退休社区 / 人生计划社区比生命公寓的居室面积稍大一些，大约在 850~1200 平方英尺（约合 78.97~111.48m²）之间。

生命公寓中的居室通常包含独立厨房和独立卫浴。小组团式的绿屋养老院通常不在居室内布置任何加工食物的设备，有独立卫浴，但没有简易厨房。霍格韦克认知症社区（12∶166）的居室也是如此，像普通住宅中

图 6-33 德普卢斯普伦堡养老公寓（5：131）中的居室设有 32 英尺（约合 9.75m）的连续玻璃墙面；一扇 6 英尺（约合 1.83m）宽的推拉门分隔了起居厅和卧室，当门关上时，门靠着外窗的窗棂；门打开时，就能获得更宽的视野。室内没有承重墙，因此室内分隔都可以拆除

的卧室。通常，面积最小的居室是为认知症老人准备的，因为他们大部分时间都在公共空间活动，只有午休和晚上睡觉是在自己的房间里。典型的协助生活设施居室通常有一个简易厨房（设有冰箱、橱柜、水槽和微波炉）或一个普通的厨房（还设有炉子和炉灶）。生命公寓或分契式公寓（Condo for Life）的居室与普通公寓的一居室、两居室或三居室比较相似，通常设有一个大的无障碍卫生间和一个配备齐全的厨房。额外的面积通常用来布置一个凹室或小卧室，可以容纳一个家庭成员（或护理人员）过夜。

一般来说，老年人居室面积很小，但是应保证无障碍设计。门宽应至少 36 英寸（约合 914mm），以保证轮椅可通行，旋转门因笨重、体积大而不应被使用。推荐使用谷仓门或者推拉门，以避免与家具移动发生冲突。推拉门的另一个好处是，它们可以很容易更改成更大的尺寸（例如，42 英寸，约合 1067mm），以便更宽的轮椅（肥胖老人常使用）通过。因为推拉门可以很大，能够增强相邻两个空间的联系。德普卢斯普伦堡养老公寓（5：131）的卫生间布置了两扇推拉门，方便轮椅老人出入。

布置有镜子、衣帽挂钩、熨衣台、衣帽架或者条案等家具的独特入口空间，可以更好地完成从居室到走廊的友好过渡。改变入口的地板材料和顶棚高度也可以强化从公共走廊到私人居室的过渡。在居室厨房、浴室、卧室和起居厅均应布置分散的储藏空间。在其中一间卧室布置步入式衣橱也很有价值。所有目前或以后可以容纳高龄老人的建筑，都应该预先考虑安装滑动升降机装置的可能。在生命公寓的居室中，从一开始就布置有满足可达性的特殊装置，之后也能够根据需要添加其他设施设备。

在多层住宅中，室外阳台很受欢迎。欧洲有许多技术可以让阳台"玻璃化"，以便在冬天使用。法式阳台，在空间局促的欧洲曾很受欢迎，如今在美国也越来越被接纳。

打造安全的卫生间和厨房

卫生间和厨房是老年人居室中最危险的地方。因为老年人在厨房做饭、切菜、煮咖啡或使用电器的过程中，均存在安全风险。在生命公寓中，危险的器具通常是被覆盖、隔离或移除的。在大多数情况下，隔离炉灶和垃圾处理装置可以解决最大的潜在安全隐患。对于地板铺材，防滑的木纹地胶可用于厨房或卫生间这种用水区域。

在卫生间中，老年人有滑倒或跌倒的危险。北欧的设施，卫生间地板基本都是连续平整的（没有板材接缝），这为在较小的空间中布置3件固定卫浴设备（洗手池、坐便器和淋浴）创造了很好的可能性。在赫卢夫 - 特罗勒养老设施（14∶180）中，3件卫浴设备安装在面向房间中心的3面墙上，第四面墙用作入口墙（门）。在房间的中心有一个直径为5英尺（约合1.52m）的轮椅回转空间，与3件卫浴设备的距离相等。洗手池可以上下移动，也可以侧向移动，以增加灵活性。坐便器的高度较低，可以把淋浴椅（坐便椅）放在上面，方便使用。最后，淋浴空间可以

（a） （b）

图6-34（a）（b） 伦德格拉夫帕尔克养老公寓（2∶119）中分契式公寓的阳台可以在冬天全部关闭，在春秋天部分开启，在夏天完全打开：居室玻璃板之间的缝隙在夏天可以加速通风。不同程度的围合形式使得家具的选择有一定的自由度。玻璃围挡可以通过将竖向玻璃板滑动到一侧收叠起来，实现快速开闭。这种灵活性使得阳台空间一年四季都可以使用

图6-35 北欧卫生间的整体性设计增加了空间灵活性和使用时的支援性：查尔斯新桥养老项目（8∶143）在护理院的居室中安装了滑轨系统，洗手池可以根据需求来调节位置，坐便器的扶手可降低高度。连续的防水地面铺材使得布置无障碍淋浴间成为可能

扩大，以便为坐在浴椅上的老年人洗澡。卫生间的照明很重要，因为老年人经常在这里检查自己的挫伤和皮肤损伤。较高的亮度可以弥补老年人的视力损失。浴室灯具应连接到调光器或设置单独开关用于夜间照明。卫生间应该可以吹暖风，因为老年人容易受到冷空气的影响。推拉门是卫生间的首选，因为外开门很大，有时候还会引起尴尬。

分契式公寓或生命公寓中的卫生间设计可以包括两个或两个半卫生间，其中一个应该设淋浴，另一个应该设浴缸。浴缸和淋浴的组合设置对于高龄老人来说使用不便而且十分危险。如今，对于那些需要泡澡的人来说，带门的浴缸更受欢迎。为安全起见，应仔细选择防滑、有弹性的卫生间地板，扶手的位置也值得注意。应配备个人紧急呼叫系统（Personal Emergency Response System, PERS）或声控应急呼叫系统，因为老年人可能会在晚上摔倒，或者在上厕所的时候突然心脏病发作，或感到头晕目眩。

引用文献

[1] Hines, T. (1994), *Richard Neutra and the Search for Modern Architecture*, UC Press, Berkeley.

[2] Rodiek, S., and Schwartz, B. (eds.) (2007), *Outdoor Environments for People with Dementia*, Haworth Press, Binghamton, NY.

[3] Regnier, V. (1985), *Behavioral and Environmental Aspects of Outdoor Space Use in Housing for the Elderly*, USC School of Architecture, Los Angeles.

[4] Story, M. (1998), *The Universal Design File: Designing for People of All Ages and Abilities*, Center for Universal Design, NC State University, Charlotte.

[5] Steinfeld, E., and White, J. (2010), *Inclusive Housing: A Pattern Book*, Norton, New York.

[6] Twombly, R. (1979), *Frank Lloyd Wright: His Life and Architecture*, John Wiley & Sons, New York.

[7] Perkins Eastman (2013), *Building Type Basics for Senior Living*, 2nd ed., John Wiley & Sons, Hoboken, NJ.

[8] Moos, R., Lemke, S., and David, T. (1987), Priorities for Design and Management in Residential Settings for the Elderly, in *Housing the Aged: Design Directives and Policy Considerations* (eds. V. Regnier and J. Pynoos), Elsevier, New York.

[9] Brawley, E. (2006), *Design Innovations for Aging and Alzheimer's*, John Wiley & Sons, Hoboken, NJ.

[10] Twombly, *Frank Lloyd Wright*.

[11] Naomi Feil, N. (1993), *The Validation Breakthrough: Simple Techniques for Communicating with People with Alzheimer's-Type Dementia*, Health Professionals Press, Baltimore.

[12] Snoezelen Multi-sensory Environments (2017), History and Approach, http://www.snoezelen.info/history (accessed on 10/7/17).

[13] Regnier, V. (2002), *Design for Assisted Living: Guidelines for Housing the Physically and Mentally Frail*, John Wiley & Sons, Hoboken, NJ, 138–39.

[14] Oldenburg, R. (1989), *The Great Good Place: Cafes, Coffee Shops, Community Centers, Beauty Parlors, General Stores, Bars, Hangouts, and How They Get You Through the Day.* Paragon House, New York.

[15] Pastalan, L., and Carson, D. (1970), *Spatial Behavior in Older People.* University of Michigan, Wayne State University Press, Ann Arbor.

[16] Zeisel, J. (2006), *Inquiry by Design*, W. W. Norton, New York.

[17] Howell, S. (1980), *Designing for Aging: Patterns for Use*, MIT Press, Cambridge, MA.

[18] Whyte, W. (1980), *The Social Life of Small Urban Spaces*, Conservation Foundation, Washington, DC.

[19] Becker, H. (2008), *Hands Off Is Not an Option: The Reminiscence Museum, Mirror of a Humanistic Care Philosophy*, Eburon Academic Press, Rotterdam, the Netherlands.

[20] Zeisel, J. (2006), *Inquiry by Design*, W. W. Norton, New York.

第 7 章

12 个避免机构化生活方式
的照护管理实践

设计好的物理空间很重要，但以人性化和自主性的方式运营该空间同样重要（如果不是更重要的话）。以下 12 个实践案例建立在确保高龄老人幸福健康的行为、活动、治疗方式、护理策略和态度的设计理念上。设计方法及理念应该指导空间的运营，使空间发挥最大的潜力。必须将运营理念与设计理念结合起来理解，才能最大化发挥空间的积极影响。这就好比设计汽车与驾驶汽车的关系一样。你可以很好地打磨设计，但如果你不知道如何最好地使用它，那只能发挥出一半的优势。

经验表明，最好的护理配置既需要良好的**物理环境**，也需要明确的**运营头脑**。恶劣的环境往往会阻碍护理工作的开展，但没有什么比拥有一个良好的环境却不好好利用它更令人沮丧的了。以下 12 种实践方法被细分为 3 个主题：**有效的护理策略、充分参与生活、创造情感和快乐**。

有效的护理策略

1 通过家庭照护模式调节自主性

"了解北欧的家庭照护体系如何运作十分关键。高龄老人住在自己家中，由护理人员上门服务，每天需到访 3~5 次，有时候间隔 10~15 分钟就得一次。这些高龄老人并没有入

住护理院，而是住在既便宜又享有自主权的普通住宅中。"

在北欧，老年人住房和服务供给最常见的方法就是，正常的独立住宅搭配按需提供的个人照护服务。服务需求是基于老年人的独立活动能力来确定的。服务援助以大扫除为基础，范围延伸到医疗帮助。虽然不常见，但高龄老人也可以住在公寓（特别是生命公寓）里，并有条件使用胃管等医疗设备。接受服务援助的老年人可能是身体仅有些小问题的人，也可能是那些如果在美国就必须住在护理院中的人。居家照护系统因国而异，但大多数都致力于帮助体弱多病的老年人尽可能长时间地在机构之外独立生活。

通常情况下，有个人护理需求的高龄老人会在白天接受服务。照护小组包括护理人员、助理护士和护士。上门护理服务最短时间为 15 分钟；然而，一个身体条件较差的老年人可能需要 45~90 分钟的护理时间，协助内容包括穿衣、如厕、洗澡和准备早餐。随着老年人能力的下降，上门协助照护的时长会逐渐增加。老年人原本生活的物理环境很少引起其身体疾病。但如果存在这种情况，老年人的居住环境就会被重新评估，并得到改善。例如，如果老年人住在没有电梯的建筑高层，之后就

图 7-1 家庭照护人员有时候每天要去老年人家中看望数次，帮助他们解决生活及医疗需求：这名居家照护员制定了计划表，保证可以不间断地探访这栋楼里不同的老年人。护士有独立的上门访问计划。在同一栋楼里安排一组上门护理服务提高了效率

图 7-2 家庭照护人员选择与自己住在同一栋公寓里的邻居作为照护对象：北欧城市密度较大，护理员可以通过自行车或小型汽车完成短距离交通。护理人员通常早上集合开会，到傍晚再集中讨论护理案例，中午制定上门护理计划表

可能会搬到首层或二层。

老年人可以独立完成很多事情，同时也愿意帮助别人。正规的照护服务经常有非官方组织的志愿者参与，这样会节省时间和金钱。在斯堪的纳维亚地区，家属们还没有参与到家庭照护体系中，但由于老年人口的持续增长，未来很可能会参与进来。

人们也逐渐关注照顾认知症老人的问题。随着人的寿命增长，患认知症的可能性也随之提高。家庭照护有其局限性，尤其是照顾认知症老人。认知症患者可能更难管理，因为他们通常身体状况尚好，可能会迷路，或做一些威胁自己或他人的事情（比如忘记关炉灶）。第 9 章概述了丹麦家庭照护供给者为患有轻度认知障碍（MCI）的老年人提供网络电话式（Skype-style）服务的经验。在过去的

5 年里，北欧的认知症老人进入护理机构的数量有所增加。

2　主要的、次要的及指定的护理员和电脑

"需要有人了解你，而且是真正了解你。但可惜的是，老年人唯一的朋友就是他的指定护理员。然而每个人都需要朋友。"

美国传统的护理环境中最令人沮丧的问题之一，就是特定的护理人员缺乏连续性。员工流动率高，而且兼职护理工作的人也多，这些因素导致熟悉老年人的护理人员的缺失。北欧的护理院，通常会指定一个主要的和一个次要的联系人。主要联系人最了解老年人，当主要联系人不在时，次要联系人就可以承担相应工作。主要联系人了解老年人的医疗

和健康状况、家庭关系和个人喜好。他们知道老年人喝咖啡时是否加奶及老年人的兴趣爱好。他们是老年人熟悉的人里最了解他们的人。在美国最好的协助生活设施中，每位老年人有一位"指定的护理员"，这是高质量护理服务标准的组成部分。指定护理员主要是为了照护老年人，但可能不像北欧的主要联系人那样对老年人无所不知。指定的护理人或联络人的职责之一就是照顾到老年人的喜好和需求。目前"量身定制（Op maat）"被认为是最好的照护标准，它是荷兰人用于描述"个性化定制"时产生的理念。这种方法主张老年人的需求高于机构制度。例如，想睡懒觉而早上9:30才吃早饭的老年人，不应

图7-3 个性定制生活模式的目的是按照老年人的喜好进行服务，而不是机械化地满足日程表上的安排：例如，伊丽丝马尔肯护理中心（17:194）中的老年人可以根据自己的需求吃早午饭或者小点心。"Op maat"的字面意思是"量身定制"

（a）

（b）

图7-4（a）（b） 老年人的日常经历、护理活动和存在的困难从原来的纸质版变成了基于电脑的电子文档：对于记录老年人日常活动来说，这是一套更好的体系，但是操作者必须是某个老年人的指定照护人，对这个老年人特别了解

该为了护理人员的工作便利6:30就被叫醒。这种基于老年人居住偏好定制服务的方法在美国最好的护理环境中可以看到，但离推广普及还很远。

如今，随着轮班时间的缩短和职业员工数量的减少，电脑的利用率似乎越来越高。计算机在美国和欧洲都是通用的配备工具。计算机系统非常适合于更广泛的用户之间（如医生、家属、咨询专家和工作人员）共享信息。在丹麦，他们有两个系统。一个系统专为护理人员提供信息，第二个系统用于医生、护士和医务人员的交流。护理人员之间可以通过第一个系统进行沟通，但他们必须通过护士向医生传达老年人的情况。计算机系统的主要问题是，**每个人**都可以了解老年人的信息，但**没有人**负有直接责任。另一个问题是，换班时，交流是书面的而不是口头的。

斯堪的纳维亚地区的家庭照护服务体系，团队成员之间仍有大量的对话。这些直接的口头交流可以分享见解、想法和经验，新讨论的知识可以与过去的经验作比较。团队会议通常在上午和下午轮班之前举行，所以信息和反馈都是及时的。电脑经常被用来分享书面信息，但它只是口头交流的补充，而没有完全取代口头交流。

小组团照护服务的护理人员之间采用平级结构，这使每个护理员都能够更好地了解每位老年人的更多信息。他们的压力是，在老年人的状态变化或健康问题恶化时，如何将信息传递给上个层级。在任何照护体系中，让护理员与老年人的关系更亲密都是有益的。

3 日常生活活动疗法

"令人震惊的是，老年人特别喜欢摆桌子、端菜、帮忙削土豆这种日常劳动。熟悉的活动让老年人感觉是住在家里而不是养老机构。"

大约50年前，北欧的大型护理院开始减少，转而变成10~15人的小型护理组团。当时，机构的餐食是由一个商业厨房提供预先准备好的主菜，辅以汤、三明治和简单的早餐。随着设施规模的不断缩小，餐食逐渐演变为由每个居住组团自己准备。健康照护监测和膳食加工管理的功能被整合到厨房中，厨房同时还兼作组团护理站。随后厨房逐渐配置

图7-5 帮忙准备食物是日常生活中比较有趣的活动，尽管有时候只是在一旁看着：在德克里斯塔尔养老公寓（6:136）认知症组团中，土豆是常见的菜品。与备餐工作相关的公共工作包括准备餐桌、传递菜肴等是十分受欢迎的活动

了药品管理室、计划表、电话和传真，以及食物准备和服务设备。

与此同时，邀请老年人参与到做饭和洗衣服等日常生活的活动逐渐开展。这种日常生活活动计划很快在认知症老人中流行起来，因为这些日常的活动是认知症老人最容易理解的有意义的活动。摆桌子、刷盘子、清理柜台、洗盘子、收拾盘子、叠衣服、帮助准备食物，这些都是入住老人包括那些有记忆障碍的老年人可以完成的任务。这些活动很受欢迎，因为对老年人来说，这种类型的活动很熟悉，而且有目的性和意义。

如今，人们仍在探索上述理念，同时还有几点需要说明：在美国和北欧，允许老年人在厨房帮忙的想法已经成为影响卫生标准的因素，因为很多老年人会在准备食物的时候随意品尝或不仔细洗手。药物被转移到每个老年人居室内上锁的盒子里，以避免分发错误，同时减少护理人员的分发工作量。电脑已经取代了纸质记录，且被放在起居厅角落的桌子上，或者靠在每间居室的墙上，或者放在走廊的可移动支架上。厨房里仍然设有电脑，但它们的用途仅限于检查食物过敏情况和订购食材。在最好的设施里，老年人仍被允许参与日常生活活动，以帮助他们寻找自己的角色定位。美国的一些善意规定却被恶意解读，比如禁止老年人照料可以种植瓜果蔬菜的花园，或者帮助做一些家庭琐事，因为这被理解为让老年人"干活"。北欧人则将这些活动视为治疗，而不是劳动剥削。在最近一次去丹麦的旅行中，我看到让人振奋的一幕，两位老年人和一名护理员一大早就从设施出发，进行一整天的钓鱼之旅，并希望带回足够的鱼做晚餐。

为了过上正常的生活，老年人经常结伴去餐馆、咖啡馆或酒吧。这些户外活动让他们感受到来自公共场所的刺激，并且体会到社会交往的乐趣。公共服务项目例如为特殊事件（节日）装扮空间等时常开展。随着入住老人和护理人员意识到他们的帮助能够带来真实的好处，具有意义和目的性的活动将继续开展。

老年人的参与必不可少

机构化的生活最令人沮丧的事情之一就是，老年人无法决定自己的生活。在长期照护机构中，老年人通常是一系列管理策略及系统制度的被动接受者。老年人自己的意愿

图7-6 霍格韦克认知症社区（12∶166）最受欢迎的日常活动任务之一就是去杂货店买做饭需要的材料：员工经常陪着老年人一起去商店买些杂货及日用品回来，这项活动帮助老年人锻炼身体，享受户外环境

经常被许多管理他们健康、食物、活动和生活方式的控制性因素所淹没。

因为小型居住组团规模较小，关于活动、食物、生活方式和职员招聘的决策可以更容易地与老年人商量讨论。当被问及老年人的意见是否有用时，设施的管理决策者通常认为老年人提出的问题比工作人员提出的问题更好。他们还认为，老年人通常更清楚哪些人是更好的应聘者。显而易见的是，允许老年人表达他们的喜好（然后倾听采纳），也会让老年人对运营的结果更满意。为老年人提供评论的机会似乎同时为他们提供了一种可感知的控制权，这对他们来说是强大的生活动力。虽然对于患有认知障碍的人来说，可能得不到什么反馈，但每个人都应该参与其中。

绿屋养老院建立政策时，每个生活组团的自主权及其护理人员的意见被认为是最重要的。内科医生比尔·托马斯（Bill Thomas）深刻意识到，除非允许护理人员和老年人对重要的运营决策发表意见，否则级别和地位便可以轻易压制基层意见。在霍格韦克认知症社区（12：166）中，7个不同文化组团的期望和想法对设计、生活方式等都产生了影响。为了更好地完成室内陈设，设计师们拜访了来自各个生活方式组团中的老年人原本的居室。他们密切关注目标客群在装饰自己居室时使用的织物、墙面的颜色、图案和纹理。他们还绘制了草图，以研究每个文化组团如何处理入口空间，以及室内外空间之间的关系。

创造一个与过去经验一致的物理及文化环境，可以让老年人产生舒适和熟悉的感觉。由于许多老年人存在精神错乱，事实证明，与亲密的家庭成员经常见面也十分必要。

4 保证向周边社区服务

"北欧将老年人居住建筑视为社区资源，而不是孤立、单一用途的机构。贝赫韦格生命公寓的用餐区欢迎所有人使用——包括老年人、邻居、员工、家人、子女、孙辈、朋友和附近的工作者——甚至狗和猫都是受欢迎的。"

图 7-7 丹麦的护理院邀请入住老人参与（讨论）的传统，已经有 40 年的历史：照片中，一名小组组长与入住老人及员工一起回顾过去两周发生的事情，同时介绍了接下来两周可能组织的活动

美国和北欧运营方之间的历史性差异之一,是他们对于公共使用权的态度。几十年前,在北欧,公共服务(如老年餐车和家庭护理)是由家政服务运营方提供给附近社区的老年人的,而不仅仅服务于设施内的老年人。即使在今天,位于老年住宅项目内的餐厅、活动区和治疗中心也经常对所有人开放,其目的是帮助老年人在社区里或规划的住区环境内慢慢变老,消除住在具有年龄限制的(养老)机构里的羞辱感。

儿童日间照料中心及老年住宅相结合的项目也很常见。斯堪的纳维亚地区将带服务的老年住宅与学龄前儿童的日间照料服务设施结合起来布置。规划人员认为,土地的综合利用可以产生积极的社会效益。

虽然大多数家庭护理机构和服务型住宅的运营方属于独立的运作个体,但他们之间也会相互配合。生命公寓项目会继续服务于社区,出租空间给零售商店和社区服务,如物理治疗、理发、足浴和餐饮。有时候,就

像内普图纳养老公寓(4:127),建筑用于养老的目的完全被伪装起来,让入住老人感到可以完全融入社区。目前对待养老住宅的态度,是把它看作老年人在社区中保持独立所需要的许多服务中的一种。鹿特丹的德克里斯塔尔养老公寓(6:136),建筑下面3层是社区服务,包括停车、零售、健康和社会服务,上层是182个独立居住单元。在这个面向中等收入,有一定年龄限制的项目中,有50户老年人享有居家照护服务,还有20人的认知症组团可接纳重度认知症患者。其实,高龄老年住宅项目是多功能建筑很好的合作对象,因为它只需要很少的停车位,而且地理位置很好,靠近轻轨车站,还能让老年人在步行距离内找到10多家零售商店。

在美国,人们对多功能城市住宅也越来越有兴趣。这些建筑通常靠近公交线路和配套的零售店,有助于居民在社区中保持独立。新的美国模式可能将采用欧洲的方法,在高度支持性的社区内布置服务型住宅。

图 7-8 贝赫韦格生命公寓(1:114)设有一个呼叫中心,用于协调周边居民的上门护理服务及公寓内的服务:这里的工作人员主要负责调整已有的预约,并登记新的预约。这类工作增加了灵活性,对于提高上门服务和上门护理的效率十分必要

图 7-9 贝赫韦格生命公寓（1：114）设置了一些成人日间照料项目，用于服务周边居民：这些项目根据文化及生活习惯被分为几个小组，一周举行3~5次，每次持续几个小时。一些参加日间照料活动的人患有认知症，还有一些人性格孤僻悲观。有很多人已经成为贝赫韦格生命公寓积极的志愿者

充分参与生活

5　用进废退

"太多的关心远比缺少关心情况更糟糕……你的仁慈甚至可能会杀人！高龄老人必须尽可能地自己做事情。"

——汉斯·贝克[1]，
生命公寓（Humanitas）创始人

护理人员经常说，看着一位老年人在没有帮助的情况下艰难地完成一项任务是多么困难。对于从事"帮助性职业"的人来说，看着老年人但什么也不做确实很困难，但有时候这才是真正需要做的。变老是一场斗争，那些成功的人会为自己的成就感到骄傲。自己做尽可能多的事情总是很好的练习。事实上，荷兰的护理人员在帮助老年人的时候，要求"把手放在口袋里或把手放在背后"。这些护理原则可以鼓励老年人尽可能多地为自己做些事情。

日常生活的很多活动可以让许多老年人保持活跃、参与其中。当他们搬到协助生活设施的时候，有许多任务就不被允许做了。例如，他们不再需要打扫卫生、洗衣服、买食物、做饭或倒垃圾。许多充实他们一天的生活、挑战他们能力的任务现在是由别人来完成的。同样的道理也适用于用轮椅代替拐杖或助行器行走。生命公寓认为"用进废退"。然而，他们也认为，老年人不应该尝试超出自己能力范围的、可能导致受伤的事情，比如爬梯子去取上层柜子里的重物，或者丢弃了必要的辅助设备行走。在生命公寓系统中，当一项任务似乎超出个人能力范围时，就需要护理人员协调帮助。他们认为老年人的生活应该得到帮助，但不是被帮助主导。环境的设置应能培养自主性、相互依赖性（人们互相帮助）和个性。

6　致力于物理治疗和锻炼

"丹麦人对健康有一种道义上的承诺。他们把尽可能保持独立看作是对社会的责任，且都知道锻炼和物理治疗是实现这一点的最好方法。"

我们必须对自己、对家庭和对社会做出的一项重要承诺，就是尽可能保持独立，而做到这一点的最佳途径之一就是保持身体机

图7-10 生命公寓中常用于描述健康生活方式的谚语就是"用进废退":这句话鼓励老年人应该加强对自己生理和心理的控制。这句标语被频繁使用,甚至被喷在货车车厢上

图片来源: Hans Becker

图7-11 丹麦人坚定不移地认为,应该保证高龄老人的自主性,越久越好:在哥本哈根这家认知症设施中,走廊为了行走训练被重新布置。配置了平行杠和减重器,这些辅助设备原本布置在封闭房间中,现在被挪到了公共空间,以鼓励和促进老年人使用

能的活跃。丹麦的护理院和家庭护理机构坚信这一理念和方法对于积极老龄化的作用。他们不仅有理疗室,而且经常把运动器材放在视线范围内空间利用不足的走廊和公共空间。他们认为,对能力锻炼活动的关注将让老龄人口更活跃、更独立、更健康。

这也反映在丹麦的家庭照护计划中。如果社区的某位老年人身体机能逐渐下降,则会被邀请加入一个特殊的康复计划,以帮助他们在被送去护理院之前恢复失去的能力。康复计划通常持续5~14天。它可以在个人的住房内、社区的门诊部或医院的康复门诊部进行。

丹麦的运动和物理治疗小组包括职业治疗师、物理治疗师和培训师。一个典型的康复室设有用于力量训练的设备、用于伸展的空间、一个自由活动区和按摩桌(通常是为失能程度最高的人准备的)。阻力训练、有氧能力锻炼和平衡控制都是重点项目。训练式厨房通常用于因中风、跌倒或心脏病发作而失去能力的人,通过日常生活的练习来恢复能力。在斯堪的纳维亚地区,运动和物理治

图 7-12 上肢肌肉是最需要锻炼的重要肌肉群：这款设备用于轮椅老人锻炼上肢肌肉。尤其对于女性老年人十分重要，她们经常因为上肢肌肉无力而无法完成洗手、洗脸等动作

疗之间存在着一种天衣无缝的联系。物理治疗通常被认为是运动的自然延伸，而不是正式的临床服务。另一个有趣的区别是对上半身力量锻炼的关注。大多数参与者都是手臂肌肉量比男性少的女性，因此训练的重点是加强上肢力量，以便老年人在训练之后完成诸如上厕所等重要的行为。

美国正在迅速认识到运动锻炼的神奇特性，并在社区中大力倡导适合老年人的锻炼设备和项目。

7　兴趣小组、娱乐和有目的的活动

"宾果游戏（Bingo）可能很有趣，但它能给人们带来帮助吗？有目的性的活动或许可以让每个人感觉更好。当妻子来探望她的

丈夫时，也可以给其他老年人的生活带来新鲜感和幸福感，这是一种慷慨的馈赠。"

活动对人很重要。没有活动，我们的生活就失去了生气，变得枯燥乏味。活动也是很好的社交机会，用以对抗孤独、疏离和抑郁。但活动不应只是简单的消磨时间的方式，尤其是在它们可以提供意义和目的的时候。这就是为什么艺术和创造性的表达让如此多的老年人感到满足的原因之一。

活动必须符合个人的喜好和兴趣，这一点很重要。长期照护机构中比较不好的一点是，活动是根据参与者的最低能力水平来选择的。例如，虽然宾果游戏对于大部分人来说都可以接受，但它没有什么用途。活动应该可以通过唱歌、跳舞、儿童游戏或帮助他人来激发快乐的感觉。有时候，被动的娱乐方式，如看有趣的电视节目或听音乐也可以具有一定的刺激性。另外，步行、园艺，或临时发起的野餐，都可能出于共同的目的产生有意义的活动。更重要的是，（可以成立兴趣小组）兴趣小组可以专注于小组成员共同的爱好。在霍格韦克认知症社区（12：166）中，每周大约有 20 个兴趣小组，吸引老年人成组参加插花、音乐欣赏和舞蹈等活动。

帮助别人是一种能获得存在感和幸福感的方式。老年人花时间帮助他人可以得到很大的乐趣。在贝赫韦格生命公寓（1：114）中，志愿者（1/3 是老年人）开咖啡店，供应早餐，提供电脑援助，帮助其他老年人外出散步。像这样的志愿服务让老年人能够"向前推进"，希望像他们这样的人以后也能够帮助自己。志愿服务，特别是老年人互相帮助，可能是未来服务的重要组成部分。随着薪金缩减，以及越来越多的正式员工希望参与直接照护工作，设施需要志愿人员来协调老年

人的社会生活。社区志愿者可以和孩子们一起工作，或者组织特别的适于老年人的项目，比如为即将到来的慈善活动制作装饰品等。有益于他人的活动具有强烈的目的性，这一点绝不能被低估。

8 用餐体验及营养

"在可预见的未来，我们将可以通过"营养基因学"，像药品一样，来选择对我们独特的生理机能有益的食物。"

——平奇斯·科恩[2]，
美国南加州大学老年学研究中心院长

在任何国家的文化里，与朋友和家人一起吃饭都是一项被尊崇的传统。新规划的设施中，应该具有培养新的朋友和促进社交的可能。餐厅的设计应该鼓励入住者在这里逗留、打牌和开展社交活动，而不只是吃顿饭就离开。餐桌的大小应该有所不同，就像在一家好的餐厅里，不同的餐位选择可以保证隐私、创造社交或围观的可能性。许多老年人喜欢吃小零食而不是大餐，好的设计能够满足老年人对餐食的不同选择。在生命公寓的餐厅中，通常还设置一个非正式的酒吧，

大部分时间是开放的。

对大多数人来说，食物的味道和质量很重要，而设施的老年人更是众所周知的苛刻。有时候营养学家不会考虑当地的食物，因为他们认为这些食物不健康。但我们与食物的关系是在一生中培养起来的，往往有着深厚的文化根基。改变菜单是非常重要的工作，就像选择不同的主菜一样。由入住老人组成的菜品鉴赏委员会可以帮助改进一份受欢迎的菜单。婴儿潮时期出生的人喜欢多样的、预先准备好的食物，而外卖文化也将对未来的食品消费产生重大影响。用餐的另一个挑战是，一天3次，一周7天，一年52周，在同样的地方吃饭难免会感到十分单调。为了解决这个问题，查尔斯新桥养老项目（8：143）中设有4家餐厅，还有一个专门准备三明治和沙拉的"即食"柜台。

绿屋养老院及霍格韦克认知症社区（12：166）的案例，强调应根据老年人的喜好准备餐食。这两个地方都让老年人参与菜单的选择，并提供家庭式的饭菜。事实上，许多设施都让老年人的食物选择符合"量身订制"。他们既满足那些早餐只想喝咖啡的人，也会考虑那些想要丰盛的培根和鸡蛋作为早

图7-13 霍格韦克认知症社区的音乐教室经常被几个不同类型的音乐小组使用：入住老人喜欢听音乐、唱歌、偶尔玩玩乐器。他们有针对特定音乐家的古典音乐赏析会。音乐的普及性及受欢迎程度，使其成为认知症老人最后才忘记的形式之一

图 7-14（a）~（f）很多设施都把用餐视为重要的社交机会：这一组照片显示了不同尺度和风格的用餐场景。但每一个案例都有鼓励访客参与的特征，包括朋友、亲戚、工作人员等人的参与让空间体验更具包容性

从（a）~（f）依次是：荷兰鹿特丹，德克里斯塔尔养老公寓（6：136）的餐厅及活动中心；
荷兰鹿特丹，阿克罗波利斯生命公寓的备餐间；荷兰兹沃勒，德里佐格养老项目（Driexorg）的餐厅；
美国加利福尼亚洲波莫纳，圣安东尼奥山花园绿屋养老院（9：154）的餐桌（图片来源：D.S.Ewing Architects,Inc）；
荷兰马斯特里赫特，拉瓦斯养老公寓（3：123）的餐厅；荷兰鹿特丹，阿克罗波利斯生命公寓的餐厅

餐的人。在霍格韦克认知症社区（12：166），7个不同生活方式的组团进一步将不同文化的生活习惯与饮食传统、喜好联系起来。例如，印尼生活方式的组团食用他们族群熟悉的食物，而"贵族型"生活方式的组团则使用中上层阶级常见的食物和香料。每个生活组团都在附近的杂货店购物，并把物品带回自己的"家"中准备。食物还可以引发回忆，及其他过去的经历。相反，那些生活在自己家中的老年人，往往感到孤独、沮丧，逐渐失

去食欲，或者开始依赖"茶和烤面包片"，替代了均衡的饮食。老年人可能还会失去味蕾和嗅觉的灵敏度，这就是有时很难吸引认知症老人合理饮食的原因。

营养基因学可以确定与人的DNA构成相匹配、对健康有益的食物选择。就像药物一样，食物的选择将很快建立在更多的信息基础之上，这些信息能帮助了解每个个体消化吸收各种食物的化学反应过程。[3] 这项科学技术可能会带来更多食物选择，同时提供更多关于食物的潜在影响的信息。然而，到底选择对身体有益的食物还是美味的食物依旧是个问题。

创造情感和快乐

9　鼓励快乐及积极的影响

"护理院通常是令人悲伤的地方。但是，谁能不喜欢小狗或对一个有趣的故事忍俊不禁呢？我们必须成为欢乐的领导者和创造者，致力于创造一个快乐的地方。"

伴随着疼痛，在康复无望的环境中逐渐变老，并不是乐观的情况。对许多人来说，搬到护理院或协助生活设施意味着独立生活的结束。大多数人接受这种生活的时候，已经意识到这一点，但他们也几乎没有机会再回到以前的生活了。对未来的充实生活保持乐观的态度十分重要，并且乐观的心态可以通过正确的行动、言语和态度来加强。培养适应性也是一种强大的心理推动力。[4]

汉斯·贝克[5]因护理院引发的消极态度和负面反馈，将其称为"悲惨的孤岛"。时刻开心、看到生活中的快乐、欣赏所拥有的天赋，以及有机会帮助他人，这些都是强大的心理激励因素。我们需要找到与满意、愉快生活相关的方方面面，并寻找方法在长期照护机构中支持和鼓励这些事情。

愉快、欢乐、娱乐、消遣和玩耍看似与护理院无关，但它们却可能真实存在于护理院中。我们应该问这样的问题："生命公寓、护理院和协助生活设施怎样才能更令人振奋和兴奋呢？"这不仅适于入住的老年人，也适用于家人、朋友、工作人员和访客。生命公寓认为，年轻人和老年人可以一起使用设计精美、氛围积极的公共餐厅。他们还认为，

图7-15　在长期照护机构中通常比较难创造出令人振奋的气氛：阿克罗波利斯生命公寓中的这个吧台是餐厅的显著特征。在北欧，临近入口的地方经常举办音乐会、周末庆祝会或酒会等活动，来调动入住老人及来访者的情绪

图 7-16　阿克罗波利斯生命公寓巨大的开敞中庭经常举办音乐会、政治活动及各种竞赛；然而，令人印象最深刻的是一场模拟马戏团表演，主角是管理人员汉斯·贝克，他骑着骆驼从人群中穿过。当稀奇古怪的事情发生的时候，人们很难控制住自己的笑容

图片来源：Hans Becker

家具和配饰不仅要唤起回忆、发人深思，也要异想天开。

　　布置在走廊里三面围合的售卖亭这样简单的设置，就可以 1）发布即将发生的活动的通知；2）展示记录过去事件的照片；3）布置有趣、令人振奋的及激发灵感的照片、卡通、插画及标语。让工作人员、家人和老年人重温过去或展望未来，都是可能引发愉快时光的方式。

　　艺术品可以是深刻的、梦幻的，或好玩的，可以有儿童、动物的场景，或鼓舞人心的地方（沙滩、山脉、海洋、森林、大地）。当我们把这个地方变得更快乐，就能吸引更多的家属和朋友来这里看望老年人。当老年人觉得孤独、与世隔绝的时候，有人探访可以对他们产生重要的积极影响。

对于许多年老体弱的高龄老人来说，**饮食和沐浴**是两种令人愉快的体验，但却常常被忽视。绿屋养老院甚至发明了"Convivium"[6]一词，来描述当人们一起分享家庭餐食时，他们之间的情感联系。餐食可以来自家庭食谱、民族喜好，或日常食物，但与他人分享餐食的过程是个性化的。

　　北欧人关心沐浴，以及如何让洗浴变得愉快。芳香的气味、广播、低照度、蜡烛、甚至洗澡玩具都可以使沐浴变成一个难忘的经历。与在寒冷、坚硬、嘈杂的房间里淋浴不同，与之相反的选择会提升洗浴体验。

　　特殊的节日也经常铭刻在老年人的脑海中。庆祝这些节日不仅能实现老年人的价值，

图 7-17　有时候，仅仅是一个（物品的）放置位置就会让某些场景特别搞笑：这个 1：1 的玩具狗值得你多看一眼，给它加一顶帽子就显得格外滑稽。创造一些幽默奇妙的场景是特别受欢迎的。有时候一些不经意的装饰可能会引发这种趣味

还能激发回忆。阵亡将士纪念日、国庆节和劳动节具有普遍的吸引力，经常被当作家庭聚会的日子。对老年人来说，每周都可以借由庆祝某件事进行盛装打扮，或简单地戴一顶特殊的帽子。护理院里似乎没有人会抱怨聚会和庆祝活动太多。

最后，**材料的选择**对场所的感知也有很大的影响。维斯－恩格尔协助生活设施（15：185）中运用了智能建筑技术，在特殊的照明条件下使用木材和帆布以及柔和的颜色来增加设施材料的丰富性。[7][8] 这些观念借鉴了鲁道夫·斯坦纳（Rudolph Steiner）的哲学概念，即用真实的材料表达简单的快乐。

10　避免机构化的生活方式

"当我第一次以建筑学／老年学研究生实习生的身份去护理院时，我经历了一次轻微的焦虑症。我能想到的就是，或许研究如何改造监狱会容易得多。"

护理院是严肃的机构。如果你读过戈夫曼（Goffman）[9] 关于收容所的经典论著，你很快就会发现护理院与监狱有很多共同之处。他将机构定义为：1）生活的各个方面都在同一个地方进行；2）日常活动与其他一群人一起完成；3）活动按照严格的时间计划表执行，并由上级强制制定；4）一个简单的管理计划驱使一切活动的发生。虽然这听起来像是监狱，但其实也描述了护理院。

想象中的典型护理院，它通常是一个平顶的、商业风格的建筑，没有阳台，类似于字母（X、H、K、I）的平面形式。建筑的表皮材料通常不贵，且只采用一种，缺少色彩，而且窗户较小。室内地板、墙壁和顶棚坚硬、乏味。材料吸音性能不佳，尤其晚上隔音效果差。对内在精神的忽视暴露了护理院的机构属性。

运营模式上，护理院也有许多与监狱相同的特点。房间的布置围绕着护理站。尽管几十年前，电子监控已经取代了老旧的交流方式，但护理站对视线的要求仍然保持下来了。管理制度是固定的、程式化、缺少乐趣，略带官僚作风。工作人员通常代表权威。大多数工作人员穿着制服，以区别于访客、入

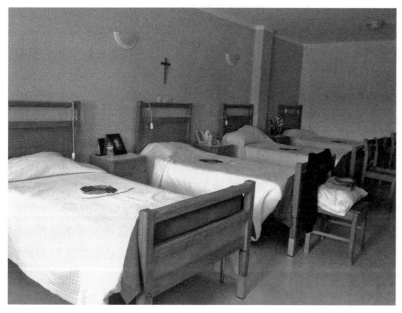

图7-18　虽然本书引用了一些北欧长期照护机构的案例，但是欧洲一些国家的设施条件比美国还差：葡萄牙一个农村的老年人照护之家（Lar de idosos），设置了服务贫困老年人的4人间。在亚洲，多人间病房也很常见，而且被市场接纳

图7 19　霍格韦克认知症社区（12：166）的6人组团就像小型的独栋住宅：虽然每个人住老人都有自己的卧室，但是他们共享一个卫生间。其他共享的空间还包括厨房、餐厅和起居厅。居住在这个组团的老年人都有印度尼西亚的生活方式和文化背景

住老人和后勤职工，并被要求不能与老年人有感情联系。活动的目的是让老年人保持忙碌、安静和被控制的状态。运营体系由中央权威机构管理，对老年人没有多少同情和关注。食品是大批量生产的，并没人关心食物的口感、味道或外观。食物可能很有营养，但味道不好。这种设置是为了尽量减少开支和最大限度地控制整个设施的餐饮。大多数老年人对独立生活失去了兴趣，因为这种环境逐渐侵蚀了他们对独立生活的记忆。居室面积小，而且是双人间。总的来说，控制和隔离是使监狱或护理院更加死气沉沉的两个特点。

我们再来想想机构对家庭的影响。子女经常因为妈妈住在机构而不是家里感到尴尬。他们经常感到羞愧不已。常常在想老年人到底做错了什么，才会得到这样的结果。是因为她的储蓄用光了吗？还是她的长寿和衰老导致了这一切？

选择、控制、独立、尊严、生活质量、隐私和个性化等权利在机构中是缺失的，或很少。那么首先要解决什么问题呢？尊重个体或许是一个很好的开始。高龄老人通常被认为是社会最独特的群体，部分原因是他们已经用一生的时间积累了各自独特的人生经验。但当这一点被否定时，他们对社会的益处和有用的程度也会被否定。

创造一个非机构化的建筑需要革命性的思维。我们必须认识到，在一个设计欠佳的物理和运营环境中，我们正在否定老年人的价值及其相关的品质。我们正在制造一种危害人类的罪行，如果我们活得够久，这种罪行将使我们每一个人受害。

11　植物、宠物、孩子及富有创造力的艺术

"宠物和孩子的好处在于，他们会付出无条件的爱。"

伊甸园模型（Eden Alternative）普及了一个概念，即植物、宠物和儿童可以带来欢乐，影响护理院的环境。[10]这些简单、高效、低成本的设计，成功改变了许多护理院的文化。虽然伊甸园模型普及了这些元素的运用，但早在几十年前，这些想法已经使长期照护机构的环境更加人性化。

第10章阐述了观赏、接触以及与植物互

图7-20　伦德格拉夫帕尔克养老公寓（2：119）包含一个可容纳100名儿童的幼儿园和一个公共的理疗中心：幼儿园设在一层，在两栋分契式公寓的下面。儿童日间照护中心被视为协调土地用途的用地，经常租借老年住宅项目（55岁以上）的部分空间

动所带来的积极的心理和生理益处。来自医院、护理院和认知症机构的大量研究证明，老年人、家属和员工在户外活动时可以减压及放松。

动物疗法及社区中的宠物也有积极的影响。早在一百多年前，弗洛伦斯·奈廷格尔（Florence Nightingale）就说过："一只小宠物通常是病人或慢性病患者的最佳伴侣。"[11] 如今我们知道，抚摸动物可以降低血压、减轻压力、消除沮丧、消减孤独。它还能刺激"感觉良好"的相关激素的产生。

生命公寓欢迎宠物，并将它们描述为有效的分散注意力或引起"三角刺激"的机会。养宠物的两大好处是陪伴和锻炼。作为情感付出的对象，宠物让老年人感受到养育的责任感。群体生活的缺点是潜在的过敏问题，以及带着动物散步、给它喂食和清洁的责任。大多数设施里，共同饲养的狗、猫或鸟是由工作人员管理的。宠物救援或治疗机构会到设施定期探访，并根据检查结果决定宠物的去留。

此外，就像老年人可以从植物中获益，有时候功能相似的替代品也是一种选择。名叫帕罗（PARO）的小型海豹机器人，24年前在日本开发出来，已经被证明是可以很好安抚认知症老人的设备。[12] 如今，像孩之宝公司（Hasbro[①]）研发的玩具狗[13] 具有让老年人镇静的作用，而且买一只玩具狗花费很少。随着人工智能和机器人设备的发展，人们对能够交流、娱乐和产生刺激的社交机器人的热情可能会增长。

孩子们有一种表达发自内心的快乐的方式。他们甜蜜、纯真、真挚的感情，迷人的行为举止，让老年人很愿意看着他们玩耍或与他们互动。目前有许多儿童日间照料中心和老年住宅项目组合的案例。在斯堪的纳维亚地区，这种建筑类型很常见。当两者的交流互动被很好地组织管理时，双方都会受益。愉快的、偶然的互动，展示了老年人和孩子之间的爱，这是产生更多积极影响的基础。[14]

① 孩之宝：美国著名玩具公司。1923年在美国罗德岛，由 Henry Hassenfeld 与 Helal Hassenfeld 兄弟创建，名字源自 Hassenfeld Brothers 的缩写。

在日常活动计划的基础上优化两个设施的交流可能具有挑战性。通常，儿童以小组团的形式被安排到持续几个小时的活动中。当两个设施距离相对很近时，老年人和儿童的互动不用怎么提前计划就能够随时安排。在稍大的住宅项目中，儿童日间照料中心对工作人员来说是一种福利，因为儿童可以参与老年项目中创造性的活动当中。

艺术项目在许多老年居住环境中取得了成功。许多高龄老人在年老时想要寻求自我表达的机会。有些人写诗，有些人写自传，还有一些人探索艺术及雕塑。音乐的运动疗法（舞蹈）似乎是一种特别有疗效的艺术形式。它可以帮助老年人锻炼平衡控制能力。此外，让认知症老人持续接触音乐，增进对音乐的了解，对他们来说也十分有益。

所有这些简单而有效的策略都有价值，它们可以减少枯燥乏味的感觉，增加自信和快乐。

12　让护理人员感到有尊严、被尊重

"护理人员有多重要？他们是你足够信任能够照顾你母亲的人。我们需要重新思考他们的社会地位，应该像看待老年人一样看待他们，而不是把他们当作快餐店打工的人。"

护理院、认知症照护机构和协助生活设施中的护理人员往往得不到应有的重视。许多护理工作对身体素质要求很高，同时还要付出很多情感。这与教师职业有明显的相似之处。护理员照顾高龄老人的时候，要时刻鼓励他们力所能及地做事情。他们通常把这些高龄老人看作是具有不同特征的独立个体。他们会时刻关心自己照顾的老年人是否有进步，也会因为老年人的离去而悲伤不已。这是一项比教书更困难的工作，因为大多数老师不必在学生离开后打扫卫生或参与有关治疗的决策。护理人员也要为你负责任，因为他在照顾你的父母或祖父母。他们关心的是

图7-21　对高龄老人来说，宠物是比较常见的家庭成员：在加利福尼亚的伍德兰希尔斯（Woodland Hills）有一家电影产业资助的电视基金会（MPTF）退休社区，最近增设了一个以狗为主题的公园，叫Doggywood。宠物不仅是老年人很好的伴侣，同时也能鼓励他们多行走锻炼

那些一生都在关心你、帮助你实现美好未来的人。

许多护理员都心思细腻，有一颗"仆人的心"。他们的工作报酬很低，但在遇到困难时仍能保持乐观和积极的心态。在护理人员的待遇方面，美国和北欧有许多不同之处。在北欧，护理人员接受的培训更多，薪酬也比美国高。便携式和固定式的提升装置在北欧很常见，它们主要用于保护护理员免受肌肉骨骼损伤。许多护理员被鼓励使用设施中的理疗设备和锻炼设备来增强肌肉，并基于工作需求对他们的身体条件进行训练。在美国，保护工作人员的常规设备很少见，而且通常也不允许使用提升装置。

图7-22 鼓励工作人员多去公园和散步道可以帮助他们放松和锻炼：护理人员的工作经常费力又费神，因此应让他们有一些减压的机会。北欧的设施经常鼓励工作人员就地锻炼，使用理疗设备

工作人员办公室的设计应保证老年人及家属更容易接近。使用半墙、荷兰门和玻璃窗，保证工作人员可以看到外面，但也免于噪声的干扰。员工也需要私人空间，保证在不被打扰的情况下完成部分工作。

绿屋养老院[15]制定了一套有趣的职员计划，让护理员在责任范围内有更大的权利作决策。他们故意使管理层级扁平化，让工作人员可以自由地在个人护理、饮食计划和活动方面作出重要决定。

引用文献

[1] Becker, H. (2003), *Levenskunst op leeftijd：Geluk Bevorderends Zorg in enn Vergrijzende Wereld*, Eburon Academic Press, Rotterdam, the Netherlands.

[2] Cohen, P. (2014), Personalized Aging: One Size Doesn't Fit All, in *The Upside of Aging：How Long Life Is Changing the World of Health, Work Innovation, Policy and Purpose* (ed. P. Irving), John Wiley & Sons, Hoboken, NJ.

[3] Grayson, M. (2010), Nutrigenomics, *Nature*, 468 (7327), 1–22.

[4] Resnick, B. (2014), Resilience in Older Adults, *Topics in Geriatric Rehabilitation*, 30 (3), 155–163.

[5] Birkbeck, D. (2014), Happy Meals: Finding Happiness with Hans Becker and the Humanitas Care Model, in *Designing for the Third Age：Architecture Redefined for a Generation of "Active Agers"* (ed. L. Farrelly), *Architectural Design*, March/April (228).

[6] Thomas, B. (2011), Convivium：the Particular Pleasure that Accompanies Sharing Good Food with the People We Know Well, Green House Project Blog, http://blog.thegreenhouseproject.org/convivium-the-particular-pleasure-that-accompanies-sharing-good-food-with-the-people-we-know-well (accessed 10/7/17).

[7] Husberg, L., and Ovesen, L. (2007), *Gammal Och Fri (Om Vigs Ängar)*, Vigs Ängar, Simrishamn, SW.

[8] Coates, G. (1997), *Erik Asmussen, Architect,*

Byggforlaget Stockholm.

[9] Erving Goffman, E. (1961), *Asylums: Essays on the Social Situation of Mental Patients and Other Inmates*, Doubleday and Company, Garden City, NY.

[10] Thomas, W. (1996), *Life Worth Living: How Someone You Love Can Still Enjoy Life in a Nursing Home*, VanderWyk and Burnham, Acton, MA.

[11] Garrett, M. (2013), Pet Therapy for Older Adults, Psychology Today Blog, https: //www.psychologytoday.com/blog/iage/201305/pet-therapy-older-adults (accessed 10/7/17) .

[12] Pedersen, I., Jøranson, N., Rokstad, A., and Ihlebæk, C. (2015), Effects on Symptoms of Agitation and Depression in Persons with Dementia Participating in Robot-Assisted Activity: A Cluster-Randomized Controlled Trial, *JAMDA*, 16 (10), 867–73.

[13] Liszewski, A. (2015), Gizmodo Blog, http: //toyland.gizmodo.com/hasbro-now-has-a-toy-line-for-seniors-starting-with-a-l-1743122884 (accessed 7/10/17) .

[14] Sashin, D. (2015), Poignant Moments Unfold at a Preschool in a Retirement Home, CNN Blog, http: //www.cnn.com/2015/06/19/living/preschool-nursing-home-seattle (accessed 7/10/17) .

[15] Thomas, W. (1996), *Life Worth Living: How Someone You Love Can Still Enjoy Life in a Nursing Home*, VanderWyk and Burnham, Acton, MA.

第 8 章

21 个建筑案例的研究

本章节回顾了对 21 个建筑案例的研究。这些案例研究可以分为 3 种类型：1）生命公寓；2）小组团护理院；3）其他类型的长期照护建筑，包括协助生活设施（Assisted Living），临终关怀设施（Hospice），以及共同居住设施（Co-housing）。本章挑选了来自美国、丹麦、瑞典、芬兰和荷兰等多个国家为高龄老人提供良好生活环境的案例，并详细介绍了这些典型案例的特征。

首先，我们介绍了荷兰生命公寓这一建筑类型，通过 5 个生命公寓的案例，详细说明了这些采用相同设计理念的建筑及其特征。这类特别设计的、有入住年龄限制的建筑，其设计初衷是让老人尽可能在自己的居室中独立生活，直到生命的结束。生命公寓的模式采用了一套基于家庭照护的服务配送系统，能够前往每一个老年人的居室提供个人服务和医疗照护服务。同时，随着老年人年龄的增长，生命公寓也会相应提升老年人获得的家庭照护支持的级别，从而让高龄老人在此继续生活。在这一部分案例的最后，我们介绍了一家总部位于美国的持续照料退休社区，他们也正在积极地实践一些与生命公寓相似的设计理念。

第二部分的案例，我们讨论了一些来自美国、丹麦和荷兰的小组团护理院案例。美国案例部分，我们简要描述了 3 个绿屋养老院项目，阐述了这些独特的"小家"照护策略如何在不同密度的环境中得以落实。而在北欧，类似这种小组团护理院的建筑模式已经有很长的历史，所以这一部分的另外 3 个案例，我们展示了丹麦人和荷兰人的最新探索，他们倾向于缩减护理单元的规模，增强护理人员的自主性和责任心。

最后一种类型是一系列折中建筑类型的集合，他们能够为失能老人和认知症老人提供多种类型的居住选择。这部分的案例包括一个受"人智学"（Anthroposophic）影响的照护之家，两个小型服务中心，一个设置在协助生活设施中的认知症组团，一个临终关怀中心，一个共同居住住宅小区以及一个度假村。每一种类型的建筑都考虑了居住及服务上的支持，从而帮助老年人实现原居安老。

欧洲居家照护服务建筑的历史

北欧将家庭照护和居住建筑结合的方式，已有 100 多年的历史，这种方式可以帮助高龄老人继续生活在他们自己的居室或者是特别建造的老年住宅中。一些早期案例可以追溯到 17 世纪 [1]，出现在德国和荷兰。这些早期案例是由工会和一些会员团体为商船队队员或者是商铺店主的遗孀们建设的成组住宅，通常由慈善机构尤其是教会来提供照护和帮助。这些住宅往往被设计成组团的形式，从而有助于日常的照护服务和社会交往。他们

第 8 章　21 个建筑案例的研究　**103**

图 8-1　荷兰霍夫南船队遗孀住宅（Dutch Hofje for Widows of the Merchant Marine）：这座位于荷兰哈勒姆（Haarlem）的单层庭院住宅小屋，历史可追溯至 1731 年，当时是为 20 名遗孀所建。通过提供住房及服务，帮助她们保持生活的独立。其他类似的住房项目得到了宗教组织的支持

尝试将住宅和服务整合到一起，从而保证年老体弱者也能够独立地生活，而巡游的照护工作者可以通过上门访问的形式满足老年人们的需求。到了 20 世纪初期，这种做法在北欧（包括瑞典、丹麦、挪威和芬兰）受到了广泛的欢迎，为老人服务与住宅结合的形式得到了财政上的保障，并被认为是福利型社会与其市民所签订的"从摇篮到坟墓"（Cradle to Grave）的社会契约的重要组成部分。

服务型住宅模型的出现

第二次世界大战后 [2]，为了促使高龄老人缩小其独立住宅的面积，带有服务的小组团公寓应运而生。在 19 世纪 60 年代，这一种被称之为"服务型住宅"的建筑类型，从位于丹麦和瑞典的早期原型，扩展到整个北欧。服务型住宅限制入住者的年龄，主要提供给居住在城镇的高龄老人。其开发规模因地制宜，在主要城市里可以是带有 100 个居室的复合体，而到了小城镇，则可以是 20~40 个居室的小型机构。很快，服务型住宅就发展成为了一个基于社区的功能复合体，其中设置有老年居室、餐厅、理疗室、基于居家照护服务模式的个人服务中心以及社区的活动室。建筑面向社区开放，将限制入住年龄的服务型住宅与一些活动空间结合布置，这些活动空间类似于美国的综合性老年活动中心。在空间上，老年人居室与社区的服务空间紧密相连。相比之下，美国政府补贴的老年住宅和老年活动中心的发展轨迹截然不同，他们很少布置在同一个位置或者是彼此协调。

欧洲的服务型住宅同时为入住老人以及周边社区的老年人提供餐饮、医疗服务和专业指导。[3] 这些为服务型住宅提供居家照护服务的运营者，同时也会为居住在周边社区公寓中的老年人提供上门服务。这种两方面的关注帮助很多失能老人实现了原居安老。通常情况下，周边社区的老年人要比服务型住宅中的老年人年轻 10 岁左右 [4]（70s VS 80s ①），他们经常会去服务型住宅中吃饭，或者是参加活动。

居住在服务型住宅中的老年人通常年龄

---

① 70s VS 80s：社区中老年人的平均年龄一般为 70 多岁，服务型住宅中老年人的平均年龄则为 80 多岁。

较高，对于服务具有更迫切的需求。随着高龄老人居住需求的不断提高，服务型住宅的经营者发现，他们实际上是在为一部分更加脆弱的老年人提供服务。在很多案例中，服务型住宅中的老年人情况非常接近于护理院，不同之处在于服务型住宅采用的是非机构化的理念，通过居家照护服务，来支持老年人在一个独立的居住环境中生活。在必要的情况下，居家健康照护人员会尽可能频繁地探访老年人，以满足他们的需求。虽然居室面积不大，但服务型住宅几乎为每一个居室都配置有一个完整的厨房和独立卫生间。

一些欧洲国家如瑞典、丹麦，他们的政策偏向于取消养老机构，让老年人在他们自己的家中或者是特别建造的公寓中得到照护。对于部分上了年纪的社区居民，例如居住在没有电梯的多层住宅或者居住在乡村地区的老年人而言，搬去服务型住宅是最好的选择。此外，很多身体不好的老年人也可通过上门的居家照护服务，在自己家中得到支持。

服务型住宅的最新发展趋势

随着时间的推移，服务型住宅的居室面积逐渐增大。到 20 世纪 90 年代，很多单人居室的平均面积达到了 600~700 平方英尺（约合 55.74~65.03m²），配置有相对宽敞的厨房。近 15 年来，高龄老人对住房需求的增加，以及服务型住宅中社区服务设施（餐厅、理疗室、游泳池和社区活动空间）开发成本的增长，给政府带来了很大的财政负担。所以，最近建成的一批服务型住宅中服务设施较少。[5] 像内普图纳养老公寓（4：127）、德普卢斯普伦堡养老公寓（5：131），以及德克里斯塔尔养老公寓（6：136）等限制入住年龄的公寓案例，会在一个复合功能的社区环境中提供面积相对较大的公寓，让老年人能够获得居家照护服务，同时设置小组团的认知症照护区域，但是不会为社区中的其他高龄老人提供服务。

居室面积持续增长，一居室以及两居室的居住单元在很多新的项目中变得非常普遍。除了传统的租赁模式，带有产权的模式（分契式公寓①或者是共同居住住宅②）也随着这些国家住房自有率的提高而变得流行起来。

即便是这样，为生活在自己住宅中的高龄老人，或者是生活在政府全资助或部分资助的、限制入住年龄的独立公寓中的高龄老人提供服务，依然是一项很沉重的负担。2008 年全球经济衰退期间，服务型住宅的新建总量有所下降，但是随着经济的复苏，其建设也得到了恢复。现在，新的趋势是为认知症患者以及失能老人创造小规模的生活组团，这部分内容我们将在第二部分案例中介绍。北欧的相关政策也不断地鼓励老年人，等到生命最后阶段记忆严重丧失的时候再搬到小规模的认知症组团中去。

随着北欧国家人口不断向高龄化方向发展，老年人对服务型住宅的需求也在不断增大，新建设的住宅主要面向身体条件最差的老年人。随着便携式医疗诊断以及治疗技术的普及，在专门建设的住宅中插入服务模块也成为一种新的潮流。新建住宅通常能够满足最新的通用设计标准，在老年人原居安老的过程中，具有能够适应老年人变化的灵活性。

---

① 分契式公寓（Condominium）：指的是带有共享空间的公寓形式，公寓用于出售，其居室产权属于业主私有，但其他共享空间由业主共有。

② 共同居住住宅（Cooperative 或者 Co-housing）：指的是一种由聚集在共享空间周围的私人住宅组合而成的社区模式。每间独立住宅均配有主要生活空间，而共享空间通常设有一个共用建筑，可能包括一个大厨房、用餐区、洗衣房和休闲空间，共用的室外空间可能包括停车场、人行道、开放空间和花园等。

人本主义风格的生命公寓

20世纪90年代中叶，一种全新的建筑类型开始出现。这种类型一般被称作"生命公寓"（Apartment for Life，AFL），在荷兰语里也被叫做"终身公寓"（Levensloopbestendige①）。生命公寓的第一个原型由鹿特丹的生命基金会（Humanitas Foundation）创立，这个成立于1945年的基金会是一个提供照护服务的大型非营利组织。截至2018年，生命公寓共拥有33栋建筑（包括1700套生命公寓居室），3000名员工以及2000名志愿者。[6]而"生命公寓"这个概念，则是汉斯·贝克提出的，他自1992年开始担任"生命基金会"的主席。在一次长期住院的经历后，贝克突然醒悟，重新开始改造服务型住宅，并勇敢地挑战了传统的照顾年老体弱者的思维。除此之外，他认识到老年人需要帮助和鼓励，护理机构往往满足了他们的需求，但没有认识到"自主"（Autonomy）的重要性。贝克也不认同老年人随着身体的衰弱应该搬去护理院的主流观点。即使老年人身体条件极端衰弱，他也能够找

到方法，采用服务型住宅中行之有效的策略，来帮助老年人独立生活。生命公寓与护理院之间最主要的区别是，生命公寓的设立目的在于保持老年人独立生活，应对这一过程中的挑战，而不是侵蚀他们的能力。贝克开始反思一些问题，如专业的护理人员如何开展工作，老年人的自信和能力如何得到增强，公寓怎样能够变得更有趣等。尽管生命公寓的建筑设计也很引人注目，但在这种模式中，最让人感兴趣的部分是其改善护理提供方式和生活方式的相关理念。

生命公寓的核心8要素 [7]

下面的这8个要素呈现了生命公寓人本主义生活模式的核心理念。这些要素涵盖了其空间特征、运营实践还有基本自由等多个方面，也表明了老年人和员工的责任以及他们作出的承诺——为所有人创造一个具有积极价值观的生活环境。

1. 做自己的主人：传统养老机构中的老年人很少能够自由地作出选择和决定。几乎所有护理院都让老年人被动地接受，专业人

图8-2　维兰兰塔服务型住宅（Virranranta Service House）位于芬兰小镇基乌鲁韦西（Kiruvesi），其中混合设置了50间面向老年人的住宅和长期照护居室；服务型住宅的规模一般从20~200间居室不等，但是他们大部分都会向更多的老年人提供帮助，一般超出其入住者的数量

---

① Levensloopbestendige：在荷兰语里指的是不受年龄影响的居住形式（Age-proof Dwelling）。

员采用命令式的照护和治疗，替老年人做出生活方式的决定，却很少听取老年人的意见。当这种治疗不断地重复，会导致老年人的"习得性无助"。[8] 老年人开始变得消极，不再自己独立地完成事情。而生命公寓里没有"健康上的法西斯主义"（Health Fascism）或者是"对健康和食谱的独裁"（Health and Diet Dictatorship）。在老年人作选择时，他们可以提出问题，最后的决定也往往由个人决定。照护服务也采用"量身定制"的方式，老年人可以自行决定什么时候起床，什么时候洗澡，什么时候吃饭以及什么时候睡觉。他们自行制定自己的日程表，而不用依靠制度。在这里，自我决定和自我管理有很高的优先级。

2. 用进废退：生命公寓鼓励老年人**关注他们自身的能力**。与其担心那些做不到的事情，老年人更应该去尝试力所能及的事情。生命公寓不断给老年人创造经历新事物的机会，鼓励他们不要有任何的受限感。老年人的照护计划上列出了很多导则，告诉他们哪些事情可以安全地去做，以及怎样可以帮助其他人。居民可以像他们以前一样，维持着他们日常的生活惯例（如果老年人有要求可以提供帮助），包括整理公寓，或者是做早餐。荷兰人"在提供帮助时把手放在背后"的照护理念，进一步强化了老年人的独立以及自力更生的能力。虽然完成一项任务可能会花费更多的时间，但是老年人在这个过程中获得了成就感。俗话说"过犹不及"（Too Much Care is Worse Than too Little Care），这强调了一个理念，老年人**不应该得到不需要的帮助**。一旦责任交给了照护人员，就很难再收回。只有需要照护的时候，这种照护才不像是施舍，这也极大地保护了老年人的自尊和尊严。老年人有一个特定的照护主管，可以帮助老年人协调来自各方面的帮助，同时避免老年人去尝试那些对他们而言比较危险的事情。

3. "泛家庭"文化：每一个人都希望去帮助其他人，没有任何一个人是例外的。工作人员、志愿者、老年人、日间照料的来访者、社区的邻居、朋友还有家属都被看作是生命公寓这个大家庭的成员。"泛家庭"文化促进了社会的交往，尤其是在用餐的时间，好吃的食物让老年人觉得在享受生活，而不是一直被不可治愈的疾病和痛苦折磨。这种文化也促使人们交谈，或者是围观一些兴致盎然的活动。在任何家庭中，"每个人都知道一些有趣的事情"，所以陪伴能够让老人得到很多的快乐。生命公寓设置了一些老年人家属能够参观，或者儿童能够玩乐的地方，这些空间被证明能够吸引更多的来访者。而在建筑中设置一些放有艺术品、古董，或者是有特别活动的活跃空间，能够给老年人和来访者带来很多可以讨论的话题。生命公寓中的工作人员也被视为家庭成员，就像老年人和志愿者一样。

4. "YES"文化：工作人员在开始回答老年人的询问时，首先应该说"YES"。培养一种"YES"文化需要工作人员在处理老年人的需求时具有创造力和革新性。工作人员任何的祝福、建议、要求、抱怨或者是倡议，都应该是真诚的想要帮助老年人。有时候老年人的要求可以很轻易地完成，而有些时候，这则需要创造性地协商。这个过程中最重要的是，老年人的要求得到了严肃的对待。如果某个提议不被允许，那么下一步就是与老年人讨论，最后形成一个让他们满意的折中方案。比如以游泳池的需求为例，可以通过寻找附近的设施，并安排交通工具和制定路线的方式来解决。"YES"文化的基本观点是，热情和创造决定了结果。

5. 寻求快乐和幸福：住在养老机构中，最消极的部分大概就是日常了无乐趣的生活。无论是居住、工作还是探访，护理院都是一个充满悲伤的地方。这种感觉部分源自毫无生气、令人沮丧的建筑环境，比如乏味的双面布房的走廊，以及其中冷冰冰、磨损的墙面和地板。在这里，你很难看到一个无拘无束的笑容，或者是真情实感的流露。管理人员所看重的高效和枯燥地例行公事，使得每一天都一样。他们关注的是照护和治疗这些事务，而不是让生活达到最充实的程度。这里毫无生活可言，当然也不是一种好的死亡方式。相比起来，生命公寓里有活跃的公共空间，空间里布置有艺术作品[9]，放放音乐，还有活泼愉快的人，在这里充满了对谈，还有很多意想不到的活动，这都使生活变得趣味盎然。

6. 通过适应性的环境实现原居安老： 生命公寓通过持续提升服务等级，并在空间上调整居室来支撑老年人独立生活，使其成为一个独特的居住选择。让老年人在公寓中一直生活到生命终点是不言而喻的承诺，也是绝大多数老年人所希望的。服务等级可以根据老年人的需要或者在他们生命的最后阶段提高。这对于夫妻来说是一个很好的选择，因为他们可以互相帮助，在有需要的时候，还能够依靠生命公寓的照护系统来得到补充

帮助。居室面积足够人，不仅能够让老年人自由布置家具以及有重要意义的物品，也能够让访客在此过夜。老年人既可以待在自己的公寓里利用厨房做饭，也可以从公共餐厅打包心仪的食物。原居安老能够保证老年人社交网络的完整，避免在生命的最后阶段搬家，以免对老年人造成毁灭性的打击。最后，适应性的设计能够在老年人需要轮椅或者步行器的时候作出灵活的调整，这也是为什么生命公寓会被贴上"不受年龄影响"（Age Proof）的标签。

7. 采用居家照护模型提供服务： 老年人在他们自己的公寓里就可以安排自己的个人照护和家庭健康访问计划。一些比较新的系统采用了远程医疗技术来诊断或者是与专家讨论问题。对于中等照护程度的老年人，照护人员每天上门两次，而对于需要重度照护的老年人而言，照护人员一天可能需要上门5~7次。照护协调员负责制定计划，**以便最大限度地利用包括配偶、志愿者以及家属在内的各类帮助人员。** 家庭照护访问通常需要提前安排计划，但是如果老年人有需要，可以随时提出要求。与护理院不同的是，生命公寓里的居室是老年人的隐私空间，如果没有得到允

图 8-3　贝赫韦格生命公寓（1:114）中，中庭采用屋顶通风设备进行自然冷却：风扇和可移动的织物遮阳篷也可以减少室内夏季得热。座椅用于就餐和活动，其位置可自由移动，该区域面向所有人开放，包括老年人、工作人员、家属、志愿者、邻居还有其他工人，生命公寓的老年人不但能够完成自己力所能及的事情，还能向他人伸出援助之手

许，照护工作人员不会擅自进入房间。

8. 对认知症患者十分安全：高龄化最让人恐惧的一个结果是严重的记忆丧失。老年人认知能力的下降令人紧张，对家庭成员（特别是伴侣）而言尤其如此。患有认知症的老年人最后往往会被送到护理院。而生命公寓的模式能够在认知症的早期到中期阶段为老年人提供支持和帮助。位于建筑中的成人日间照料设施，能够帮助严重抑郁症的患者和认知症早期到中期阶段的老年人。随着患者病情的逐渐加重，他们可以转移到公寓内置或者临近公寓设置的小规模认知症组团中（通常包含 6~8 位老年人），一般只有当这些老年人的行为开始**变得对他们自己或他人有危害时**，通常也是认知症的最后阶段，才会将他们转移。这些认知症组团中有受过专业训练的工作人员，能够有效地应对最后阶段的认知症及其大量的并发症。

生命公寓的 7 个额外特征

在生命基金会建设生命公寓之初，也确立了一系列的理念和属性，从而将生命公寓与典型的护理院或日间照护机构区别开来。[10]

1. 享用精心准备的美食。在一个活跃、美观、令人愉悦的环境里享受经过精心准备的美食，对老年人而言，是对孤独及饮食障碍的重要疗愈方式。正如汉斯·贝克非常喜欢说的一句话"一个好的酒保如同一个医生一样重要。"[11]酒水的供应不仅让环境显得更加欢乐，也增添了一些正式的意味。餐食的供应方式应该由老年人自行决定，这意味着老年人可以选择每天来餐厅吃饭，或者是在他们的房间里做饭。

2. 创造视觉上让人兴奋和着迷的空间。在整个建筑中，通过布置艺术品、雕塑、壁画、摄影还有古董（时间从 1939 年至今），创造出视觉上令人兴奋和有趣的空间环境。陈列

在公共区域如餐厅、休息室、入口等处的物品，可以选择能够激发话题或者带来视觉愉悦体验的类型；楼梯间可以采用活泼的颜色和壁画，吸引老年人将楼梯作为锻炼的工具。贝赫韦格生命公寓（1∶114）最近在中庭的混凝土柱子上涂了一层金色，以便更好地反射阳光，同时为中庭的周边增添一些颜色。

3. 拥抱多元和开放。生命公寓的一项重要原则是拥抱多元并对所有人开放。对老年人的歧视，类似于人种歧视以及文化偏见，也是社会面临的一种障碍。在生命公寓里，年长不被认为是一种劣势，反而是智慧和经验上的优势。同时生命公寓通过管理其入住者，使得一栋建筑里既有较为年轻的居民（55~65 岁），也有较为年长的居民（75~80+）。

图 8-4 伦德格拉夫帕尔克养老公寓（2∶119）中，5 层通高的中庭是社会交往和锻炼活动的纽带：一楼的咖啡厅和遍布的桌椅为老年人提供了互动的场所及大型活动的空间，面向社区开放的成人日间照料中心也位于一层

无论是富有还是贫穷，是疾病还是健康，是移民还是本地居民，在这里都能够受到欢迎。

4. 志愿者非常重要。 对于生命公寓而言，志愿者非常重要，其数量甚至比每一栋建筑中的工作人员还要稍微多一些。非常有特色的是，志愿者是从老年人、家属、日间照护中心的访客以及工作人员中招募来的。实际上，有30%的老年人是志愿者，他们在餐厅或者其他地方工作，有效地帮助了工作人员。而志愿活动让这些老年人在帮助他人的过程中，也变得更加善解人意。这些特别的活动对于年长者尤其有意义，因为他们总是在接受他人对他们生命最后的善意，而这些活动则给他们一个机会来报答或者提前偿还。志愿活动促进了生命公寓的社会交往，让工作人员能够腾出更多的时间，来指挥服务的调配。同时，志愿者的参与，也补充了有酬工作人员的队伍，使得餐厅及其他社交空间能够有更长的营业时间。一些能力完好的老年人志愿者会陪伴不能自理的老年人到餐厅用餐。代芬特尔生命公寓中的志愿活动特别值得强调[12]，在这个公寓中，学生们每周可以通过30个小时的志愿工作换取零租金入住的机会，他们通过陪伴老年人或者参加活动来帮助老年人。学生们为这个地方的老年人带来了活力与激情，而老年人们则向学生们传授了他们的智慧和生活经验。

5. 宠物、动物还有儿童给老年人带来幸福、愉悦和无条件的爱。 通过有关政策的引导，生命公寓鼓励老年人携带宠物，在这里，鱼、鸟等动物还有家养的宠物随处可见。除此之外，白天照看儿童也是一个非常受欢迎的志愿服务，老年人非常享受与儿童的交流过程，而生命公寓的工作人员也将其视为对自己家庭的重要服务。

6. 建筑的空间及服务对公众开放。 空间和服务的开放带来了大批的访客，他们来参加活动或者是到餐厅、酒吧用餐。桥牌俱乐部、艺术展览、音乐会，或者是婚礼派对等也经常受邀在生命公寓中举办。生命公寓中的正餐、零食还有饮品既对住在这里的老年人出售，也对访客出售。很多美国的照护机构会刻意与外界保持距离，但是生命公寓认为建筑应该对公众开放，这会让它看起来更加平易近人，能够去机构化。一个典型的生命公寓都会包含一些商业设施，比如美容美发店，理疗室，还有出售食物或者日常用品的商店。走出建筑为周边社区的老年人提供照护服务在生命公寓也是非常常见的，生命公寓认为他们的使命是帮助所有遇到困难的老年人，而不仅仅是生命公寓的入住者，通常生命公寓会整合类似于送餐等家庭上门服务。

7. 建筑空间围绕一个大的多层中庭。 尽管不是每个项目都如此，但是绝大多数生命公寓都会包含一个中庭。它们通常作为公共空间，使建筑看上去更吸引人，也更易亲近。那些不适合在会客室中演出的大型活动，如音乐会或戏剧表演，可以很轻松地在中庭举办。中庭也提供了一个温度可控的空间，老年人冬天可以在这里锻炼，而没有必要冒险外出。

开发建设的概念和原则

在基地的选择和开发上，生命公寓遵循着一个规定宽泛的指导框架。为了减少每一个居室的开发成本，并使项目具有最大化的灵活性，项目的居室数量控制在225~275个之间。而居室的尺寸以及租金则通常取决于周边社区，一般偏向于使周边的老年人能够负担得起的居室数量最大化。生命公寓的模型强调功能混合，比如包含日间照料中心、商业以及健康服务等功能。大多数居室采用出租的形式，但是也有部分公寓采用分契式或者是共同居住住宅的形式。非营利的生命基金会会保留公寓至少51%的所有权。他们将开发运营的收入用于补贴租金，从而使老年人能够负担得起。

在建筑形式上，生命公寓通常为中高层结构，这创造出紧凑的、围绕电梯布置的平面形式，这种形式有利于形成洄游动线，有助于照护服务的配送。在竖直方向上使用电梯，相比在低层建筑中沿水平方向长距离行走，不仅更快，也更轻松。紧凑、优质的地段地价较高，所以有必要实现建筑密度的最优化。

生命公寓建筑的概念是成为"城市的一部分"，而不是与城市隔离。很多生命公寓的

图8-5　内普图纳养老公寓（4∶127）采用U形平面布局，围绕出一个有安全防护的花园：花园为周边环绕的一层公共空间提供了可控的视野。由圣地亚哥·卡拉特拉瓦设计的旋转塔（Turning Torso）办公楼位于几百英尺外，在视觉上非常醒目

选址靠近购物中心或交通枢纽，这些区域能够买到各种各样的商品，获得多样的服务，这对独立生活的高龄老人非常有吸引力。生命公寓通常也会给社区带来活力和各类活动。便利的公共交通不仅让老年人的亲朋好友来访较为容易，也为老年人去城市的其他地方提供了可能性。生命公寓模型还能够延伸到周边社区，包括服务社区中那些原居安老的老年人。未来，在这些老年人需要搬家，或者是需要更多帮助时，他们将能够从周边的生命公寓中获益。生命公寓还与周边的社区居民共享自己的花园以及休憩空间等户外活动空间。高密度布置的生命公寓已成为当地最显著的地标。

持续照料退休社区或人生计划社区：美国的发明

在美国，最接近生命公寓的建筑类型是持续照料退休社区（Continuing Care Retirement Community，CCRC），最近也被非营利居住组织 Leading Age 称为人生计划社区（Life Plan Community，LPC）。但是，人生计划社区和生命公寓之间仍有显著的差异。首先，生命公寓的概念是一种面向全部收入阶层的、有服务支持的居住形式，而人生计划社区则是私营的非营利实体，通常面向中上阶层的客群。其次，生命公寓非常引以为傲的是其面向公众开放的形式，他们会邀请来自周边社区的居民；而人生计划社区所提供的生活方式更类似于"乡村俱乐部"，只面向入住的老年人。最后，人生计划社区的核心理念是随着老年人身体和精神状态的衰退，可以将他们从独立的居室移动到协助生活设施或护理院。而生命公寓则致力于实现其"原居安老"的理念，为生活在独立居室中的老年人提供额外的服务。不过，人生计划社区

在美国也可以追溯到 100 年前，是一种非常受欢迎的居住选项。随着时间的推移，人生计划社区也在不断进化，现在被认为是一种较完美的方式，能够保证长期照护朝向可预测的轨迹发展。

全美国现在大概有 1900 家这种人生计划社区，[13] 其具体形式各不相同，既有城市中心的高密度模式，也有延展在大尺度基地上的郊区模式。社区的平均规模大约为 300 个居室，但是新建的社区要更大一些，本书将会介绍其中的查尔斯新桥养老项目（8：143）。大概 80% 的人生计划社区是非营利的，其中大多数由教会支持。通常人生计划社区大面积的基地上散布着各栋建筑，包括独立生活（Independent Living）、协助生活（Assisted Living）、认知症照护（Dementia Care）、专业护理（Skilled Nursing），以及基于家庭或者基于社区的照护服务（Home and Community-based Care）等不同功能。其中，居家照护服务同时面向周边社区的老年人，在帮助他人的过程中，人生计划社区也获得更广泛的认可。

人生计划社区的概念

入住人生计划社区的老年人通常会在他接近 80 岁或者 80 岁出头的时候搬入，大概 1/3~1/2 是夫妇。他们可以在一系列服务和设施的支持下，在独立生活公寓中平均生活 5~9 年的时间，这些服务包括餐饮、保洁、交通以及小组活动。社区要求老年人每天至少在社区餐厅用一次餐，用餐的费用已经包含在月费中。居室内也有完整的厨房，所以如果老年人有意愿的话也可以自己在家做饭。当老年人开始出现身心机能衰退的情况时，他们可以搬去社区中的其他协助生活设施或者护理设施，这些机构中老年人的平均年龄大概为 88 岁。[14] 现在，这些护理设施也被称为

"健康中心"，因为其他老年人也会由于轻微的感冒、传染病来到这里，或者在疾病恢复期来这里康复 1~3 周。

一些有远见的社区现在正在探索一种新的理念，通过基于家庭或者是基于社区的照护服务，延长老年人待在独立生活区的期限，以缩短其在协助生活设施或者专业护理设施中度过的时间。但是，这种更倾向于原居安老的理念，与市场营销的考虑相悖，因为随着独立生活区老年人平均年龄的不断提高，会使社区对新来的、较年轻的老年人越来越没有吸引力。实际上，75 岁附近的活跃夫妇是"黄金"候选人，部分设施甚至通过打折来吸引这一部分的人群，他们之所以会被这样重视，是因为这部分老年人不仅能够在多种多样的项目中领头，还能够维持社区"活跃"的形象。

健康照护的财务管理

财务管理中最不可预测的组成部分是老年人花费在护理院以及协助生活设施上的时间总量，所以这导致了 3 种不同类型的合同。[15]A 类合同确保了长期照护所有的花销，所以也是最贵的；B 类合同通常保证了使用权，但是要么只提供固定数量的长期照护设施使用天数，要么只提供扩展照护服务的折扣比例；而 C 类合同则是既不提供护理财务补贴，又不提供协助生活照护服务的一种典型服务收费模式。很多新的社区正在探索一系列新的财务模型，包括股权式或者租赁式的安排。同时，"部分的连续统一体"（Partial Continuums）的形式开始变得越来越常见，这种社区模式包含除护理院之外所有类型的设施，它们在财务上不那么复杂，在这些案例中，他们通常会提前与社区中的一家护理院签订一个工作协议。

很多人想知道当他们罹患认知症或需要

复杂的照护服务时，将会在哪里结束生命，人生计划社区对这类人群很有吸引力。在这里，搬到一个护理程度更高的设施，是由照护专家与老年人共同协商的结果。"原居安老"通常是由委员会在遵从社区规章制度的前提下作出的选择，而不必由老年人决定。[16]

这种居住方式非常昂贵。大部分老年人都是从之前的独栋住宅中搬过来的，所以可以将房子作为抵押，来负担部分或者全部的生活照护费用。费用一般在 15~100 万美元之间，这笔钱在老年人去世时通常会部分或者全部退还。除此之外，老年人每个月还需要支付 3000~5000 美元的服务费。如今居室大多为两居室，面积在 900~1200 平方英尺（约合 83.61~111.48m²）之间。大部分居室都是特别设计的，能够适应轮椅的使用需求。因为月费中所含的餐饮费通常仅包含每天一到两餐，所以居室中设置有完整的大厨房。

增进友谊

人生计划社区中的优点之一就是能够增进老年人之间的友谊。[17] 这是一个非常典型的快乐家园——老年人能够感觉到自己得到了良好的支持，因此很少有老年人因不满而搬出社区。各类项目和服务都是根据老年人的需求和兴趣精心开发的。一些社区的活动项目是由老年人自发组织的，而工作人员则主要负责房间预定和后勤保障等工作。

新的趋势

在人生计划社区中，出现的一些新趋势，包括：面积更大的居室，能够更便捷地使用汽车或者代步车的环境，更精细化的锻炼项目，更休闲的氛围，设置多个就餐场所和有更广泛的用餐选择。同时，社区也在持续加强运用科技手段追踪老年人的健康状况。有些社区还会特别强调艺术、教育以及老年人的自我发掘。[18]

结论

尽管只有少数服务企业在美国尝试过开发生命公寓的想法，但是大量的人生计划社区都在各自践行生命公寓中的理念，即使其中没有社区导向的元素。很多社区开始了这种转变，采用更自由的家庭服务政策，帮助身体能力受损的老年人独立生活更长的时间。也有一些社区在他们场地内的新建筑中采用了更大面积的居室，通过"管家"（Concierge）模式，满足

图 8-6 鹿特丹阿克罗波利斯生命公寓的中心花园曾经是一个停车场：停车场被移到了建筑物的后部，空间被改造成了一个带有水景和步行道的雕塑花园。其中一个区域设置有小型动物园，里面有山羊、鸡和鸭，还有一个儿童游乐场

老年人一系列的个人照护需求服务。随着婴儿潮一代的老年人对非机构化环境中更大自由和自主选择的坚持，社区还会有更大的变革。同时，由于人生计划社区得到授权，能够提供一系列的照护服务，所以其提供深度家庭健康服务的能力也得到了增强。

如何区别人生计划社区和生命公寓

假定在两种类型的建筑中，随着时间的推移，高龄老人的健康照护会需要更多的帮助。生命公寓是通过加强上门服务来维持老年人生活的独立，以应对这种动态变化的情境。所以在其设计中，考虑的是通过使用设备或者是提供直接的服务，来帮助高龄老人在他们的独立公寓中生活。

与直接配送服务到个人居室不同的是，人生计划社区预测到了未来会出现的困难，然后根据老年人不断变化的需要，将其重新安置到支持性更高的环境中。他们认为这种直接转移到另外一个环境中的方式，更高效更安全，也更加适应每个老年人个性化的需求。但是从某种意义上讲，这一套方式也和老年人希望在他们的独立单元中保持生活连续性的意愿背道而驰。

生命公寓模式另一个积极的方面是，老年人的转移是在尝试过多种类型的照护策略之后的结果。同时，公寓和照护服务的收费分开，这让中等收入的老年人也能够入住。为同一栋建筑中不同居室的老年人提供个人照护和医疗照护服务，还能够节约花费在路上的时间，提高效率。生命公寓也鼓励老年人变得更加独立，尽可能自力更生。荷兰人还通过招收更年轻的新住户，成功将整个生命公寓中老年人的平均年龄维持在相对较低的水平。

接下来的 7 个建筑案例详细阐述了生命公寓的理念如何在不同的语境下得到应用。

案例 1：贝赫韦格生命公寓（Humanitas Bergweg）

地点：荷兰鹿特丹

建筑师：EGM Architecten，荷兰多德雷赫特（Dordrecht）

贝赫韦格生命公寓开业于 1996 年 4 月。[19] 由于这个生命公寓中的许多理念在后续的项目中得到了延续，所以了解这个项目对于深入研究生命公寓很有帮助。直到现在，这里的老年人仍然非常喜欢这个建筑的理念和区位。2016 年该建筑中入住者的平均年龄仍然为 75 岁，保持与 1996 年开业的时候相同，这种结果源于年轻老人的补充，平衡了高龄老人数量的不断增长。现在有 600 人在排队等待入住，其中 75% 都在比较年轻的 55+ 年龄段。虽然如此，贝赫韦格生命公寓仍然住有很多身体衰弱的高龄老人，1996 年入住的 250 名老年人中仍有 14% 生活在这里，只有少量老年人在不得不离开的情况下才会搬走。超过 90% 的老年人在居住的公寓或者位于顶层的认知症组团中去世。2016 年，有 16 名老年人去世，还有 10 名老年人搬到了顶层的认知症组团，生命公寓仍然履行照顾这些老年人的承诺，直到他们生命的终点。

建筑和规划理念

贝赫韦格生命公寓位于鹿特丹市中心一个非常好的位置，一共有 195 套公寓，除此之外还有 29 个认知症老人居室。公寓所在的建筑曾经是一个医院，现在有着复合的使用功能，

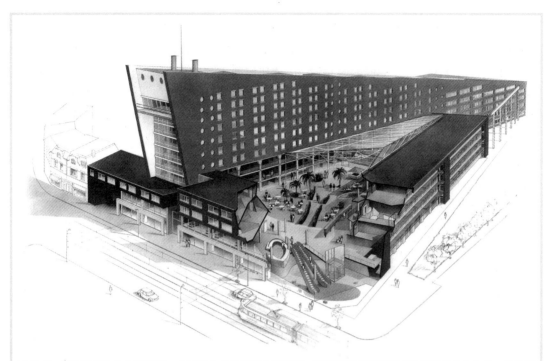

图 8-7　贝赫韦格生命公寓是第一个践行生命公寓理念的建筑：该建筑所在基地原来是鹿特丹市中心的一家老医院。现在一层有一家杂货店，从自动扶梯可以直接到二层的中庭，这里为老年人以及周边社区的居民提供餐饮、活动以及日间照护服务

图片来源：EGM Architecten

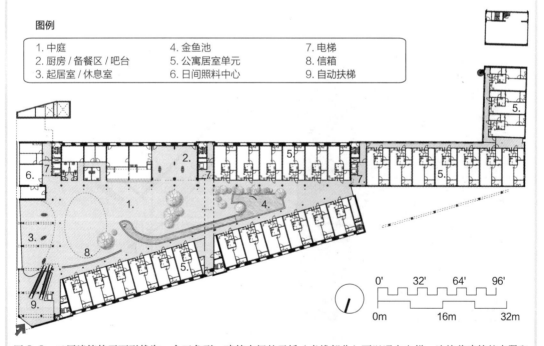

图例

1. 中庭	4. 金鱼池	7. 电梯
2. 厨房 / 备餐区 / 吧台	5. 公寓居室单元	8. 信箱
3. 起居室 / 休息室	6. 日间照料中心	9. 自动扶梯

0'　32'　64'　96'

0m　16m　32m

图 8-8　二层建筑的平面形状为一个三角形：建筑中间的天桥（虚线部分）可以通向电梯，连接着建筑的南翼和北翼。在空间中央，一个 150 英尺（约合 45.72m）长的金鱼池与电脑区、会客室、邮箱、桌椅、日间照料中心、居室等交织布置在一起

其中首层是一个超市，楼上的 12 层均为单边布局式的居室。建筑二层设置有一个 4 层通高的中庭，中庭有玻璃顶覆盖，没有安装空调，但是设置了通风机械。中庭顶部可移动的帆布遮阳板可以减少天气炎热时的阳光辐射，而风扇则可以让空气流动起来。中庭在平面上为三角形，其中两边环绕有 4 层高的单边布局式居室。中庭设置了一些桌椅，老年人和访客可以在这里用餐，也可以在这里聊天。正如一些封闭的购物中心中庭空间一样，生命公寓也在其中设置了长 150 英尺（约合 45.72m）的金鱼池，大幅的壁画，上方还会播放鸟鸣的声音。呈半圆形线状布局的信箱区蜿蜒布置在中庭的一侧，而种植池中的大树则将中庭划分成更小的可以就座的区域。对贝赫韦格生命公寓来说，这个中庭是老年人社交、就餐、散步锻炼的完美场所，也是整个建筑最有特色的空间。

布置在建筑中间的电梯，以及与之相连的天桥，使得老年人和工作人员能够便利的到达各个居室。中庭的东南侧设置有吧台、餐厅以及用于活动的会客室，而东端则是一间较大的网络咖啡厅，志愿者们"起早贪黑"，为餐厅服务，并保持吧台的开放。

老年人的照护管理

贝赫韦格生命公寓是第一个践行生命公寓理念的落成建筑。第一批入住的老年人是从 3 组人群中均等招募的：1）年龄超过 55 岁的人群（自理人群）；2）需要协助生活的老年人；3）需要专业护理的老年人。直到现在，他们仍然保持着这一比例来招募入住者，并且

图 8-9 三角形的中庭在其窄端尽头形成视觉焦点：金鱼池中投放有非常漂亮的大鱼，采用了热带、本土的景观元素。帆布遮阳棚部分关闭，从而减少对热量的吸收。桌椅能够满足一系列的活动以及桌球等游戏的需求

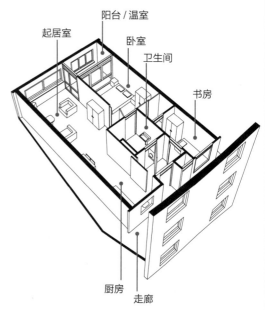

图 8-10 居室面积大概为 800 平方英尺（约合 74.32m²）：居室设置有无障碍的厨房和卫生间，一间独立的卧室，一间可以用于过夜的小房间，以及一个封闭的阳台。居室入口位于充满阳光的单边布局式走廊中，这个走廊也可以为厨房提供额外的采光

图片来源：EGM Architecten

让各类型的入住者混合居住在一起。现在生活在这里的 228 名老年人中（其中 122 名为单身女性，40 名为单身男性，还有 33 对夫妻），有 2/3 的人接受护理服务，约 1/3 的老年人既需要助浴，又需要协助如厕。轻度护理的老年人需要提醒吃药、协助穿衣等服务，而高度护理的老年人可能需要协助洗漱甚至是喂食的服务。居家照护及家庭健康照护的工作人员将按照预先制定的日程到老年人的居室里上门提供服务。如果老年人有要求，他们可能一天需要去其居室 3~5 次，提供不同类型的帮助，老年人如果需要计划外的帮助或者是紧急援助，他们可以通过居室内的呼叫系统实现目标。服务的内容非常灵活，可以根据老年人的需要调整，并随着时间的推移逐渐增加。生命公寓的全职工作人员（Full-Time Equivalents，FTE），包括认知症组团在内一共有 90 名。除此之外，这里的工作人员还包括 230 名志愿者，其中大概有一半是公寓内的老年人，另外的一半来自周边社区，或他们的日间照料项目。有趣的是，全职工作人员中有 35% 也是志愿者。

居室

生命公寓中，一个典型的居室面积为 800 平方英尺（约合 74.32m²），其中包括完整的厨房、无障碍的卫生间、起居室、卧室、封闭的阳台以及书房。居室空间非常灵活，能够适应老年人年龄增长带来的需求变化。书房面积很大，能够让客人留宿；卫生间设置在房间中间，铺设有无高差的连续瓷砖地面，设置有两道门，淋浴布置在其一角；方形的卫生间面积较大，能够容纳淋浴床；坐便器附近设置有可移动的扶手，可以根据老年人的力量大小进行调整；居室中的完整厨房，可以满足轮椅老人的使用要求，同时还有一个窗户，能够从临近的走廊间接采光。入户门分为两扇（一扇宽 39 英寸，约合 990mm；一扇宽 9 英寸，约合 230mm），使得护理床可以推进推出。最后，法式温室（阳台）可以根据天气还有入住者的喜好自由开闭。

计划与活动

中庭每周大概会被安排 20 项不同类型的活动。有很多老年人参加的大型活动，则是每两周举办一次。中庭中供应的美食，可以将大家的生活联系在一起。大概有 40% 的老年人在餐厅用餐，有 20% 的老年人需要将餐食送到他们的房间，剩下的一部分老年人选择自己做饭。中庭对所有人开放，每天大概还会有 60 个来自周边社区的居民在此用餐。

成人日间照料项目在过去的 10 年间不断扩大，现在有接近 300 个参与者，共分成 8 个不同民族和文化的小组。最近，这里又增加了一个儿童日间照料的项目，一共可以容纳 60 人。

25% 的周边社区居民年龄在 65 岁以上。生命公寓赞助了一个家庭照护项目，为社区的 1500 位老年人服务，大概有 900 位老年人从中获得了个人照料服务，剩下的老年人则获得了一些不太密集的服务帮助。为这些老年人提供服务的工作人员超过 250 人。此外，生命公寓中有 30 位老年人有汽车，30 位老年人骑自行车，还有 60 位老年人使用代步车在周边的社区活动，这个生命公寓所在的位置有着非常便利的公共交通。

图8-11　电脑区及接待区最近进行过扩充：这个区域对所有人开放，有志愿者老人在这里工作，生命公寓笃信老年人必须能够上网，墙壁上以金鱼池为主题的壁画使得这个空间看上去更有艺术感，贝赫韦格生命公寓中大概有30%的老年人都非常热衷于使用网络

认知症服务

从一开始，贝赫韦格生命公寓就改造了居室空间，以便能够照护患有认知症的老年人。在2009年的时候，他们又在建筑的顶层增加了29间居室，并将其分成了4个组团（有3组为7间居室，剩下1组为8间居室），从而将整个建筑的居室增加到224个（195间独立居室和29间认知症老人居室）。每一个小的认知症组团内部都设置了一套共享的起居室、厨房、休息区以及室外露台。认知症组团的居室面积很小，但是每一间居室都配置有卫生间。这里居住的认知症患者的平均年龄为80岁，在组团中平均居住的时间为2年，绝大多数搬到这里的老年人都是认知症晚期。大概有一半的认知症患者是从贝赫韦格生命公寓中搬过来的，另外的一部分则是通过成人日间照料项目搬进来的。

图8-12　2009年建筑顶层增设了21间认知症老人居室：这些居室被细分为4个小组团，独立运营。每间居室都是单人间，带有独立的坐便器和水池，浴室则是公用的，每个组团还设置有一个室外露台

生命公寓模型的扩散

经过这 20 年，贝赫韦格生命公寓中不论是护理人员还是老年人，都对这个项目"为原居安老的老年人提供帮助，直到其生命的终点"的承诺感到非常满意。到 2000 年，其他一些组织开始模仿生命公寓创立的理念和方法，将理念中的很多内容复制到了荷兰、瑞典、丹麦、挪威以及澳大利亚等国家的其他建筑中，尽管每一个项目都对生命公寓的模型做出了相应的调整，但是基于居家照护的支持模型以及致力于实现原居安老等理念，依然是其核心特征。

值得注意的特征

1. 这是第一个具有完善的管理及服务理念的生命公寓建筑。
2. 具有较大的居室面积（800 平方英尺，约合 74.32m²），能够放置老年人自带的家具，也能够让客人留宿。
3. 入住者的年龄在 60~100 岁范围之间。
4. 生命公寓中的餐厅及其举办的活动对周边社区的居民开放。
5. 在绝大多数情况下，老年人都能在他们的居室中度过晚年，直到生命的尽头。
6. 2009 年增设了 29 间认知症老人居室。
7. 个人照护和医疗照护服务采用居家照护服务的模式提供。
8. 中庭是一个非常高效的会客、用餐和活动空间。

案例 2：伦德格拉夫帕尔克养老公寓（Rundgraafpark）

地点：荷兰费尔德霍芬（Veldhoven）

建筑师：Inbo Architects，荷兰阿姆斯特丹

伦德格拉夫帕尔克养老公寓位于费尔德霍芬市郊，开业于 2005 年，是一个带有 153 间居室的中庭建筑。建筑中设有 40 户分契式公寓，113 户租赁公寓以及 18 间认知症老人居室（平均分为 3 个组团，每个组团 6 间居室）。现在公寓中居住着约 225 位老年人，他们年龄在 55~90 岁之间，其中大约 1/3 是夫妇，最开始搬进来的一批老年人中仍然有 35 人住在这里。

建筑理念

长条状的中庭高 4~5 层，在冬天需要加热，但是在温度达到华氏 75~78°F（约合 23.9~25.6℃）时，可以通过屋顶实现自然通风。入住的老年人们非常喜欢这个中庭空间，他们在这里打台球、乒乓球，或者是举办大型的集会活动。通过中庭的会面，老年人之间建立了友谊。中庭下方有一个提供 80 个车位的地下停车库。场地内还设置有一个面积为 9000 平方英尺（约合 836.13m²）的儿童日间照料中心，一家理疗诊所及两个成人日间照料单元，每个成人日间照料单元能够容纳 10 个人，同时面向公寓里的老年人及周边的社区开放。在过去的一年（2017 年），有 4 个老年人被诊断出患有严重的认知症，因此被转移到护理院。

图 8-13　伦德格拉夫帕尔克养老公寓有带补贴的租赁公寓，有市场价格的租赁公寓，还有 40 户分契式公寓：分契式公寓是两栋 7 层高的灰色建筑，与另外的 113 间租赁公寓结合布置。场地内还设置有一间 100 人规模的学龄前儿童日间照料中心及一家理疗诊所

图片来源：Thuis/Eindhoven，Inbo Architects

图 8-14　当温感装置过热时，中庭可以通过开启屋顶的通风装置来降温：低楼层的进气栅格可以补充新鲜空气。建筑顶层有一排朝东的居室，顶层的西侧是一排大面积的侧窗

活动及服务

　　与贝赫韦格生命公寓（1：114）不同的是，伦德格拉夫帕尔克养老公寓没有设置集中用餐的餐厅。送餐车每天将事先打包好的餐食送来，然后分发给订餐的老年人。随着入住者年龄的增长以及对帮助需求的增加，对他们的个人照护也会逐渐"升温"。约30%的老年人接受服务，服务内容从较轻的保洁服务，一直到每天的个人上门照护服务；大概有15%的老年人使用代步车，以便在社区中活动；接近80%的老年人有个人电脑、笔记本电脑或者是智能手机。

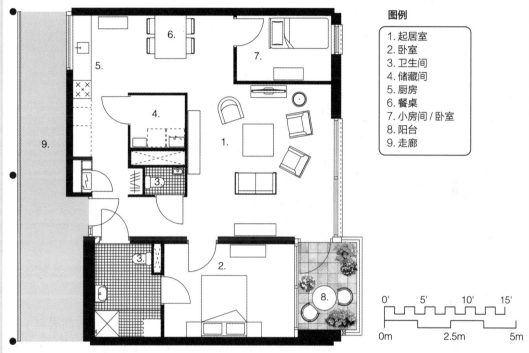

图8-15　伦德格拉夫帕尔克养老公寓中面积为1100平方英尺（约合102.19m²）的居室平面开放且灵活：平面布置上，储藏间以及半卫将起居室与厨房分离开，同时创造出一个小的就餐区域。厨房有一个很大的窗户，可以从中庭获得采光。如果不要第二个卧室，能够创造出更大的起居空间

图片来源：Thuis/Eindhoven，Inbo Architects

租赁公寓和分契式公寓的居室

　　租赁公寓的居室面积在 800~1100 平方英尺（约合 74.32~102.19m²）之间，平均面积为 850 平方英尺（约合 78.97m²）。租赁公寓中大约有一半是市场价格，还有一半有一定比例的补贴。租赁公寓的居室中配置有完整的厨房，大面积的起居室和餐厅，以及带有洗衣烘干机的卫生间。居室的门开在单边式布局的走廊上，从走廊可以俯瞰整个中庭，因此每一间居室都能够从两面获得自然采光。

　　场地内两栋7层高的建筑是单元面积更大一些的分契式公寓。和租赁公寓类似，住在这里的老年人的平均年龄为75岁，约1/3为夫妇。40间分契式公寓居室的面积在 1000~2000 平方英尺（约合 92.90~185.81m²）之间，平均面积为 1200 平方英尺（约合 111.48m²）。这些居室的装修及家电的品质都要更好。

图 8-16 3 个认知症组团（共能容纳 18 位老年人）布置在建筑首层：每个认知症组团都独立运营，居住在该生命公寓中的老年人患有认知症后，可以搬到这里而不需要离开建筑。认知症老人在中庭中进行小组锻炼

认知症照护服务

在建筑首层设置有 3 个认知症组团，这些组团面向中庭开放，每个组团有 6 间居室（一共住了 18 位老年人）。每一个组团内都设置有独立的厨房、起居室、休息室、露台和专门的护理人员。组团中，中度认知症和重度认知症的老年人是混合布置的，他们的平均年龄为 82 岁。如果老年人需要得到认知症照护服务，可以单独搬到认知症组团中，而他们的配偶还可以继续住在公寓中。这里居住的认知症老人绝大多数来自周边社区，通过日间照料项目进入这里。

值得注意的特征

1. 中庭能够促进社会交流。
2. 混合设置了面积较大的分契式公寓以及可以负担的租赁公寓。
3. 居室面积相对较大，对老年人夫妇很有吸引力。
4. 不提供餐食，但是对有需要的老年人可以送餐上门。
5. 在早期他们试验了远程医疗系统。
6. 配置有 3 个认知症组团（一共 18 间居室）。
7. 场地内还设置有儿童日间照料及理疗服务设施。

案例3：拉瓦朗斯养老公寓（La Valance）

地点：荷兰马斯特里赫特（Maastricht）

建筑师：Architect en Aan de Maas，荷兰马斯特里赫特

拉瓦朗斯养老公寓位于荷兰马斯特里赫特，开业于2007年。[20] 该公寓是一栋带有154间居室（有188名老年人）的中庭建筑。这里提供4种类型的照护选择：1）认知症组团；2）专业护理组团；3）带服务的公寓；4）伴生型公寓（Lean-to Housing /Apartments）。在建筑的中央设置有两个多边形、充满阳光的大中庭。

建筑理念

96间认知症老人居室（面积为200平方英尺，约合18.58m²）以及34间的护理型居室（面积为230平方英尺，约合21.37m²）布置在建筑的西侧，均为单人间。其中，首层和二层为认知症组团（每一层有48间居室），每个认知症组团都由排成两列的居室围绕着一个三角形的庭院组成，每一列有8间居室，而每一层有3个这样的认知症组团。在建筑的顶层，设置有3个专业护理组团（每个组团有10~12间居室），绝大多数住在这里的老年人都非常衰弱，他们在这里的平均居住时间为12个月，由于荷兰的相关政策鼓励老年人尽可能待在自己的家里，所以这个居住时长还在缩减。拉瓦朗斯项目的入住者平均年龄为82岁，其中72%为女性，80%的老年人需要协助洗浴和如厕，70%的老年人有认知障碍（认知症中期到晚期）。为夫妇准备的24套服务型公寓居室（面积为850平方英尺，约合78.97m²）布置在中庭的南侧。

在场地的东南边还有一栋7层的小高层建筑，设置有18套伴生型公寓，能够为独立居住的老年人提供居家照护支持。

中庭

中庭的冬季园艺花园可以使得光线进入建筑的中心。不管是从认知症组团和护理组团的起居室、休息室，还是服务型公寓，都能够俯瞰整个中庭，从透明的玻璃电梯中也能够欣赏到中庭的美景。3层通高的空间中，有高大的树，有缤纷多彩的景观元素，还有就坐和休闲放松的区域。这里有很多当地艺术家创作的令人愉悦的雕塑，而播放的音乐则让这个空间生机勃勃。夏天，中庭有空调和通风设备进行降温。

公共空间

公共空间所在的位置非常便利，这里配置有图书室、冥想室、活动空间，以及可以看到中庭的美容美甲店，在场地的入口附近还有一栋两层高的餐厅，既可以服务于公寓及伴生型公寓中的老年人，也可以招待老年人们的家属和周边社区的居民。理疗空间设置在建筑的顶层，设有很大的天窗，配置有一个多感官浴室，其中使用了彩色的LED灯来加强氛围。尽管整个建筑主体以砖作为主要材料，但是建筑内外采用了很多3.5英寸宽（约合89mm）的粗锯雪松壁板搭叠，来增强其居住建筑的特征。

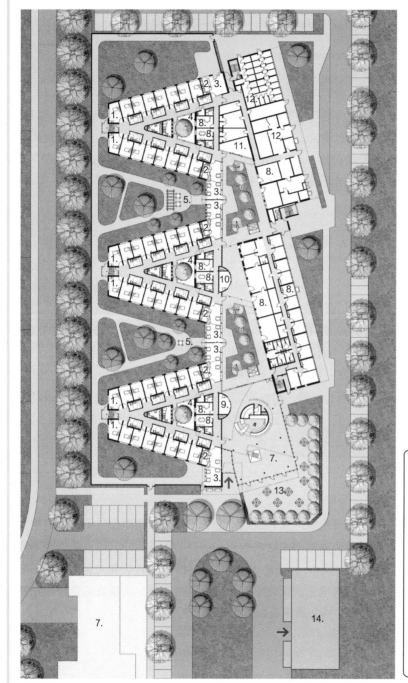

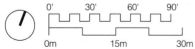

图 8-17　拉瓦朗斯公寓中住着 4 种不同类型的老年人：这里住着 96 位认知症老人，34 位需要专业护理的老年人，除此之外还为老年夫妇设置有 30 套公寓，以及 18 套伴生型公寓。认知症组团及专业护理组团布置在两个景观中庭西侧的 3 个楼层中，中庭有玻璃顶覆盖，组团呈三角形布局

图片来源：Architecten Aan de Maas

图 8-18 两层高的、引人注目的餐厅及临近的室外露台将拉瓦朗斯公寓的入口强调出来：认知症组团（首层和二层）以及专业护理组团（顶层）位于中庭的西侧，入口处的通道直接通向建筑中央的景观中庭

图 8-19 景观中庭中有树、其他植物及艺术雕塑作品：从认知症组团及专业护理组团的餐厅可以俯瞰整个中庭；中庭屋顶的玻璃顶在夏天可以打开进行通风；建筑内外使用木质的墙板及装饰，营造出友好、平易近人的居住氛围

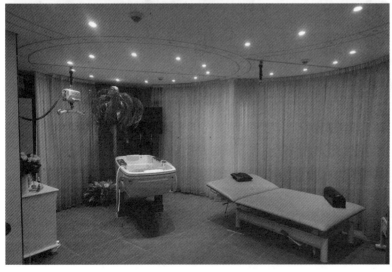

图 8-20 洗浴和理疗按摩在可控的环境中进行：LED 灯可以使房间变暗，并在洗浴（治疗）的过程中呈现一系列治愈的颜色；电视显示器上播放令人放松的图像，还会使用芳香疗法

图 8-21 7层高的伴生型公寓距离拉瓦朗斯公寓的主入口约 150 英尺（约合 45.72m）：住在伴生型公寓的老年人可以从拉瓦朗斯项目中得到居家照护服务，他们可以在餐厅就餐，也可以在自己的居室中做饭；居住在这栋楼的老年人平均年龄为 85 岁

图例

1. 起居室
2. 卧室
3. 卫生间（带浴缸）
4. 卫生间（带坐便器）
5. 书房／卧室
6. 厨房
7. 楼梯间
8. 洗衣房／储藏间
9. 阳台
10. 走廊
11. 电梯

图 8-22 伴生型公寓面向的客群是希望居住在照护机构附近、但不希望住在照护机构里的高龄老人：该建筑每一层有 3 套大面积的两居室（1050 平方英尺，约合 97.55m²），卫生间设置了两个门以便使用，没有设置淋浴间

图片来源：Architecten Aan de Maas

伴生型公寓

　　伴生型公寓是一栋单独的建筑，高 7 层，距离餐厅以及主要建筑的入口约 50 码（约合 45.72m）。公寓每层有 3 套两居室，每个居室的平均面积为 1050 平方英尺（约合 97.55m²）。住在这里的老年人虽然可以独立生活，但是可能患有慢性疾病，或者是其配偶在健康照护上需要得到服务支持。有些老年人既想要靠近服务设施生活的便利与安全，又不想住在其中，所以这种伴生型公寓在荷兰非常流行。

值得注意的特征

1. 所有的认知症和专业护理楼层都采用了小组团单人间（75% 的入住者为女性）的形式。
2. 特别值得注意的是，专业护理及认知症组团中的老年人都非常衰弱，每年的周转率约为 50%。
3. 两个中庭中都设置有高大的树、艺术品以及透明的可操控玻璃屋顶。
4. 靠近综合体设置的伴生型公寓为老年人提供了一种更为独立的居住选择。
5. 该项目为身体衰弱的夫妇准备了套间，通过支持可以让他们住在一起。
6. 该项目在建筑内外使用了类似住宅特征的材料和细节。
7. 该项目采用基于居家照护的模式对夫妻套间和伴生型公寓提供了支持。

案例 4：内普图纳养老公寓（Neptuna）

地点：瑞典马尔默（Malmö）
建筑师：Arkitekt Gruppen，瑞典马尔默

　　内普图纳项目开业于 2005 年，有 95 间限制入住年龄的独立居室。它可以为周边社区原居安老的老年人提供基于居家照护模式的上门服务。[21] 所有的居室都只有一间卧室，其平均面积为 550 平方英尺（约合 51.10m²）。住在这里的老年人绝大多数都享受着一部分的住房津贴，这在瑞典非常常见。该公寓位于马尔默的西港社区（Western Harbor Neighborhood），这个社区是近期重新开发的滨海散步区，特点是居住和商业混合布置。这种建筑面向奥苏德海峡（Øresund Strait），距离建筑大师卡拉特拉瓦设计的旋转塔约 100 码（约合 91.44m）。

建筑理念

　　整个公寓包括 7 个竖向的组团，每一个组团在每层楼有 2~4 间居室。每一个竖向组团都有单独的楼梯和电梯。在建筑首层，每一个组团都连接着环状的走廊及共享空间。这种布局形式在瑞典的多层住宅中很常见，因为它有助于通风。在内普图纳养老项目首层的西端，设置有餐厅和室外的露台，从这里可以看到一条能欣赏海峡景色的人行道，这些空间对公众开放。餐厅从上午 10：30 营业到晚上 23：00，定时地为少数老年人提供餐食。建

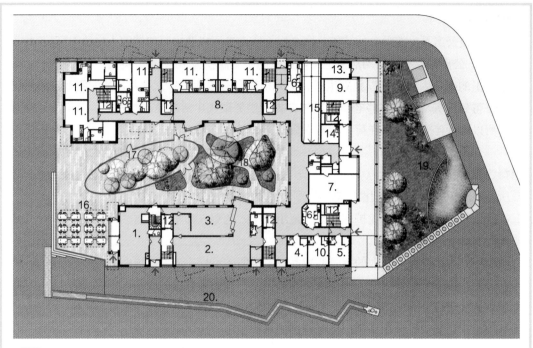

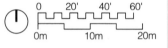

图例

1. 咖啡厅	8. 图书馆 / 休息室	15. 地下车库坡道
2. 餐厅	9. 运动健身房	16. 室外露台
3. 餐厅厨房	10. 客人套房	17. "泡泡"冬季花园
4. 足疗	11. 公寓	18. 花园
5. 美发	12. 电梯	19. 公园
6. 洗衣房	13. 垃圾房	20. 喷泉
7. 活动室	14. 办公室	

图 8-23　内普图纳养老公寓是一栋混合型的建筑，其中设置有餐厅、足疗店及美发店；95 间居室围绕着 7 个独立的交通核组织；位于建筑中央的花园可以从首层的公共空间进入；场地东端有一个小公园，公园内有一个池塘

图片来源：Arkitektgruppen I Malmö AB

图 8-24　内普图纳公寓中的餐厅、吧台、室外平台能够为周边社区服务：这栋 5 层高的建筑在水平方向上可以被细分为 3 个区域，以缩减其视觉上的体量；建筑顶层较高，稍微向内缩进，屋顶也采用了倾斜的形式；建筑的视野都直接朝向水面

筑所在的场地很有特色，其中有一个毗邻的公园及三角形的潟湖，而场地的南侧有喷泉，公寓和相邻的步行街之间则布置有条状的石头沟渠，喷出的水沿着沟渠，一直流到潟湖旁的小池塘中。场地中的另一个特色空间是高大的冬季花园，这个"泡泡"采用透明的亚克力，其中种植着很多热带植物，在寒冷而阴翳的冬天格外受欢迎。内普图纳项目是一个非常成功的城市建筑案例，不仅有葱葱郁郁的园林景观，有迷人的场地特色，还有非常受欢迎的社区导向服务空间。建筑首层的公共服务空间包括图书室、洗衣房、健身房、活动室（会客室）以及客房套间等，布置在建筑西南角的美发店和足疗店，既服务于公寓的老年人，也面向周边的社区。在建筑顶层倾斜的屋顶下，还有桑拿室和水疗中心，在晴朗的日子可以通过水疗中心和相邻的户外阳台俯瞰海峡并欣赏哥本哈根的美景。

图 8-25 建筑的平面围合出一个幽静的花园庭院，在其旁边是多层的冬季花园；花园里选种的植物都是当地物种，而冬季花园中则有许多外来的热带植物；居室的阳台从建筑表面悬挑出来，可以俯瞰海峡

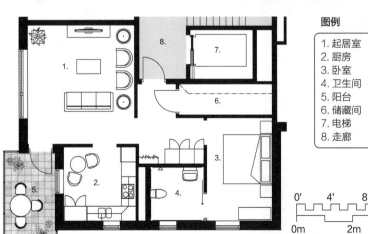

图例
1. 起居室
2. 厨房
3. 卧室
4. 卫生间
5. 阳台
6. 储藏间
7. 电梯
8. 走廊

图 8-26 居室面积在480~650平方英尺（约合44.59~60.39m²）之间，虽然紧凑，却配置了大面积的开敞阳台：卧室、起居室和厨房都取消了门，使空间更易到达的同时，也让居室看起来更加宽敞
图片来源：Arkitektgruppen I Malmö AB

0'   4'   8'   12'

0m   2m   4m

居室特征

居室平面非常紧凑，面积在 480~650 平方英尺（约合 44.59~60.39m²）之间。每间居室都配置有完整的厨房，宽敞的卫生间，中等尺寸的卧室、起居室，以及带有透明块状玻璃护栏的悬臂式阳台。阳台面积非常大，能够放下两张椅子，一张桌子和部分植物。约 80% 的居室都能够看到海。居室的窗户很宽，窗台高度较低（31 英寸，约合 787mm）。卧室与起居厅之间的过道宽度为 36 英寸（约合 914mm）。房间内地板采用了天然木质饰面。虽然平面紧凑，但居室内的厨房却较为开敞，安装有木橱柜、四孔炉灶以及双盆水池。居室及车库中都设置有储藏间。瑞典的卫生间设计体系，通常有可移动的扶手以及一个可升降的水盆。

入住者特征

这个社会住宅主要面向的是马尔默地区 55 岁以上领取养老金的居民。现有 103 个入住者，他们的平均年龄为 80 岁，其中最小的 64 岁，最大的 102 岁。最开始搬进来的一批入住者中，有 3/5 的人还健在。入住的老年人中，有 8 对夫妇，剩下的人 2/3 为单身女性；约 1/4 需要洗浴和如厕上的帮助；有 40% 的老年人存在认知障碍。居家照护的工作人员骑自行车来提供个人照护服务。尽管社会住宅提供帮助让老年人实现原居安老，但是如果他们身体和精神的状态都格外衰弱，也不得不搬到附近的护理院中。2016 年，这里有 5 位老年人去世，3 位老年人因为身体状况衰退而搬离。地下车库共有 32 个车位，但只有 25 位老年人有汽车，5 个人有代步车，绝大多数老年人都有自行车。

图 8-27　阳台足够大，能够容纳植物、一张大桌以及几把椅子，据说这个空间得到了很好的使用：阳台补偿了居室面积小的问题，80% 的阳台能够看到海；阳台采用了块状的半透明玻璃护栏

图片来源：Arkitektgruppen I Malmö AB

超过 60% 的老年人在走动时需要借助助行器，只有 8 位老年人使用轮椅。虽然整栋建筑里高龄老人特别多，但是其中也有 20~30 名活力老人成为核心人物，来负责组织各种各样的活动，有活跃的游泳俱乐部和步行俱乐部，每周聚会一次。由于这个地方没有全职的经理或活动主管，所以建筑的社会化运作在很大程度上取决于老年人的热情。在斯堪的纳维亚地区，未来的一个政策变化就是将更多组织社会活动的责任从工作人员转移到老年人身上。

值得注意的特征

1. 选址靠近一个功能混合社区中的步行区，周边有零售商店。
2. 公寓中的餐厅与社区融合，对所有人开放。
3. 设有小巧但设计精良的紧凑居室。
4. 大多数居室的阳台都能看到海。
5. 设有一个封闭的大型冬季花园供老年人使用。
6. 采用居家照护模式为老年人提供个人照护服务。

案例 5：德普卢斯普伦堡养老公寓（De Plussenburgh）

地点：荷兰鹿特丹

建筑师：Arons en Gelauff Architecten，荷兰阿姆斯特丹

这个设有 104 间居室（住有 116 位老年人）的养老项目源于一个老年住宅竞赛，该竞赛试图寻求一种当代的建筑设计风格，来迎合即将高龄化的这代人的现代品味。[22] 建筑建成于 2006 年，其设计有着强烈的个性表达，重新塑造了这个老旧的鹿特丹郊区。公寓的选址紧邻一家照护中心，附近有轻轨站，在当地的购物中心正对面，非常便捷易达。所在社区对老年人非常友好，设有坡道和宽阔的人行道。

建筑理念

该项目的建筑造型非常独特，17 层高的塔楼与 7 层高的架空水平条状建筑连接在一起，二者相交的区域是宽阔的共享艺术走廊。塔楼一共有 48 套公寓（每层 3 套），而漂浮在大水池上方 36 英尺（约合 10.97m）处的条状建筑则有 56 套公寓（每层 8 套）。公寓的平均面积为 900 平方英尺（约合 83.61m²）。该设计的一个突出的特点是，沿着单边布房式的走廊布置有多色玻璃面板。200 块红、黄、橙和紫色的玻璃面板使得走廊全天都色彩缤纷，而宽阔的走廊设计也鼓励老年人将一些家具搬到这里，来俯瞰窗外的美景。

园艺疗法

场地内的景观包括一个引人注目的水池和围绕建筑的喷泉，它们在建筑与邻近的商业区之间形成了有效的缓冲。沿着橙色的丝带状人行道，一路布置有三角形的园景种植池，人行道一端连接着场地的入口，另一端则通向用于观景的桥。地下设置有 54 个停车位。

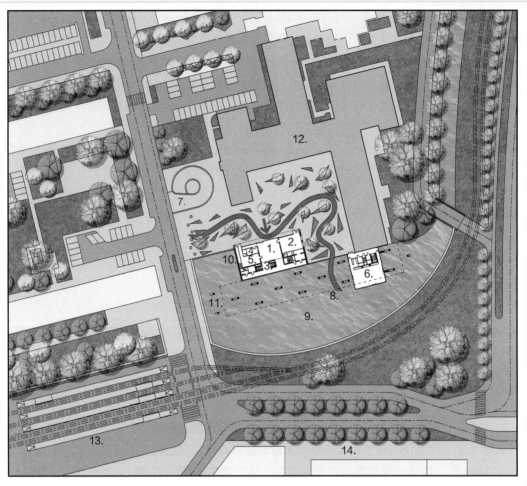

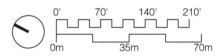

图例

1. 门厅	8. 人行道 / 观景台
2. 健身房	9. 水池 / 运河
3. 电梯	10. 公寓（7 层楼）
4. 办公室	11. 公寓（16 层楼）
5. 储藏室	12. 毗邻照护中心
6. 会客室 / 交往室	13. 轻轨站
7. 停车库入口	14. 购物区

图 8-28　德普卢斯普伦堡养老公寓是一座屡获殊荣的现代建筑，旨在为这片老旧的鹿特丹社区带来新的生机：建筑位于零售商业区和当地交通枢纽附近，同时它还毗邻一个护理院，可以为重度失能老人提供帮助

图片来源：Arons en Gelauff Architects

公共空间及服务

　　该公寓中主要的社交空间是一个面积为 2700 平方英尺（约合 250.84m²）的会客室。会客室位于一层的南端，漂浮在水池上方，同时又被架起的水平条状建筑笼罩，非常醒目。房间由三边玻璃幕墙环绕，透过玻璃可以俯瞰外面的美景。在主楼二层通高的入口附近，还有另一个面积较小的会议室，这里每周会举办两次有关理疗、拉伸和锻炼的课程。毗邻的护理院可以为认知症老人提供成人日间照料服务。

图 8-29　这个显眼的建筑有两个联结在一起的体量：一个水平条状的体量和一个竖直状的体量；水平体量的建筑高 7 层，漂浮在水景上方约 2 层楼的位置；靠近建筑物前部的螺旋坡道可以将老年人带到地下停车场；充满生机的橙色人行道和周边的三角形种植池缩减了入口广场的尺度

图片来源：Jeroen Musch

居室

德普卢斯普伦堡养老公寓一共有 5 种居室类型，其面积大小在 860 平方英尺（约合 79.90m²）到 1075 平方英尺（约合 99.87m²）之间。绝大多数居室设置有 2 间卧室和 1.5 个卫生间。然而，大多数老年人会选择取消第二间居室，从而获得一个更大的起居室。在总共 104 间居室中，有 16 个三居室。

居室最显眼的部分是其没有任何竖向立挺的玻璃幕墙，宽 32 英尺（约合 9.75m），从地面一直延伸到顶棚。玻璃幕墙不仅增加了室内的光线，而且让居室获得了全景视野，使得居室看起来更大。高 77 英寸（约合 1956mm）的大扇推拉门将卧室与起居室分隔开来，当其全部打开时，一进门，整个宽 32 英尺（约合 9.75m）的公寓都能够尽收眼底。

厨房面积很大，可以放下双开门的冰箱和四孔炉灶。主卫生间大且灵活，设置有两个门，可以容纳淋浴床。阳台不仅宽敞而且非常独特，水平和竖直方向上呈波浪状起伏的分隔板，被扭曲的栏杆框定在一起。公寓这种独特的外观与周边社区方盒状的体型形成鲜明对比。当然，阳台的可用空间或多或少受到了一定的影响。厨房可以通过一个水平条窗从单边布房式的走廊获得自然采光。

入住者特征

这栋公寓设计的初衷是通过居家照护服务，让老年人实现原居安老。然而，由于居家照护服务是通过不同保险公司的个人保险计划来提供的，这使得很多老年人很难向毗邻的

图 8-30 轻轨线环绕着建筑及水池；位于水平条状建筑下方的会客室漂浮在水池上方，拥有 270°环绕景观；会客室铺着深绿色的地毯，其图案的灵感源于园景；水池中有喷泉和天鹅，悬臂式的平台一直延伸到水池中间；建筑阳台栏板的曲线设计，看上去显得非常活泼

图 8-31 200 块多色玻璃面板在建筑内外为单边布房式的走廊增加了很多趣味；壮观的日落促使一些老年人将家具搬到走廊中；每间居室的厨房都在走廊一侧开有水平条窗，以便从相邻的走廊获得自然采光

照护中心寻求服务帮助。现阶段，大概有 40% 的老年人需要轻度的服务（比如打扫），还有 25% 的老年人需要更多的帮助（如洗浴、穿衣和如厕）。老年人中约 60% 使用助行器，10% 使用轮椅。该建筑是专门建造的，空间宽敞，便于残疾人使用，有非常活跃的居民组织。约 1/3 的入住者拥有汽车，但是他们通常从 80 岁左右便不再开车；绝大多数老年人有自行车或电动自行车，还有 10% 的老年人有代步车。

入住者的年龄在 57~92 岁之间，目前平均年龄为 80 岁，其中有 12 对夫妇，5 名单身男性和 87 名单身女性。截至 2016 年，该建筑已经建成 10 年，这期间有 10 位老年人去世，还有 8 人被转移到认知症护理或者长期照护机构。

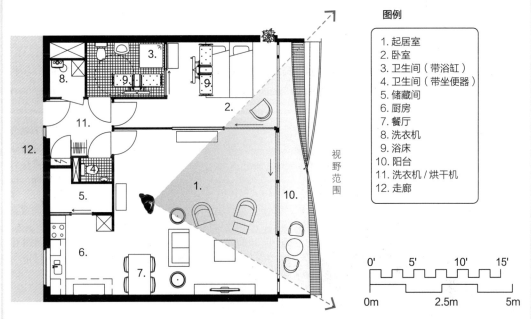

图例
1. 起居室
2. 卧室
3. 卫生间（带浴缸）
4. 卫生间（带坐便器）
5. 储藏间
6. 厨房
7. 餐厅
8. 洗衣机
9. 浴床
10. 阳台
11. 洗衣机 / 烘干机
12. 走廊

图 8-32　居室能够适应轮椅老人的需求：卫生间设置了两个门，能够轻松容纳洗浴床；卧室推拉门宽度超过 6 英尺（约合 1.83m），在打开的时候，可以获得 32 英尺（约合 9.75m）宽的全景视野，能够看到周边的社区；如果需要多住一个人，可以将卧室划分成为两个
图片来源：Arons en Gelauff Architects

值得注意的特征
1. 采用有张力的现代主义建筑吸引婴儿潮一代。
2. 采用大面积的居室设计，以便老年人实现原居安老。
3. 建筑临近一家照护中心。
4. 建筑临近当地的购物中心和轻轨站。
5. 复杂的高层建筑形式可以饱览城市的美景。
6. 建筑漂浮在大面积的水景之上。
7. 采用居家照护模式提供个人照护服务。

案例6：德克里斯塔尔养老公寓（De Kristal）

地点：荷兰鹿特丹

建筑师：Meyer en Van Schooten，荷兰阿姆斯特丹

德克里斯塔尔养老公寓开业于 2008 年，位于鹿特丹的尼斯兰德（Nesselande）地区，处于城乡接合部的位置，是一栋7层高的混合功能建筑，对入住老人有年龄限制（55 岁以上），现在有 250 名入住者。公寓附近的沿湖散步道上，沿线开设了 30 家零售商店，而鹿特丹地铁的北终点站距离公寓只有 500 英尺（约合 152.40m）[23]。这些丰富的资源配置，使得公寓里的老年人不用汽车就能过上独立且丰富的生活。

建筑理念和公共空间

德克里斯塔尔养老公寓里的 182 间独立居室分布在建筑的上面 6 层。入住者的平均年龄为 75 岁，约 40% 是夫妻。居室部分位于车库及首层公共空间的上方。车库设置有 110

图 8-33 德克里斯塔尔养老公寓是一栋 7 层高、带中庭的建筑，设置有混合功能的老年公寓、商业和市民服务空间；位于鹿特丹的尼斯兰德地区，靠近一座轻轨站；该生命公寓为 50 位老年人提供居家照护服务，以维持其生活的独立；此外还设置有 20 间认知症老人居室

图 8-34 中低层建筑中的 182 间特别建造的老年人居室可通过单边布房式的走廊到达；开放的庭院中设置有休闲设施、景观植物和大天窗；天窗可以为建筑首层提供自然采光；建筑首层设置有图书室、药店、餐厅和医疗服务空间；位于建筑一角的两层高开口，在视觉上将建筑的庭院与临近的街道联系了起来

个停车位，首层则作为商业和服务空间使用，设置有零售商店、政府办公室、餐厅、咖啡厅、图书室、药房、门诊诊所、美发美容店、社区会议空间，以及一个儿童的表演空间。餐厅是公寓社交活动的重要空间，其中不仅设置有交往和打牌的桌椅，还有一个大面积的室外露台。正如贝赫韦格生命公寓（1：114）一样，老年人也将餐厅作为一个社交空间。虽然所有居室中都设有完整的厨房，但还是有 20~50 名老年人会定时到这里用餐。

图 8-35　建筑首层设有一个位于中心的餐厅，坐在餐厅中的餐桌旁可以看到社区信息中心；其中的人行道使用非常频繁，它将服务台与相邻的社区图书馆连接在了一起；坐在餐厅的老年人可以看到使用图书馆或参加社区活动的家属和访客

居室

居室的面积在 650 平方英尺（约合 60.39m²）到 1200 平方英尺（约合 111.48m²）之间，通常配置有 1~2 间卧室，1.5 个卫生间，1 个厨房和 1 个储藏区。每间居室都可以从围绕开敞庭院一圈的单边布房式的走廊进入。庭院中的园景屋顶花园设置有天窗，能让自然采光照射到首层的餐厅和图书馆。该公寓中有 170 间居室接受按比例浮动的租金补贴。从德克里斯塔尔养老项目接受居家照护服务的 50 名老年人的平均年龄为 80 岁，约 1/3 是夫妇，有一半是单身女性；约 30% 需要较高程度的服务支持；约 15% 的老年人需要借助轮椅出行。

认知症组团

在建筑靠庭院东侧的二层和三层，设置有两个认知症护理组团，每一个组团有 10 间居室，主要服务于重度认知症患者。2017 年，公寓里有 3 位老年人搬到了认知症组团，有 10 位老年人去世。前期阶段的认知症老人可以参加日间照料项目。日间照料项目平时大概有 10 个人，包括 7 个住在德克里斯塔尔养老项目的老年人。这里有 35 名志愿者，经常会来帮助老年人。

值得注意的特征

1. 项目选址靠近一条木板散步道，其周边配置有复合功能的社区服务设施。
2. 餐厅对公众开放，可用于社会交往和就餐。
3. 大小适中的居室对于高龄老人来说非常灵活。
4. 项目靠近地铁站，所以老年人几乎不需要汽车。
5. 同一栋建筑内设置有图书室、社区中心、药店和门诊诊所。
6. 采用居家照护模式提供个人及健康照护服务。

案例 7：伍德兰兹生命公寓原型（Woodlands Condo for life Prototype）

地点：美国德克萨斯州伍德兰兹
建筑师：珀金斯 – 伊士曼建筑师事务所，美国宾夕法尼亚州匹兹堡

这个项目的基地位于德克萨斯州休斯顿市的伍德兰兹郊区。[24] 该建筑的方案在 21 世纪的头 10 年间发起，由 Sunrise Senior Living① 公司赞助开发，尝试以资产抵押（分契式公寓）的形式践行荷兰生命公寓的理念。尽管这个建筑没有建成，但是它仍然是一个非常有指导意义的理论范例。该公寓临近一条航道，共有 133 套居室。在建筑形式上是一栋 L 形的小高层建筑（6~10 层），附近有步行可达的商店和服务机构。

图 8-36　建筑高 6~10 层，呈 L 形布局，设置有 133 间居室；居室的面积在 900~1800 平方英尺（约合 83.61~167.23m²）之间，平均面积为 1200 平方英尺（约合 111.48m²）；交通核位于建筑中央，以便尽可能缩短家庭照护工作者的步行距离；居室设置有阳台，落地窗从地面一直延伸到顶棚；这里包括餐饮在内的绝大多数服务都由老年人自行选择（而非硬性要求）
图片来源：Vlad Yeliseyev, Perkins Eastman Architects, Sunrise Senior Living

---

① Sumrise Senior Living 公司：美国一家提供协助生活和护理设施的企业。截至 2017 年，公司在美国、加拿大和英国拥有超过 315 个协助生活设施，是美国重要的老年人生活设施提供商。

建筑理念

　　建筑采用了荷兰生命公寓的理念，但是稍微进行了改造以便和美国的本土文化相适应。这个小高层建筑的居室数量超过 130 个。这个项目的目标客户定位为夫妇（约 40%）以及 75 岁左右的单身老人。与人生计划社区不同的是，这里没有设置护理院、协助生活设施或者是认知症组团，因为项目预设老年人将在加强的、流动的居家照护服务下实现原居安老。那些需要认知症照护的老年人可以搬到场地外的其他设施中。场地内还为老年人提供了地面和地下停车位。

　　居室的面积在 900~1800 平方英尺（约合 83.61~167.23m^2）之间，平均面积为 1200 平方英尺（约合 111.48m^2）。尽管没有具体说明，但是这些居室在设计时考虑了很多，以便老年人身体机能退化时，也能够轻松满足其使用需求。公共空间设置在建筑首层，能够从中到达室外的景观区域，并欣赏周边航道的美景。两层通高的入口与建筑首层有视觉上的联系。建筑首层设置有健身房、封闭的游泳池和活动室（棋牌室）。餐厅和小酒馆采用了一种灵活的"乡村俱乐部餐厅"布局形式。吧台提供聊天时的零食和饮品。这个设计的出发点是为老年人提供灵活的就餐选择，他们既可以下楼吃饭，也可以在自己的房间里用餐，或者选择去附近的餐厅。个人照护的服务模式基于老年人与居家照护服务商签订的协议进行，这一点与北欧相同。

图 8-37　游泳池和健身房为拉伸和运动疗法提供了新的选择；其他共享的设施包括用于社会交往的社区空间、室外活动空间、餐厅，以及用于评估、监控和协调照护服务的办公空间；公寓的目标客群是 70 多岁的单身老人及夫妇

图片来源：Vlad Yeliseyev，Perkins Eastman Architects，Sunrise Senior Living

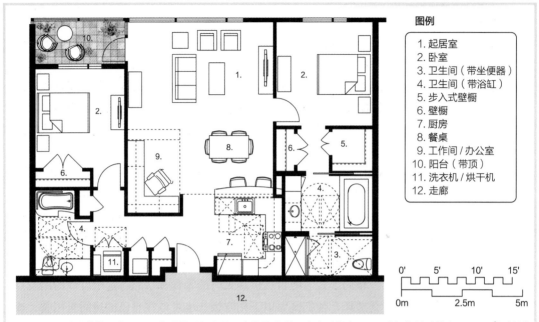

图例

1. 起居室
2. 卧室
3. 卫生间（带坐便器）
4. 卫生间（带浴缸）
5. 步入式壁橱
6. 壁橱
7. 厨房
8. 餐桌
9. 工作间/办公室
10. 阳台（带顶）
11. 洗衣机/烘干机
12. 走廊

图 8-38　该公寓的居室平面是典型的可能在美国实施的类型：这个面积为 1350 平方英尺（约合 125.42m²）的居室有两间卧室和两个卫生间，配置了完整的厨房、办公区（兴趣台）、步入式衣帽间、阳台，主卧卫生间配置了 4 件套。图示的平面空间非常大，能够容纳轮椅、升降装置和其他的设施设备

图片来源：Perkins Eastman Architects，Sunrise Senior Living

表 8-1　80 个生命公寓的居室特征：这些考虑周到的设计要素能够帮助高龄老人保持他们生活的自理能力；其中最关键的空间是卫生间和厨房，因为老年人经常在这里跌倒；其中很多理念和产品借鉴了北欧的一些项目，旨在帮助老年人尽可能长地保持独立自理的生活

80 个生命公寓的居室特征	
生命公寓的通用特征	
1	易于读取和操作的暖通空调系统（HVAC）
2	将插座位置提高到 1 英尺 9 英寸（约合 533mm）
3	开关的位置降至 3 英尺 6 英寸（约合 107mm），以方便轮椅使用者
4	所有的门宽 3 英尺（约合 914mm）
5	所有的走廊至少宽 4 英尺（约合 1219mm），最好宽 4 英尺 6 英寸（约合 1372mm）
6	采用便于进出和使用的推拉门
7	采用方便抓取和操作的环形拉手和杠杆式把手
8	不设门槛或采用低门槛，尽可能采用平滑过渡
9	采用容易开启的窗户形式
10	降低窗台高度（16~20 英寸，约合 406~508mm）
11	采用窗帘或外部遮阳篷控制阳光
12	尽可能实现对流通风
13	设置大窗户（最小 6 英尺 x 6 英尺，约合 1.83m x 1.83m）
14	噪声控制在 STC50[①]或者更高水平
15	备有全天候的应急发电机

① STC：Sound Transmission Class，为美国采用的一种隔声等级（按照美国材料试验标准 ASTWE-90，E-413），即 STC 等级。

	生命公寓的通用特征
16	配置安全摄像头和报警系统
17	配置可以上锁的橱柜（或者安全柜），用于放置药物和贵重物品
18	设置烟雾及 CO 探测装置
19	在卫生间、厨房和主卧室留出直径 5 英尺（约合 1.50m）的轮椅回转空间
20	入户门、阳台门、浴室和楼层过渡处无高差
21	控制开关容易看到，夜晚需要发光
22	门预装自动开门器
23	门采用密码锁
24	采用自动式或者杠杆式等容易开启的窗帘形式
25	尽可能多地设置电源插座或计算机插座
26	多个房间预留电视（音乐）的网线接口，在卧室的两面墙上预留
27	控制房间的湿度
28	采用声控开关和调光器
29	设置方便轮椅通行的木地板（带有弹性地垫）
30	地面选用短毛地毯或弹性地垫
31	设置辐射热或者基底加热形式的地暖
32	采用单按钮的开关面板
33	采用双向通信接线
34	光源避免产生眩光（采用没有明显灯丝的电灯泡）
	卫生间
1	可在坐便器以及淋浴附近加装扶手
2	卫生间中设置辅热设备或浴霸
3	盥洗池台面高 34 英寸（约合 864mm），最好可以升降，以方便轮椅使用者
4	橱柜设置较高的踢脚，避免老年人在使用时弯腰
5	紧急呼叫按钮采用双向通信
6	无障碍淋浴（最小 3 英寸 × 4 英寸，约合 0.91m×1.22m）应有增设座位的可能性
7	浴缸方便进出
8	卫生间门外开或者采用推拉门
9	医药箱要比正常的大且深
10	设置可调节的镜子，带有放大功能
11	淋浴设置防烫装置
12	配置非常明亮的照明灯具和可以减弱亮度的调光器
13	设置挂毛巾或长袍的衣服挂钩
14	地板表面需要有弹性且防滑
15	毛巾杆强度要高，在紧急情况下可以抓握

	卫生间
16	卫生间足够大,能够放下一张淋浴床
17	坐便器高度可以调节
18	厕纸盒放置在一边方便拿取(而不是放在坐便器后侧)
19	设置大理石台面用于展示和放置沐浴(美容)用品
	厨房
1	设置通高的食品储藏柜
2	选用双开门冰箱
3	可以增加工作台面的照明亮度
4	吊柜下方设置照明灯具
5	台面下方可以设置可拉出的置物架
6	可以在台面与吊柜底面之间设置水平的临时置物架
7	水池下方的空间用于放置坐凳
8	烤箱或者微波炉设置在与视线平齐的高度:控制面板在前,易于看到并操作
9	墙上设置挂架,便于取放重物
10	采用可下拉的吊柜形式
	卧室/起居室
1	门在视线高度(考虑轮椅老人,高度为4英尺10英寸,约合1.47m)设置观察孔或者采用玻璃侧板
2	在内外窗上,设置容易控制的遮阳装置
3	在床到卫生间的路线上设置夜灯,方便老年人起夜
4	考虑住家保姆、工作人员、子女晚上过夜以及白天活动的空间
5	卧室需要足够大,能够放下两张单人床
6	卧室设计时考虑能够安装升降装置和床边护栏
7	能够从床上控制卧室的灯光
8	为远程医疗诊断计算机配置网络
9	设置可用于办公或工作相关活动的空间
10	设置能够看到门前访客的视频电话
11	可从床上控制灯光的开关,或者配置遥控器
12	衣柜的挂杆可以被降至轮椅使用的高度
	阳台
1	阳台有遮蔽,使人感觉安全的同时,也能够起到挡风的作用
2	阳台内外地面间采用低门槛过渡
3	阳台稍宽,能够放下家具和植物(最小深6英尺,约合1.83m)
	其他
1	设置方便使用的前开门式洗衣机和烘干机,堆叠放置或者并排放置
2	布置充足的步入式储藏和分散储藏空间

居室特征

　　居室在设计时考虑了全年龄段的老年人，即便是老年人逐渐变得不能自理时，居室的设计以及服务方案的配置，也能够匹配他们的需求。上表中列出的 80 个特征，在已建成的限定入住年龄的支援性老年福利住宅中，被证明是非常有效的。这些特征既包括需要在设计开始时就考虑并完成的内容（如直径为 5 英尺，约合 1.50m 的轮椅回转空间，高差的平滑过渡等），也有部分内容可以随着老年人原居安老过程中身体条件的逐渐衰退，轻松地作出调整和改变（如扶手、预装的自动开门器等）。为深度服务留出余地的居室设计，不仅有潜力让老年人的生活更加安全和满意，也给老年人的生活提供了更多的可能和非机构的选择。

值得注意的特征

1. 这个建筑计划在美国通过分契式公寓的形式践行生命公寓的理念。
2. 居室面积很大，目标客群是 75 岁附近的老年人。
3. 康乐设施包括健身房和封闭的游泳池。
4. 提供了自由的用餐选择（不强制要求用餐）。
5. 场地在一家购物中心的步行可达范围内，可以俯瞰一条风景优美的河。
6. 采用居家照护模式提供个人及健康照护服务。

案例 8：查尔斯新桥养老项目（NewBridge on the Charles）

地点：美国马萨诸塞州戴德姆市查尔斯（Charles，Dedham，Massachusetts）
建筑师：珀金斯 – 伊士曼建筑师事务所，美国宾夕法尼亚州匹兹堡

　　查尔斯新桥养老项目是一个位于波士顿城外的人生计划社区。该社区于 2009 年开业，由非营利组织 Hebrew SeniorLife 赞助开发。项目占地 162 英亩（约合 65.56hm²），开发面积为 100 英亩（约合 40.47hm²）。社区共有 594 间居室和床位，包括 268 个专业护理床位、51 套协助生活居室、40 套认知症居室，以及 235 套独立生活居室。独立生活居室包括 24 套花园别墅（Villa）、50 套乡村别墅（Cottage），以及 182 套公寓（Apartment）。现在入住者大约有 680 人。场地中还设置有一个能容纳 450 名学生的拉西私立学校（K–8，从幼儿园到 8 年级），以及一栋高两层的公共设施，在设计时，该设施配置丰富，考虑由拉西学校和周边的社区共同使用。[25]

设计理念

　　整个社区基于以下目标设计，包括：[26]1）创造多代人接触的包容性项目，欢迎外部社区的访客；2）真正保证能够得到最优化的选择；3）采用小组团的护理模式；4）希望采用创造性的技术来节约能源；5）承诺尽最大可能保证老年人健康独立的生活。社区与哈佛医学研究中心的联盟，则表明了它对品质的承诺和对探索性研究的兴趣。

强调原居安老

查尔斯新桥项目非常注意原居安老的理念。从 2009～2016 年，仅有 10 位老年人从他们的居室中搬出，转移到协助生活设施、认知症照护设施或护理院中。他们给生活在独立居室中的老年人提供基于居家照护模式的个人照料，服务取决于老年人的需要和他们的偏好，需要额外收费。通常说来，在老年人对照料的需求变得复杂且连续的时候，管理者更希望老年人能够转移到设施中。这使得老年人能够充分利用社区内部带有连续性的照料机构。然而，原居安老的概念非常强调的是，绝大多数独立生活的老年人应该选择尽可能长时间地生活在他们自己的公寓中。[27] 由于场地的面积很大，很多老年人购买了代步车，方便在社区内活动。

图例

1. 长期照护床位　　　　7. 协助生活
2. 公共建筑　　　　　　8. 认知症照护
3. 独立生活公寓　　　　9. 春池（湿地）
4. 别墅　　　　　　　10. 拉西学校运动场
5. 乡村别墅　　　　　11. 场地入口
6. 拉西学校　　　　　12. 查尔斯河

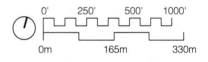

图 8-39　查尔斯新桥养老项目基地占地面积为 162 英亩（约合 65.56 公顷）：场地内多变的地势以及蜿蜒曲折的查尔斯河使得可建设区域大打折扣；场地西侧的丘陵地带被用于建设独栋乡村别墅；场地内还配置有一座 K-8①私立学校

图片来源：Perkins Eastman Architects

---

① K-8：指美国的一种学校形式，能够让学生从幼儿园（5~6 岁）一直上到 8 年级（大概 14 岁）。

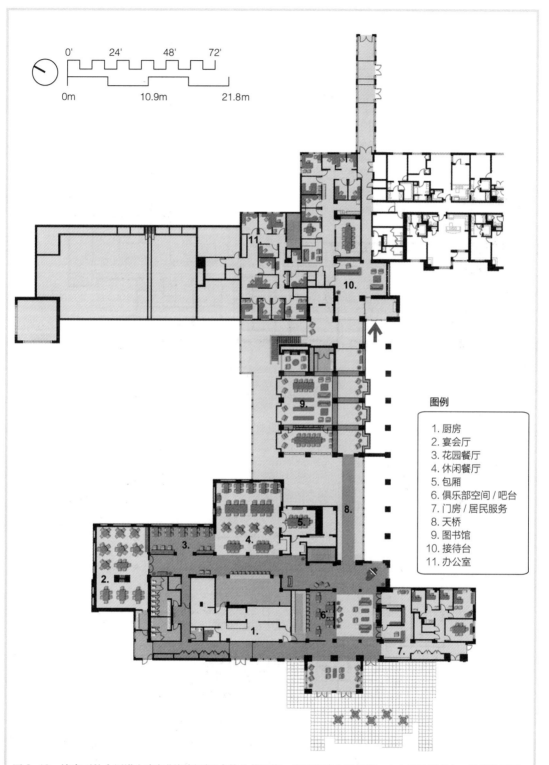

图例

1. 厨房
2. 宴会厅
3. 花园餐厅
4. 休闲餐厅
5. 包厢
6. 俱乐部空间 / 吧台
7. 门房 / 居民服务
8. 天桥
9. 图书馆
10. 接待台
11. 办公室

图8-40　访客可从上层进入查尔斯新桥项目中的公共设施：路过接待台后的第一个空间是图书室；这里设置了3个餐厅和1个餐前活动俱乐部，每个餐厅有着不同的正式程度，提供不同的食物选择；这里还设置有办公空间

图片来源：Perkins Eastman Architects

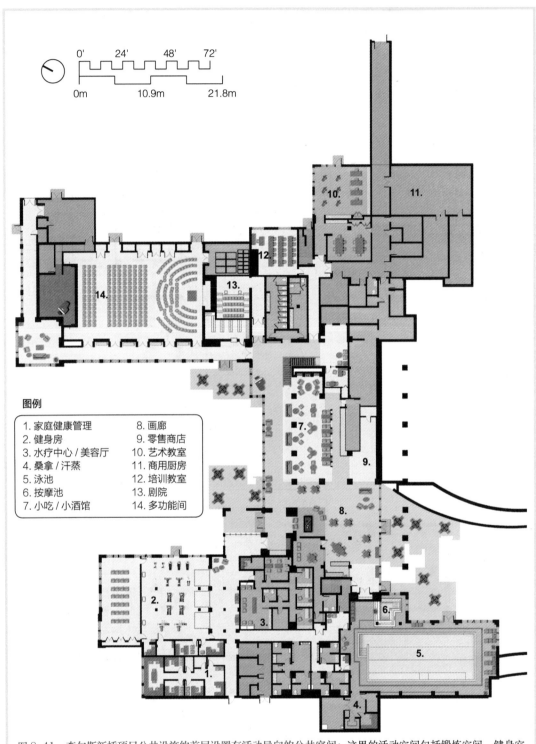

图例

1. 家庭健康管理　　8. 画廊
2. 健身房　　　　　9. 零售商店
3. 水疗中心 / 美容厅　10. 艺术教室
4. 桑拿 / 汗蒸　　　11. 商用厨房
5. 泳池　　　　　　12. 培训教室
6. 按摩池　　　　　13. 剧院
7. 小吃 / 小酒馆　　14. 多功能间

图 8-41　查尔斯新桥项目公共设施的首层设置有活动导向的公共空间：这里的活动空间包括锻炼空间、健身空间、艺术空间、娱乐空间和一个多功能厅。休闲餐厅毗邻两层通高的非正式会客空间，连接着封闭的游泳馆以及装备齐全的健身区

图片来源：Perkins Eastman Architects

图 8-42　公共设施的两层玻璃表皮是社区中最显眼的立面之一，可以透过玻璃俯瞰基地的北边：图片左侧是用于特别活动的大型多功能厅，建筑顶层设置有几间大面积的"联排别墅"居室，这里可以欣赏到查尔斯河以及场地内的美景

图片来源：Chris Cooper，Perkins Eastman Architects

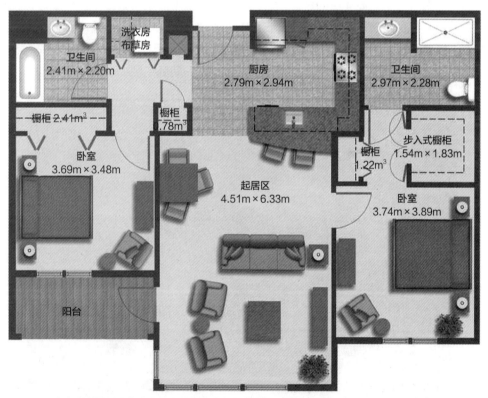

图 8-43　这个典型的两居室独立生活单元配置有两个弹性可变的卫生间：一个卫生间配置有淋浴间，另外一个配置有浴缸；起居室两侧都设置有卧室，这种布局使得居室更容易被"共享"；长方形的起居室较为宽阔，穿过它能够到达阳台

图片来源：Perkins Eastman Architects

公共空间

公共区域面积超过 80000 平方英尺（约合 7432m²），包括共享的活动空间以及管理服务空间。活动空间包括 3 个餐厅（有着不同的价格、不同的食物选择和不同的正式程度）、图书馆、艺术综合体、多功能厅、综合锻炼设施、封闭的游泳馆、电影院和便利商店。在公共设施楼栋中，陈列有上百件原创艺术作品和一些有趣的装置，吸引着老年人、家属、工作人员、拉西学校的学生和周边社区邻居的到来。社区广为人知的是其中开展的代际交流活动，其中既有教学类的活动，也有友好访问类的项目。

居住选择

3 种类型的独立居住形式给老年人提供了很多选择。[28] 其中，50 套乡村别墅既有一层和两层的形式，也有一些联体别墅（包含 4~6 间居室的组团）的形式，面积大小在 1500~2000 平方英尺（约合 139.35~185.81m²）之间。花园别墅则是 3 层高的建筑，每一层设置有 4 套居室，而每套居室都有两个朝向外侧的玻璃幕墙，能够方便产生穿堂风，也有利于加强采光。停车场非常方便地设置在地下，能够通过电梯到达。花园别墅的居室面积在 1500~1800 平方英尺（约合 139.35~167.23m²）之间。

独立公寓则是一栋高 4 层的建筑，建筑围绕着一个中央花园布置。建筑布局上采用了紧凑的双边布房的走廊形式，居室对于残疾人士的需求考虑得非常细致。独立公寓的居室面积在 825~2000 平方英尺（约合 76.65~185.81m²）之间。所有的公寓居室中，只有 5% 是一居室，接近 50% 为两居室，剩下的是小两居室（即一间卧室带一个小房间的形式）。

图 8-44　查尔斯新桥项目中 182 间独立生活居室的设计旨在支持老年人独立生活尽可能长的时间：这两个建筑位于花园庭院的一边，庭院的下方设置有地下停车库；独立生活居室绝大多数都是两居室或小两居室（一个卧室带一个小房间的形式），其面积在 825~2000 平方英尺（约合 76.65~185.81m²）之间
图片来源：Chris Cooper，Perkins Eastman Architects

费用

以 2017 年为例，入门费从 60 万美金到 130 万美金不等，每个月的月费在 3500~5500 美元之间。入门费的 90% 将会退还，如果一个居室中住两个人，那么第二个人每个月只需要交 1200 美元。

入住者特征

该社区中，住在独立公寓中的老年人平均年龄为 86 岁，其中约 1/3 为夫妇。该社区的老年人非常活跃，75% 的老年人服务于各类委员会。

长期照护

协助生活设施以及认知症照护设施分别位于不同的建筑中，但均与公共设施相连。所有的协助生活设施中，除了有两间两居室外，其他均为一居室。所有的认知症照护居室均只有一间卧室。居室的尺寸以及配置与北欧一样，偏向选择较大的居室。

18 个专业护理组团，每一个都住有 14~16 名老年人（共 268 床）。他们采用小组团的理念，老年人住在一起，在分散的组团中各自用餐。其中部分组团专门针对急性期康复的老年人，部分组团则针对认知症晚期的老人。在护理院中，每一个房间都在床上方配置有升降设备，现阶段有 36 个升降设备在使用中。

结论

查尔斯新桥项目展示了美国对于设计与居住项目的最新思考。居室依靠基于居家照护模式的补充，来践行"生命公寓"的理念。选择原居安老的老年人，既可以选择入住社区内连续的照护系统（协助生活设施、认知症照护设施、护理院），又可以选择在社区的帮助下居住在自己的公寓中。查尔斯新桥项目有一个复合服务的供应商，可以提供所有层级的照护及医疗服务。人生计划社区，又称持续照料退休社区，是美国最接近北欧生命公寓的设施类型，他们自身的定位是提供一系列的服务，因而其中很多家也提供居家照护类型的服务。

值得注意的特征

1. 该项目与私立学校（K–8）结合布置，强调多代际间的接触。

2. 带有服务的独立居室使得老年人可以实现原居安老。

3. 护理院采用小组团居住的理念。

4. 该项目欢迎来自周边社区的志愿者和访客。

5. 2/3 的老年人此前居住在独栋住宅中，90% 的入住者是犹太人。

6. 该项目在节约能源的系统研究上投入很大。

7. 建筑的外立面材料看起来非常真实，具有住宅的特点。

小组团生活设施案例研究

从历史的维度来看

20世纪中叶，美国最好的照护服务企业开始着手解决医养结合型护理院的规模问题。很多新开发的模式逐步减少沿走廊双边排布房间的平面布局形式，更加倾向于采用小组团的单元式布局。为了避免同时将50~80位老年人逐一推送到餐厅就餐，16~20人规模的分散式小组团模式应运而生。这种模式具有更多的单人间，护理站设计得更加人性化。这种类型的探索在北欧非常成体系，但是在美国往往是一次性的实验。每年出版两次的《老年建筑设计竞赛案例研究手册》(*Design for Aging Competition Case Study Books*)[29]中，分享了很多早期的非营利护理院的设计方案，这些方案将物理环境的变化作为一种催化剂，用于重新反思服务的提供方式。

北欧的发展过程

在北欧，尤其是瑞典和丹麦，这种建立小组团以及更好的分散式管理系统的想法在"二战"后变得非常流行。随着高龄老人数量的不断增加，大家开始关注长期照护中存在

的问题。在这些国家，长期照护由当地政府资助，具体模型由接受了全新照护理念的地方市政当局开发。[30]在20世纪80年代到90年代初期，丹麦将护理院列入"黑名单"，并将重心放在基于社区的服务型公寓上，用有服务支持的公寓来代替类似医院病房的护理院居室。社区中对居家照护的持续推动成为建设的新动力。

北欧不同国家（丹麦、瑞典、芬兰、挪威和荷兰）相互学习彼此的经验，不断提升运营环境和物理环境的水平。到20世纪80年代中后期，北欧国家在老年居住建筑的建设方面形成了以下共识：1）设计小组团的居住空间；2）采用量身定制的原则（定制化照护）；3）取消护理站；4）指派主要和次要的照护人员；5）坚持使用单人间；6）同时采用单边布房和双边布房的走廊形式；7）将居室面积从最小的250平方英尺（约合23.23m²）提升到400平方英尺（约合37.16m²）。具有上面这些特征的新型设施经常采用庭院式布局，这种布局形式不仅可以让自然光进入，还可以加强对周边园艺环境的利用，既能够远观也可以近玩。由于在斯堪的纳维亚地区，健康照护系统会补贴长期照

图8-45 查尔斯新桥养老项目（8:143）中的小组团居住模式中设置有护理组团，每个组团能容纳14～16名老年人：单人间居室围绕厨房布置，厨房也当作护理站使用；在设计该空间时工作人员给了很多建议，最终建成的空间不仅有利于高效地工作和组织活动，也可以给老年人提供一个喝咖啡的空间

图片来源：Chris Cooper, Perkins Eastman Architects

护设施，所以普通人都可以住得起这些机构。他们将长期照护看作是人的一项"基本权利"，应避免长期照护给高龄老人和他们的家庭制造经济上的负担。

绿屋养老院模式

在美国，这种小组团模式的广泛流行源自于比尔·托马斯。他从"先锋网络组织"（Pioneer Network）[31]中得到启发，成功地开发出了名为"绿屋"的护理院原型。他开发这一建筑类型的动因有一部分源自于伊甸园模型的成功，伊甸园模型将植物、宠物、儿童等人性化元素引入传统护理院环境。比尔·托马斯在纽约州一家高级养老院担任医生的经验，让他充分了解到医疗补助制度下护理院中糟糕的生活方式和居住环境。[32]

伊甸园模型实现起来相对容易，也能够立即改善老年人每天的生活。虽然它在改善方面已经做得非常成功了，但是我们还是可以非常清晰地看到，护理院中的运营环境和物理环境必须得到改变，从而实现真正的改革。比尔指出，物理环境是主要的问题所在，类似医院的物理环境，催生了类似医院的照护文化。他还认识到，在如何创造更快乐、更像家的生活方式这个问题上，直接对老年人负责的护理助理应该有更多的话语权。在绿屋养老院模式中，非常鼓励一些与文化转变相关的照护理念，比如设置专门的照护主管，对工作人员进行综合训练，激励老年人进行自主选择，站在老年人的角度设定照护计划等。[33]

绿屋养老院模式的核心理念是建立10人规模的分散居住小组团。这些老年人由指定的全能型员工（Universal Workers）进行照顾，他们了解老年人的个人及健康照护需求。比尔·托马斯采用来自"模式语言"（Pattern Language）[34]中的原则和元素，采用诸如厨房、厨房台面、灶台等标志性的居住符号，在老年人和工作人员心中营造出家的形象，从而代替养老机构中的护理站、餐厅和活动室。

运营环境

在运营方面上的最大挑战是如何创造一种友好的社会环境，引导老年人与工作人员之间更好地进行交流。一般而言，护理院中对老年人的护理缺乏控制，会导致老年人的"习得性无助"，进一步造成了老年人能力的丧失。[35]因此，绿屋养老院模式鼓励老年人参与家务活动。为了尊重老年人、重塑护理理念，他们采用了一种全新的命名方式，用"长者"（Elder）代替"老年人"或者"居民"。同时，他们将主要的管理者称之为"向导（Guide）"，将社区志愿者称为"贤者（Sage）"。

沙赫巴兹①

为了实现更好的社会交往，同时让工作人员有更强的责任心，照护方式也需要做出重大的转变。将原来典型的层级式管理方式扁平化，并通过全能型员工完成全部的工作。护理助理最熟悉老年人，他们在护理院中承担了90%的工作，所以比尔·托马斯认为，他们在工作中应该得到更多的信任，并拥有更大的自主性来做决定。首先，他赋予了这些护理助理一个专门的名字，叫做"沙赫巴兹"（Shahbaz），这个名字来自波斯民间传说中的皇家猎鹰。他们的职责包括准备餐食、洗衣服、提供个人照护，并协助康复训练。他们

① 沙赫巴兹：Shahbaz，源自波斯语，指的是传说中的守护者，也暗指国王自己的皇家猎鹰（King's Own Royal Falcon），在绿屋养老院模型中用来指代护理人员。

的受训时间要求为正常的注册护士助理的2倍。沙赫巴兹应该更接近老年人，不仅了解老年人本身，也了解他们的病情。同时，他们也有责任管理访客，与老年人协商饮食选择、活动等问题，最后达成一致的意见。在按计划举行的"家庭会议（House Meetings）"中，大家可以围绕餐桌讨论，做出最后的决定。一般情况下，一个组团白天设置2名"沙赫巴兹"，而晚上只需要1名。

医疗支持团队

医疗支持团队包括内科医生、注册护士、持照实习护士（LPNs）、作业疗法师（OTs）、物理疗法师（PTs）、休闲理疗师、社工、营养师和语言治疗师等。这些专业人员按照预定的日程上门提供服务，这个日程是沙赫巴兹们根据老年人的需求，与其协商达成的。护士通常在设施中巡视，一般来说，白天1个护士负责两个小组团，晚上则负责3个组团。这种团队的配置，能够提供一系列综合居住照护所必需的治疗、护理和咨询服务。

生活方式

在传统的护理院中，高效的运营建立在严格的固定日程基础上。但实际上，在老年人的日程安排中给他们提供尽可能大的自由度非常重要，这能够使他们的体验更接近于在家中生活。由于食物是在组团内的厨房准备的，所以更加容易采用家庭食谱，也可以按照老年人的偏好来准备食物。实际上，"美筵（Convivium）"这个词就是用来形容从享用"家庭烹饪"（Home-cooked）的美食中收获的健康和快乐。小尺度的空间环境也能鼓励家庭成员之间的交流和分享。在就餐的时候，家属、朋友和工作人员可以与老年人一起用餐。沙赫巴兹非常了解老年人，所以他们会和老年人就社交、健康等相关话题展开丰富的交流。

建筑物理环境

第一个绿屋养老院建筑原型建成于2004年，它位于密西西比州的图珀洛（Tupelo），建筑外观看上去像一个大型的郊区别墅，与周边社区的大片房子保持了一致。这个建筑居住有10名老年人，配置有10间卧室，此外还设有厨房、大餐桌、起居室、静室、水疗中心、洗衣房、储藏间、嵌入的小型办公区和室外的露台（阳台）。这个建筑原型

图8-46 容纳10-12位老年人的绿屋养老院通常都设计成独户住宅的形式：在圣安东尼奥山花园绿屋养老院（9：154）中，设置在持续照料退休社区内的两个10人规模的绿屋养老院建筑，与场地内单层的工艺美术风格的居住设施，以及将它们联系在一起的花园景观完美契合

图片来源：D.S.Ewing Architects，Inc.

在设计时，人均面积为 600 平方英尺（约合 55.74m²）。其中，公共空间及服务空间占据了大概一半的面积，另一半则为居室及卫生间。设计师在选择室内家具和装修风格时，充分分析了典型入住者的家庭特征。[36]

与一般的家庭厨房相比，这里的开放式厨房面积和容量都要更大一些。除此之外，厨房里还配置了家具电器，用来营造友好的、非经营性的氛围。10~12 人大小的餐桌能够容纳所有的老年人就餐，食物采用"家庭风格"的方式上桌，而不是从备餐间中单独盛放和递送。

卧室的尺寸不定，但是通常都很小，这使得老年人很难携带家具等大件物品。部分老年人虽然带来了他们自己的床，但是仍然需要灵活的护理床。浴室和卫生间的无障碍设计，以及顶棚上的吊轨系统增强了居室的可达性。

由于建设必须遵从当地的法律法规，所以绿屋养老院的开发往往需要协商。一些涉及法规的问题需要提前解决，包括签订现行法规之外的"免责条款"，或者设置满足安全规定的缓和措施。虽然绿屋养老院模型已经得到了广泛的认可，但也有一些州或者自治市不够灵活，对于现存制度上的要求和做法非常固守。[37]

绿屋养老院模式的复制需要支付一定的冠名费。收费的原因是为了确保与其理念配套的程序、功能和特征能够得到贯彻。当一些开发商采用这种模式而又没有获得冠名时，他们通常会提高每一个组团中老年人的数量，或者是调整工作人员的配置，这些非官方的模式通常也被称之为"小屋"。

绿屋养老院模型的建设过程

"绿屋养老院"运动已经在美国的 30 个州建设了超过 242 个"家"（截至 2017 年 10 月 15 日）[38]，另外还有约 150 个项目正在开发的过程中。这种经过改造的长期照护模式，为高龄老人提供了更强的自主性、更高的私密性以及更大的自由度。尽管绿屋养老院现在已取得了相当可观的成果，但是相较于护理院 140 万张床位的存量，还是显得比较无力。尽管在概念上，绿屋养老院可以被设计为独立运营的形式，但是通常需要约 100~120 位老年人（大概 10 个"家"）才能达到预期的经济规模。所以，虽然原来的绿屋养老院模型中每个"家"只有 10 位老年人，但是现在已经被扩大到每个"家"有 12 位老年人。

图 8-47　在丹麦的艾特比约哈文养老设施（13：174）中，全部的 9 名老年人（以及两名工作人员）在一张大餐桌上共同用餐：老年人会提前来到餐桌旁，吃完饭后也会待在这里参与谈话及活动；作为背景的中庭，能够提供自然采光和中央庭院的景致；放置在餐桌上的蜡烛营造出一种家庭式的亲密氛围，丹麦人称之为"Hyggelig"（舒适）

绿屋养老院已经成为现有的持续照料退休社区和人生计划社区之外，一种非常受欢迎的补充形式。将绿屋养老院引入这些社区现存的基础设施后，可以使得最少 2~4 栋建筑能够得到有效的支持。原始的绿屋养老院原型的面积，是在将其作为医疗补助计划支持的护理院并考虑存活能力之后确定的。但是在"增殖"的过程中，很多绿屋养老院也开始面向个人付费的市场，所以其居室的平均面积也增长到了 750 平方英尺（约合 69.68m²）。[39]

最近的研究

2003 年、2009 年和 2012 年进行的一些研究，都尝试阐明绿屋养老院模型与传统护理院之间的区别。研究结果指出了"绿屋养老院"模型出现后，工作人员和家属日常生活中的一些轶事，以及观察到的评论。从这些比较研究来看，老年人在与生活质量相关的 7 个领域（包括隐私、尊严、有意义的活动、社会关系、自主性、食物享受和个性），还有幸福感方面都得到明显的改善。[40] 家属对饮食、家务、通用环境和健康照护也会更加满意，工作人员也反映有更高的工作满意度和更小的工作压力。有趣的是，工作人员花在老年人身上的时间更多了，既包括社交时间（是原来的 4 倍），也包括直接照顾时间（比原来每天多 23~31 分钟）。尽管对工作人员的时间要求是相同的，但是绿屋养老院中的老年人获得了更多的直接关注。大家普遍认为，沙赫巴兹们是与高龄老人之间维系的纽带，使得老年人的生活和照护品质都得到了显著的改善。[41]

案例 9：圣安东尼奥山花园绿屋养老院（Mount San Antonio Gardens Green House）

地点：美国加利福尼亚州克莱蒙特（Claremont，California）

建筑师：Ewing Architects，美国加利福尼亚州帕萨迪纳（Pasadena，California）

圣安东尼奥山花园绿屋养老院是一个靠近加州克莱蒙特地区的持续照料退休社区，也可以叫做人生计划社区。这片占地 30 英亩（约合 12.14hm²）的社区开业于 1961 年，环境非常优美，有超过 470 位老年人居住在其中的独立生活设施、协助生活设施和专业护理设施中。圣安东尼奥山花园成功开发了加利福尼亚州第一个绿屋养老院护理院项目。[42] 由于这种模式存在很多非常规的做法，与标准的护理院规范和做法有很多冲突的地方，所以他们花了 3 年时间与加利福尼亚州立规划与开发局（Office of Statewide Planning and Development，OSHPD）进行协商，来解决其合法性以及运营和建设中的问题。

建筑理念

在 2013 年，圣安东尼奥山花园在其场地的东端建设了一个 10 人规模的绿屋养老院护理院。持续照料退休社区的现存基础设施使其在经济上比较合算，能够支持两个面积为 7000 平方英尺（约合 650.32m²）的单层建筑。建筑的外立面周边设置有水平条状的木板，与社区内的其他建筑保持一致。园区中拥有茂盛的、成熟的、可持续利用的林木资源，可供建设使用。

図例

1. 大房间 / 起居室   6. 水疗中心 / 洗浴
2. 餐桌   7. 露台
3. 厨房   8. 火炉 / 电视
4. 嵌入式办公   9. 卫生间
5. 活动室 / 过夜客房   10. 安全花园

0' 10' 20' 30'
0m   5m   10m

图 8-48　常青别墅（Evergreen Villas）是加利福尼亚州第一个绿屋养老院；采用一个 10 居室的组团式平面，设有大量的公共区域；在建筑的南、北两侧各设有一个室外露台；绿屋养老院位于持续照料退休社区内，因此能够使用社区内一系列的公共设施

图片来源：D. S. Ewing Architects，Inc.

运营考虑

　　沙赫巴兹们承担着包括烹饪食物、保洁、洗衣、提供个人照护帮助和康复在内的全部职责。持续照料退休社区内的地理位置，使得提供额外的活动和服务变得非常容易。部分工作人员认为，虽然绿屋养老院对工作有着更高的要求，但是与老年人的亲密关系弥补了额外的工作量。每一个组团中，白天有两个沙赫巴兹，晚上只有一个。老年人的物理治疗既可以在活动室中进行，也可以在老年人的房间内实施，还可以去社区中更大的理疗空间，由于这些记录都是以电子的形式存储的，因此在任何时间任何地点都能够使用。

公共空间

　　十个居室呈 U 形布局，围绕着一个高 14 英尺（约合 4.27m）的双坡式顶棚，如同一个山林小屋，在这里布置有起居室、壁炉和餐桌。位于房间中间的标志性火炉将餐桌与起居室分开,起居室中布置有 12 个朝向电视的柔软座椅。地板材料选择了中间色调的防腐木材,顶棚则采用了雪松板。建筑中大部分外表面使用了木头和花岗岩,营造出居住建筑的氛围。中间的公共空间周围设置有高侧窗,使得光线能从南边、北边以及西边进入。位于建筑南北两端的室外露台,不仅能够到达室外,也能够透过其看到外面的美景。南侧的露台连接着厨房,有利于老年人在室外就餐;北侧的露台周边设置有 6 英尺(约合 1.83m)高的木围栏,附近设置有一个附加的管理服务用房,能够为露台提供安全保障。服务空间布置在建筑平面的东侧,包括洗衣房,美发室,活动室和一个设有治疗用浴缸的浴室。

厨房和餐厅

开敞式的厨房为老年人提供了额外的就餐空间,老人们非常喜欢在这里喝咖啡或者吃零食,一些情绪狂躁的老年人或者不合群的老年人也可以在这里就餐。大餐桌可以同时容

图 8-49　水平条状的防腐木板和黑色(或灰色)的装饰品拼贴出手工艺风格里的装饰图案:建筑材料和细节都具有居住建筑的特色;周边的园景材料郁郁葱葱,可以持续利用;保护室外露台的隔板需要格外注意;建筑与社区内度假别墅有相似的特征

图 8-50　裸露结构的顶棚使建筑外观看起来像一个"山林小屋":石头的火炉将起居区域与就餐区域分隔开来;框架结构建筑采用外露式的屋顶椽子和硬木地板,增强了其住宅的特征;天窗使得光线从上部进入;照片中还可以看到厨房和室外露台

图片来源:D. S. Ewing Architects,Inc.

纳 14 个人就餐，在"美筵"分享美食和友谊的理念下，家属、朋友还有员工也可以被邀请过来一起用餐。厨房可以用于准备食物、储藏食物、清洗餐具。洗碗间与厨房分离布置，虽然降低了厨房的噪声，但是也将工作人员从建筑中孤立了出来。

老年人居室

就像绝大多数绿屋养老院的设计一样，居室是带有独立卫生间的单人间，面积在 295~315 平方英尺（约合 27.41~29.26m²）。高大的窗户能使自然光进入每一个居室。房间的门宽 42 英寸（约合 1067mm），采用了带有独特树形雕花的实心木门，看上去非常美观。房间的入户门装有双向铰链，既可以向外开启，也可以向内开启。建筑为老年人准备了 4 部便携式升降机。药物储藏在老年人房间内一个上锁的柜子里。

入住者特征

居住在这里的老年人类型多样。在所有老年人中，约 70% 有某种程度上的认知障碍，约 50% 乘坐轮椅；75% 为女性，平均年龄为 85 岁。这个绿屋养老院也吸引了一些来自持续照料退休社区以外的个人付费的老年人。

图 8-51　嵌入式的厨房临近室外露台、封闭洗碗间和餐厅：折叠的防火隔断使得开放厨房可以防烟防火，厨房内的台面可供简餐或小型家庭聚会使用

图片来源：D. S. Ewing Architects, Inc.

值得注意的特征

1. 这是加利福尼亚州的第一个绿屋养老院项目。
2. 两个绿屋养老院建筑分别能够容纳 10 位老年人居住。
3. 建筑的室内设计类似山林小屋。
4. 建筑获得了美国绿色建筑评价体系（LEED）银级认证。
5. 持续照料退休社区的基础设施使得这两个建筑在经济上更加合算。
6. 持续照料退休社区可以为其提供更多的服务和活动选择。

案例10：伦纳德-弗洛伦斯生活中心（Leonard Florence Center for Living）

地点：美国马萨诸塞州切尔西

建筑师：DiMella Shaffer Architects，美国马萨诸塞州波士顿

马萨诸塞州切尔西的伦纳德-弗洛伦斯生活中心开业于 2010 年，是第一个"城市型"绿屋养老院项目。6 层高、布局紧凑的建筑占地面积为 2 英亩（约合 8093.71m²）。早期的绿屋养老院模型主要是单层的木结构建筑，一般独立建设；此外，之前的绿屋养老院项目很少为所有老年人设置组团活动的共享空间。伦纳德-弗洛伦斯生活中心共设置 5 个居住楼层，每层各设置两个 10 人的居住组团（共能容纳 100 名老年人），每个楼层都设有电梯，可以通向首层主要面向入住者的共享空间。[43]

图例

1. 门厅	8. 储藏间	15. 行政管理用房
2. 接待台	9. 家庭会谈室	16. 检查治疗室
3. 休息室	10. 礼拜堂	17. 浴池
4. 烘焙咖啡店	11. 电梯厅	18. 水疗套间
5. 烘焙厨房	12. 露台	19. 美甲店
6. 熟食店厨房	13. 行政会议室	20. 美发室
7. 熟食店	14. 厨房	21. 办公室

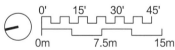

图 8-52　建筑首层设置了老年人和访客的共享空间，以及行政办公空间：这里设置有礼拜堂、咖啡厅、图书室、露台和接待台，除此之外还有水疗中心、美发沙龙以及一个评估室（治疗室）；这个空间被用作建筑中 10 个绿屋养老院组团、100 位老年人的公共活动空间

图片来源：DiMella Shaffer Architects

图 8-53　这栋 6 层高的砖墙建筑设有大窗和宽阔的阳台，形似住宅：建筑主入口前车道上设置的雨篷欢迎着访客，室外露台不仅对住在这里的老年人开放，也欢迎来自周边社区的居民

图片来源：Robert Benson Photography

公共空间

建筑首层设置有咖啡厅、犹太熟食店、冥想空间、水疗中心（包括美发沙龙、按摩室和涡流浴池）和图书室（家庭间）。这些空间不仅仅面向老年人，还面向他们的家属和朋友。这些空间距离建筑中间的电梯很近，方便使用助行器或轮椅的老年人到达。位于首层的室外大露台可以看到整个花园，这里在夏天非常受欢迎。这栋钢结构的建筑外表面采用面砖进行装饰，因此在风格上更加接近居住建筑。

运营

每一个绿屋养老院组团白天配备两名沙赫巴兹，晚上则配备 1 名。沙赫巴兹负责烹饪、洗衣并提供个人照护帮助。在伦纳德 – 弗洛伦斯生活中心，有一组单独的工作人员承担保洁工作。护士采用 24 小时值班制，每个护士管理两个绿屋养老院组团。专家们（如内科医生、作业疗法师、物理疗法师和社会工作者）可以在需要时到达每一个组团。由于组团内亲密的尺度，他们已经成功地和家属们一起举办了很多活动。每天最忙的时候是傍晚，这时候沙赫巴兹们必须仔细计划并将工作按照优先级排好顺序。

正如大多数绿屋养老院项目一样，每个组团会根据老年人们的个人喜好，单独准备本组团老年人的食物。通过给予老年人足够的自由，为他们定制个性化的生活方式，让老年人按照自己的计划，而非遵从员工的安排度过一天的生活。

居住组团

每一个绿屋养老院组团都采用了居室围绕共享空间布置的形式，位于建筑平面中央的共享空间，配置了厨房、起居厅和餐桌（设置有 12 个座位）。这些公共空间采用一种开放的平面布局方式。厨房的菜单是与老年人商议的结果，每一餐可以根据老年人点的菜现场制作。每个 10 人规模的小居住组团都有与众不同的"前门"，面向电梯厅开放。管理服务

图 8-54 位于首层的面包咖啡店是居住组团之外可供老年人和他们的家属光顾和享受的空间；这个空间类似一个社区的咖啡店，这个城市型的绿屋养老院将居住组团设置在一个公共会客空间楼上的做法，给家属和照护人员提供了更多的选择

图片来源：Robert Benson Photography

用房位于交通核后方、两个组团之间的区域，设置有办公室、储藏间和洗衣房。在现代化的开放厨房中，有隐藏设置的健康照护监测设备。在离主要空间较远的一角，设置有一个"静室"，主要供来访的家属，或者是一些较为私密的会面使用。在公共空间的西边，有一个封闭的阳台，夏天可以打开进行通风。

在伦纳德－弗洛伦斯生活中心的 10 个组团中，有两个是为葛雷克氏症（Lou Gehrig's Disease，即渐冻症，患者年龄通常为 30~40 岁）患者专门设置的。除此之外，还为多发性硬化症（Multiple Sclerosis，患者年龄通常为 40~60 岁）患者、帕金森症（Parkinson's）患者，以及想利用这种灵活模式进行短期康复的患者各设置了一个组团。由于各个组团相互独立，所以他们可以根据入住者的不同需求雇佣专业的工作人员。借助最先进的电子计算机技术，渐冻症患者（尤其是那些乘坐轮椅的人）可以有更加独立的生活。

每个组团（含 10 间居室）的平均面积为 6160 平方英尺（约合 572.28m²），居室虽然面积很小（282 平方英尺，约合 26.20m²），但都是单人间。组团中，老年人的居室和独立卫生间约占总面积的 46%。老年人卧室中都配置有自独立的无障碍洗浴设备和平板电视。

入住者特征

入住者的平均年龄为 86 岁，活动能力不一。独立布置的多发性硬化症组团、帕金森症组团和葛雷克氏症组团可以根据居住者的需求来定制服务。

值得注意的特征

1. 这是第一个"城市型"的绿屋养老院项目，6 层高的建筑里能容纳 100 位入住者。
2. 建筑首层为入住者及访客提供共享的服务和便民设施。

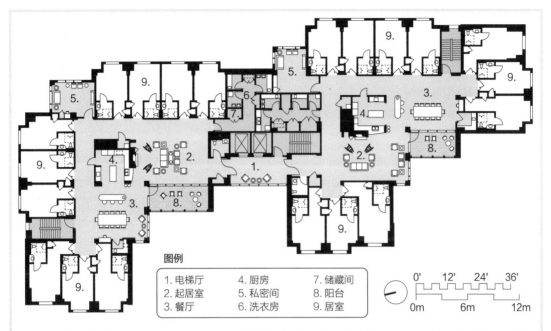

图例

1. 电梯厅	4. 厨房	7. 储藏间
2. 起居室	5. 私密间	8. 阳台
3. 餐厅	6. 洗衣房	9. 居室

图 8-55　标准层包括两个 L 形布局的组团，每个组团设有 10 间居室；每个组团中的共享空间包括起居室、餐厅、厨房、密室和阳台；每个组团独立运营；两个组团之间有两部电梯、1 间洗衣房、1 个多功能空间和 1 个储藏区域
图片来源：DiMella Shaffer Architects

图 8-56　图片所示的餐桌、开放厨房和静室反映出了这个组团的尺度，以及类似住宅的风格：木地板、类住宅的灯罩和住宅尺度的家具，构建出一种非机构化的空间特性；每个组团中的大窗户和大阳台提供了一种到达室外空间的方式

图片来源：Robert Benson Photography

3. 建筑首层设置有图书室、咖啡厅、室外露台和美发沙龙等公共空间。

4. 建筑标准层每层设置有两个 10 人规模的绿屋养老院组团，可通过两部电梯到达。

5. 部分组团考虑为特殊的人群预留（包括多发性硬化症患者、葛雷克氏症患者和帕金森症患者）。

6. 绿屋养老院组团提供定制化的服务，小组团的餐食和全能型的工作人员。

7. 组团平面布局紧凑，有利于老年人走动，从而激励其保持独立。

案例 11：新犹太人生活照护组织曼哈顿生活中心（The New Jewish Lifecare[①] Manhattan Living Center）

地点：美国纽约曼哈顿

建筑师：珀金斯－伊士曼建筑师事务所，美国纽约州纽约市

这座高层的绿屋养老院长期照护设施位于曼哈顿的上西区（Upper West Side of Manhattan），阿姆斯特丹大道与哥伦比亚大道之间的第 97 街，计划于 2018 年开始建设。[44] 如同伦纳德－弗洛伦斯生活中心（10∶158）一样，这也是一个多层的绿屋养老院项目。相较而言，建筑高度更高，且位于建筑密度更大的城市闹市区。

建筑理念

这座建筑共有 20 层，其中首层和二层为入口、共享空间和管理办公室，三层及以上为居室。建筑中有 11 个楼层将被设置为护理院的居住楼层，每个楼层背靠背设置两个绿屋养老院组团，每个组团可容纳 12 位老年人，所以这个设施一共将会设置 22 个绿屋养老院组团，共容纳 264 位老年人。除了绿屋养老院，这栋建筑中还会设置 6 个楼层的急性病恢复床位，

图 8-57 这座 20 层高的曼哈顿生活照护设施位于曼哈顿的上西区：除了绿屋养老院组团，长照中心还设置有 6 层楼的急性病恢复床位；建筑中设置有两个疗愈花园，其中一个位于楼顶；建筑下面两层设置有办公空间、医疗服务空间和共享的公共空间

图片来源：LiFang Vision Technology Company, Ltd，Perkins Eastman Architects

---

① The New Jewish Lifecare：新犹太人生活照护组织，是美国一个非营利的高龄老人健康照护组织。

能够额外容纳 150 个入住者。所以整栋建筑的容量为 414 人。急性病恢复楼层的标准层，将会设置 25 间单人间居室，这些居室围绕中间的管理用房和公共空间布置。住在这些楼层的入住者可以选择在组团餐厅就餐，或在自己的房间里用餐。除此之外，每个急性病恢复楼层还设置有专门的理疗空间。

公共空间

建筑首层用作老年人、工作人员和服务车辆的入口，同时还设置有面积达 8700 平方英尺（约合 808.26m²）的花园。此外，建筑屋顶还设置有另一个面积为 4000 平方英尺（约合 371.61m²）的疗愈花园。设置在建筑二层的共享设施及活动空间，包括一间大型的多功能厅、礼拜堂、咖啡厅、美容院、水疗中心和一些会议室，不仅面向绿屋养老院组团和急性病恢复楼层的入住者，也面向周边社区的居民开放，这些共享空间可以从上面的居住楼层直接到达，能够满足入住者招待访客、朋友和家人的需求。

在这个犹太人照料中心的二楼，另外一个比较特别的是其中的老年人事业发展项目（Geriatric Career Development Program，GCDP）。这个项目面向有志于从事老年人服务以及老年人照护的高校学生，提供严格的职业训练，同时也作为大学的预备课程。这些学生将为老年人提供生活陪伴、活动组织和临床护理等服务。

绿屋养老院组团

每个绿屋养老院组团将容纳 12 位老年人（比早期的绝大多数绿屋养老院项目多两个人）。这些组团既服务身体机能受损的老年人，也服务认知能力受损的老年人。每两层楼会配置一个供应肉类洁食（Kosher Meat）的组团和一个配套的供应乳制品类洁食（Kosher Dairy）的组团。[1] 居室均为单人间，面积大概为 245 平方英尺（约合 22.76m²），房间高约 10 英尺（约合 3.05m）。每间居室都装配有一个顶置式的电动升降机，以便帮助护理人员将老年人从床上转移到淋浴椅或轮椅上。每间居室中设置有自己单独的无障碍淋浴、坐便器和盥洗台。

每个绿屋养老院组团设置有以下共享空间：厨房、起居室、能够容纳 14 人的餐桌（12 名老年人和 2 名员工）、静室、洗衣房、活动空间以及一个室外平台。和所有绿屋养老院项目一样，这里也将选择分散管理的、使用全能型工作人员风格的团队（沙赫巴兹）来接管整个项目。这样，老年人和服务人员之间能够形成亲密的关系。作为绿屋养老院理念的重要部分，"量身定制"能够让老年人尽可能按照自己的意愿，自由选择想要的生活方式。

绿屋模型从根本上缩短了居室与用餐和活动空间的距离，所以老年人的行走距离更短了。食物将按照沙赫巴兹制定的菜谱计划，在组团的厨房中制作，并以家庭式的风格端上餐桌。

---

① 洁食（Kosher）：Kosher 来自希伯来文，意思是"适合"食用或使用，指符合犹太饮食规范的洁净可以食用或使用的食品、药品、化妆品等。根据犹太旧约圣经，肉类不可与奶类同时食用，所以含肉类成分的洁食（Kosher Meat）与含奶源成分的洁食（Kosher Dairy）要分开设置。

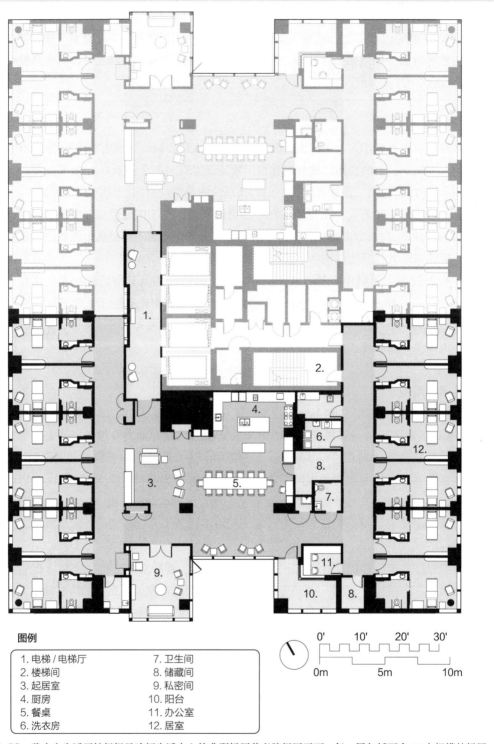

图例

1. 电梯/电梯厅	7. 卫生间
2. 楼梯间	8. 储藏间
3. 起居室	9. 私密间
4. 厨房	10. 阳台
5. 餐桌	11. 办公室
6. 洗衣房	12. 居室

图 8-58 犹太人生活照护组织曼哈顿生活中心的典型绿屋养老院组团平面：每一层包括两个 12 人规模的绿屋养老院组团，这两个组团共享交通核的 4 个电梯；建筑中一共有 22 个绿屋养老院组团（共 11 层楼）；共有 264 间居室，都是单人间（可以住 264 位老年人）

图片来源：Perkins Eastman Architects

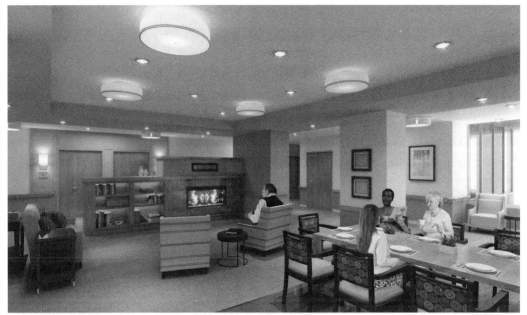

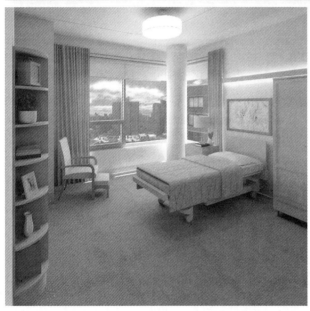

图 8-59　所有的绿屋养老院组团平面完全相同：共享空间里设置有起居室、厨房、餐桌（能够容纳 12 名老年人以及两名工作人员）、阳台、静室和洗衣房；开放的集中式平面中带有内置的社会服务，老年人使用起来很便利；建筑内饰以及各类装置看上去都具有住宅的特点

图片来源：LiFang Vision Technology Company, Ltd, Perkins Eastman Architects

图 8-60　居室面积虽然相对较小，但都为单人间：房间面积为 245 平方英尺（约合 22.76m²），层高约 10 英尺（约合 3.05m）；房间窗户很大，窗台较低，但是每个组团 12 间居室中只有两个有角窗；顶置式的升降机可以使老年人能够被安全地转移；卫生间设置有 3 件套设备（盥洗池、坐便器和淋浴）

图片来源：LiFang Vision Technology Company, Ltd, Perkins Eastman Architects

入住者特征

尽管这栋建筑现在还没有老年人入住，但是预测显示，这个绿屋养老院项目中入住者的特征将会和其他绿屋养老院项目类似，入住老年人的平均年龄将达到 81~86 岁。其中，将有一半的入住者患有认知障碍，这些老年人预计平均会在这里居住 3 年。设施可以为重度失能的老年人提供服务，直到其生命结束。这里不仅接收有医疗补助计划资助的老年人，也非常欢迎自费的老年人入住。设施希望这里不仅能够吸引来自周边社区的老年人，也能够吸引曼哈顿其他地区的老年人。

值得注意的特征

1. 这栋 20 层高的塔楼将会落成在曼哈顿上西区的第 97 号大街。
2. 设施将在不同楼层分别提供康复和护理服务。
3. 绿屋养老院项目将提供定制化的服务、组团内的就餐和全能型工作人员。
4. 每个绿屋养老院楼层设置有两个规模为 12 人的组团（共 24 间单人间）。
5. 设施将利用首层和二层空间为周边社区居民提供服务。
6. 设置在首层和屋顶的花园将面向老年人开放。
7. 老年人事业发展项目将为学生提供实习机会。

案例 12：霍格韦克认知症社区（Hogeweyk Dementia Village）

地点：荷兰韦斯普（Weesp，the Netherlands）
建筑师：Molenaar and Bol and Van Dillen Architects，荷兰韦斯普
景观建筑师：Niek Roozen Landscape Architects，荷兰韦斯普
规划师：Dementia Village Advisors and Architects，荷兰富格特（BH Vught，the Netherlands）

　　霍格韦克认知症社区开设于 2009 年 12 月，是一个举世瞩目的、独特的照护设施。机构位于荷兰韦斯普（当地人口 1.7 万）的市区，占地面积 4 英亩（约合 16187m²），能够为严重认知功能障碍的老年人提供自主性和自由。社区目前居住着 152 名老年人，分散居住在 23 个小组团中，每个组团有 6~7 人。这个 1~2 层高的砖材质建筑从街道上看类似于住宅。宽阔的人行道将 7 个不同的庭院和内向的平面串连和组织在一起。位于建筑东端的入口前厅，为这个综合体提供了安全保障。一旦通过这个安全入口，每个人都可以在场地内不同的活动空间和目的地之间自由走动，这使得老年人可以自由地走出他们的居室，既不用担心走丢，也不用担心出现交通事故。

图 8-61　建筑的东南立面与街道之间，通过设置草坪和树木，柔化了建筑的外观；沿着社区的四周设置有少量的出入口和人行道；各式各样的砖材和色彩，以及各不相同的开窗形式，创造出住宅的外观

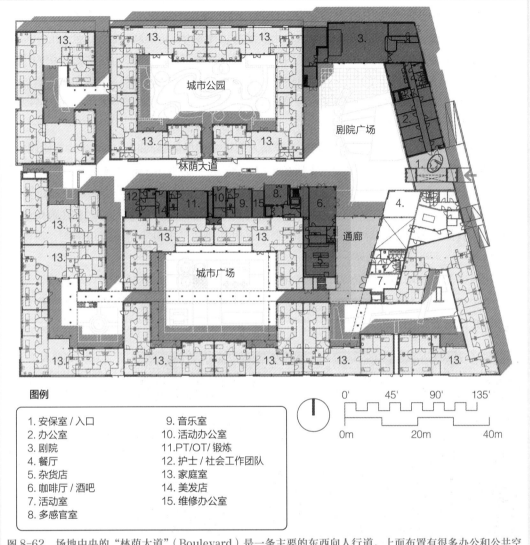

图例

1. 安保室 / 入口
2. 办公室
3. 剧院
4. 餐厅
5. 杂货店
6. 咖啡厅 / 酒吧
7. 活动室
8. 多感官室
9. 音乐室
10. 活动办公室
11. PT/OT/ 锻炼
12. 护士 / 社会工作团队
13. 家庭室
14. 美发店
15. 维修办公室

图 8-62　场地中央的"林荫大道"（Boulevard）是一条主要的东西向人行道，上面布置有很多办公和公共空间；"通廊"（The Passage）有一处带顶的封闭空间，布置有餐厅、主要活动室和杂货商店；"剧院广场"（Theater Square）毗邻建筑中的表演空间（礼堂），是一个带有喷泉的室外市民庭院

图片来源：Molenaar and Bol and Van Dillon（MBVDA）Architects，Dementia Village Advisors

建筑及规划理念

各个居住组团由环状的人行道串接在一起，沿途设置有就座、休憩、锻炼和举办活动的空间。7 个庭院可以进一步细分为 3 个大广场、4 个小广场和花园。穿过建筑的入口门厅后，可以进入**"剧院广场"**，其中设置有天马行空的雕塑、池塘和喷泉。**"剧院广场"**的正前方是一条**"林荫大道"**，左侧是封闭的多层**"通廊"**，里面设置有餐厅、酒馆和超市。**"剧院广场"**上可以举办各类活动，并且不会打扰到建筑的其他区域。

"通廊"两层通高，设置在这里的超市、酒吧、活动室和餐厅共同形成了一个活动聚集区，事先计划的或者随机发生的活动都能在这里进行，封闭的形式可以使其免受天气影响。

"林荫大道"从东到西贯穿整个建筑。这条大道在场地环形的人行道系统之外，提供了一条直线的路径，类似于小村庄中的步行街。这与迪士尼乐园的理念类似，迪士尼乐园通常设置有一条环状的步行道和一条直线的入口轴线，以避免儿童走丢。在这条线状的"林荫大道"上，设置有医生办公室、理疗空间、美容美发室、音乐教室、多感官活动治疗空间和维修办公室。在传统的护理院中，这些空间通常会被当作后勤服务空间，但在这里，这些空间的设置有利于老年人活动和约会。最主要的**"城市公园"**由4个L形的**"家庭型"**的居住组团包围，中间设置有一个水池，环状人行道在这里能够同时通向4个生活组团。

"城市广场"（City Park）正如大家所想象的一样，是一处种有大树的城市硬质铺地。"城市型"（Urban Lifestyle）的居住组团设置在这里。建筑二层设置有天桥，所以一层的步行道能够连续起来。场地内设有步行道，并在其周边布置有长凳和阴凉空间，意在**鼓励老年人通过步行进行锻炼**，这对于认知障碍的老年人很有帮助。很多步行道有顶覆盖，所以老年人散步可以不受天气的影响。[45]

建筑中设置有两层高的公共电梯，当老年人站在电梯前时，电梯将会自动启动，老年人走进去以后不需要按任何按钮，就可以到达一层或者二层，这对于不知道该如何操作按钮的认知症老人来说，非常有帮助。

图8-63 林荫大道两旁布置的商店和服务设施形式类似荷兰小镇的主要商业街；他们把咨询、维修办公室和社区公共空间如餐厅、理疗室和小酒吧等，搬到了这些容易看到的地方；这些活跃的空间增添了林荫大道的生气

景观

该中心采用了当地多种不同类型的植物。本地树种的重复使用，除了形成连续景观，也使不同的分区看上去有统一的外观。特别选用的高大树木，让社区呈现出既定的成熟样子。景观中水元素非常丰富，在各个庭院中用得恰到好处。不同颜色、形式还有材料的地面铺装，增添了很多的个性特征。人行道以及散步道的附近，设置有路灯、街道指示牌和长凳。居住组团入口设置在庭院的一角，附近会设置特殊的植物、桌椅、喂鸟器等，使其能够轻松地被识别出来。

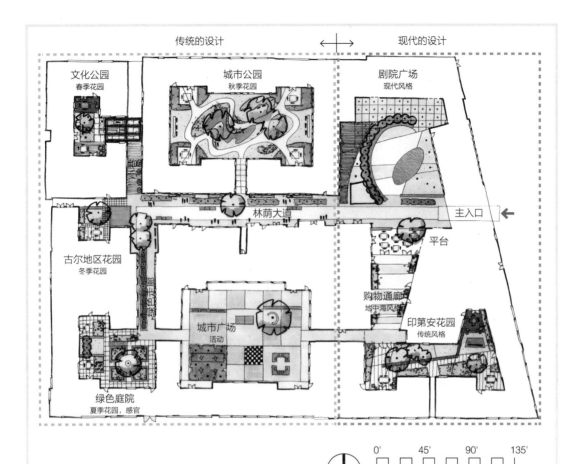

传统的设计　　　　　　　　　　　　　现代的设计

文化公园
春季花园

城市公园
秋季花园

剧院广场
现代风格

古尔地区花园
冬季花园

林荫大道

主入口

平台

城市广场
活动

购物通廊
地中海风格

印第安花园
传统风格

绿色庭院
夏季花园，感官

图8-64　霍格韦克认知症社区包括3个大广场和4个小广场和花园：它们通过环形的人行道连接在一起，这些人行道同时还将小型居住组团与公共空间、服务设施连接起来；景观丰富多样，布置了本土的植物、水景，以及可供人坐下、放松和休整的地方

图片来源：Niek Roozen Landscape Architects

生活方式组团

霍格韦克认知症社区通过设置不同的生活方式组团，让具有相似生活背景的人居住在一起成为朋友。他们相信，有相同的兴趣、生活习惯、价值观、喜好、生活方式和观点，能够有效促进友谊和社会交往。社区的目标是寻求一致、最大化协作、促进友谊增长。这样做以后，食物、传统和一些宗教典礼可以由每个组团自行定制，有着相同兴趣的朋友可以保持过去的追求。每一个生活组团都是不同的，比如说部分组团的人喜欢读报纸，而其他组团的人可能非常想要养宠物。[46]

7种生活方式的分组

1. **传统型（工匠）**：这种小组的成员特征是，拥有一项传统的手工技艺，或者是经营着小本生意，住在这里的老年人通常传统、勤奋，有着早睡早起的习惯。

2. **城市型（都市）**：这个"城市化"的组团成员之前一直在城市中生活，很多来自阿姆斯特丹，通常都热情开朗且不拘小节。

3. **贵族型**[①]**（上层阶级）**：住在这里的老年人认为规矩、礼仪还有外表都非常重要。这一类型的老年人主要来自中上阶层的社区，他们有着非常正式的、传承已久的价值观念，而且通常有佣人。

4. **文化型（文化和艺术）**：这个小组的老年人热爱文化和艺术，其中很多人是旅居于此的国际友人。这个组团居室内色彩丰富，食物选择也富有创意。

5. **基督徒**：这个小组的老年人信奉基督教，宗教是他们每天生活的重要组成部分。

6. **印尼人（殖民地居民）**：印度尼西亚之前是荷兰的殖民地，在其宣布独立后，很多人搬到了荷兰。传统的印度尼西亚文化决定了他们的日常活动。他们热衷于研究自然、精神，还有印尼的食物。

7. **家庭型**：这里的老年人笃信照顾家庭、做家务等工作的重要性，认为家务工作、传统都非常有意义，所以这个组团的重点是家务、家庭以及简单的生活。

为了最好地匹配生活方式，入住的老年人及其家属需要完成 70 道题的调查问卷，从而找到合适自己的生活方式组团。如果问卷结果中有两种组团的得分相同，那么他们可以同时进入这两个组团的名单等待入住。每一类型的生活方式中有 3 个组团，可以有 7 个排队的名额。

每一类型生活组团的单元平面和室内设计都经过特别定制，包括其中的家具、配饰、艺术品、颜色、面料、桌布、餐具等，从而与其生活方式相适应。工作人员从老年人及其家属那里得到反馈，来决定其中大多数装饰的选择。比如说，"文化型"的组团中有着非常活泼的颜色，而"家庭型"组团的装修则非常朴素和平实。

图 8-65 老年人通常陪同护理人员去社区内的杂货店，为自己的生活组团选购生活用品：老年人挑选的食物，通常用来制作他们熟悉的饭菜。老年人的居室被分为 7 种不同的生活方式，提供基于老年人过去生活经验的活动和食物

图片来源：Vivium Care Group, De Hogeweyk Dementia Village

---

① 贵族型：原文为 Het Goois，在荷兰语中指的是荷兰中部城市希尔弗瑟姆（Hilversum）附近的一片富人区，所以这里翻译成为"贵族型"。

每个组团的设计也反映出与之一致的生活方式。"印尼人"组团中，一个大的中央厨房与起居室结合设置；"贵族型"组团则非常强调入口空间，设置可以上锁的前门和门铃；而"家庭型"组团则采用了从露台进门的形式，进入房间需要穿过起居厅。此外，组团的位置也与认知症社区的建筑环境相匹配。比如，"城市型"的组团位于主要广场附近，而"家庭型"组团则位于公园的池塘边。

霍格韦克认知症社区的所有入住者都患有严重的认知症。老年人的平均年龄为 84 岁。他们在这里平均居住 2.5 年，每年老年人的周转率大概为 1/3~1/2。

图 8-66　生活组团的装修与不同生活方式的室内设计和装修相匹配：这个客厅来自一个"都市型"生活组团。色彩、织物、艺术品、墙纸和家具风格的选择，是通过对老年人及其家属进行采访，并对他们住所进行实地调查来确定的

图片来源：Vivium Care Group, De Hogeweyk Dementia Village

活动

认知症社区非常希望丰富多样的活动能够与老年人个人的兴趣相匹配。在这里，面向所有的老年人，每周大约会有 20 场活动和俱乐部聚会。这些活动中，既有小组活动，也有大型的庆祝活动，比如美食节或花展等。大型活动一般在剧院或通廊的中央举行，而小型活动则会在会议室中举办。这些活动的目的是让所有老年人都可以参与他们喜欢的活动，比如，"都市型"组团中的老年人，可以与来自其他组团的老年人一同分享他们对插花或对莫扎特的感悟。所以，即便他们只是和具有相似背景的人住在一个组团，但是同样可以和整个社区其余 151 位老年人中的任何人来分享他们的兴趣和爱好。

每天组团去超市采购时，工作人员会携带一名老年人帮助他们。此外，他们也希望老年人一周能够至少去一次通廊中的餐厅。认知症社区设置的多感官床位，一般有 10~12 个人使用，这种治疗方式主要针对容易焦虑的老年人，或者是那些存在语言及交流障碍的老年人。

部分老年人有时会离开社区，参加一些外部活动，比如外出游泳，或者是去当地的餐厅用餐。霍格韦克认知症社区也会邀请一些外部的访客，他们认为，与其他个体或者是群体发生活动交流，可以让这个建筑得到更强的社区认同。

图 8-67 手工室是霍格韦克认知症社区可以举办活动的几个公共空间之一：音乐室、多感官训练室、小酒馆和剧院里也可举办一周一次的活动。通廊（封闭的拱廊）和剧院广场（庭院）经常用于举办大型活动

居室特征

每一个照护单元都呈 L 形布局：入口位于 L 形中间，两侧分别连接着一段短的走廊。尽管每一个照护单元都是唯一的，但是它们也有很多相似的基本特征。每一个单元都有 6 间居室（面积为 172 平方英尺，约合 15.98m²，设置有床和水池）、2 个公共卫生间、1 个起居厅、1 个厨房、1 个阳台，以及 1 个小的员工空间。23 个照护单元中，有 13 个小组设置有 1 间较大的双人间（215 平方英尺，约合 19.97m²），能够满足部分老年人希望其他人陪伴的需求。霍格韦克认知症社区认为，采用更小的卧室能够鼓励老年人更多地待在公共空间。尽管绝大多数老年人都有自己的居室，但实际上 3 个人共用 1 间卫生间。运营中发现如果每个房间都有私人卫生间，将会更加便利，所以在接下来的项目中将会这样配置。

一般说来，大部分房间都有很大的窗户，能够从两个方向获得自然采光。老年人的药品通常储藏在厨房中，而起居厅的一角则作为员工的办公区，配置有一台电脑。为了满足部分老年人的吸烟习惯，在每一类生活组团中还设置有一间吸烟室（共有 7 间）。

照护理念

霍格韦克认知症社区秉持独立、自主、安全、自我尊重等照护理念，他们笃信老年人可以过上安全和幸福的生活。[47] 社区设计的初衷是希望在这里营造社区中普通人的日常生活，他们可以如同之前一样，在一些安全设施的保障下，过上完全独立的生活。老年人们可以生活在一个看上去熟悉且正常的环境中，从而减少焦虑和恐惧。[48] 对于认知症老人，家属和朋友往往感到非常遗憾的是，他们不能够与老年人进行语言上的交流，但是因为很多老年人仍然喜欢音乐，所以音乐成为一种非常有效的交流方式，对那些无法正常交谈的老年人而言尤其如此。此外，握住他们的手（接触）也能够补偿交流方式的缺乏，提供情感上的支持。所以，霍格韦克认知症社区照护理念的核心是"吃好喝好，享受快乐"。

图 8-68 认知症中心通过设计引导老年人关注内部的庭院和花园：这是"城市广场"，其中设置着"城市型"生活组团；硬质景观广场中有大城市老年人熟悉的树木、休息区和活动空间；这里有丰富多彩、茂盛的本土植被

工作人员和管理方式

认知症社区认为老年人应该尽可能多地自己作决定，他们鼓励老年人来帮助准备食物、洗衣服、购买食物和互相帮助。照护人员更多的是"引导"活动而不是"领导"活动。社区鼓励每一个照护单元理解他们的独一无二，以及他们特别的生活理念。而工作人员也必须得到训练，能够准备与组团生活方式一致的食物。每位老年人都有一名指定的工作人员，他非常了解老年人。[49]工作人员们穿着自己日常的衣服，受过特别的认知症照护培训，工作状态比较稳定，流失率很低。尽管大部分老年人有非常严重的认知障碍，但是在分组时仍然考虑其能力混合布置。大概每位老年人每天能够得到接近 5 小时的直接照护。认知症社区采用"量身定制"的方式，为老年人提供订制化的服务，所以老年人可以自行决定每天的日程。尽管现在还没有对这种照护方式进行科学的研究，但是非正式的观察显示，采用这种照护方式的老年人们服用了更少的药物，更加开心，吃得更好，也活得更长。[50]

老年人的家属可以随时过来，并且可以在这里待到任何时候。在"印尼人"组团，家属们经常作为志愿者过来准备食物。认知症社区一直致力于和家属一起来照护老年人，比如家属想要更多的杂志、鲜花或其他特别的要求，社区都会尽可能满足。

现阶段霍格韦克认知症社区各年龄段的志愿者共有 120 个，此外还有 4 个流动的社会工作者，主要负责处理一些情感上狂躁的"问题老年人"。老年人情绪激动非常常见，工作人员们都受过专业的训练，能够使老年人冷静并平息问题。有的老年人可能会出现行为过激或者是言语辱骂等情况，社会工作者在这时往往需要尽可能站在老年人的立场考虑问题，最不应该做的就是纠正他们。仔细地聆听老年人的故事，可以帮助他们了解老年人的处境，有时候单单是跟他们讲话，就能够让老年人忘记是什么让他们情绪沮丧。

基地上原有的霍格韦克认知症社区建设于 1993 年，旧建筑是一栋传统的混凝土框架结构的 4 层护理院，他们采用了一种类似的划分生活方式组团的理念，在每层楼设置了 3 个大一些的生活方式组团，但是原有的建筑妨碍了他们的运营效率。

图 8-69　霍格韦克认知
症社区的主要餐厅十分雅
致：餐厅既有通廊内带顶
封闭的就餐区域，也有可以
俯瞰剧院广场的室外用餐
区。餐厅欢迎包括老年人及
其家属在内的所有人就餐。
此外，还鼓励老年人前往
周边社区的餐馆就餐

尽管认知症社区的照护收费是 8000 美元 / 月，但是没有一位老年人支付超过 3600 美元 /
月。他们的实际花销是基于其收入比例增减的，部分由政府补助。

值得注意的特征

1. 社区为 152 名老年人提供安全保障，可以允许老年人自由走动。

2. 社区设置有 23 个生活小组，每个小组能够容纳 6~7 名老年人。

3. 社区将老年人分为 7 种不同生活方式的组团，以匹配老年人不同的背景和兴趣爱好。

4. 生活方式体现在食物、室内设计、老年人的兴趣爱好等多个方面。

5. 每一个照护单元的全能型工作人员能够准备食物并提供照护服务。

6. 7 个不同生活方式组团的老年人可以共同参加每周 20+ 场次的社团及活动。

7. 7 个庭院之间有人行道连接，有利于老年人在整个建筑中行走。

案例 13：艾特比约哈文养老设施（Ærtebjerghaven）

地点：丹麦欧登塞（Odense，Denmark）
建筑师：Schmidt Hammer Lassen Architects，丹麦奥胡斯（Arhus，Denmark）

艾特比约哈文养老设施位于丹麦欧登塞郊区，基地面积较大，建筑面积为 6500 平方英
尺（约合 603.87m²）。该设施共有 5 个单层的居住组团，每个组团住有 9 位老年人。居住组
团之间由封闭连廊连接，其中设置有空调设备。建筑入口位于基地中心的一栋建筑中，这
栋建筑还设置有行政办公室、员工办公室和治疗室。该设施中现住有 50 名老年人，其中
35% 乘坐轮椅，其中有 5 对夫妇住在一起。绝大多数入住者都较为依赖护理服务。每个建
筑组团都配备有专用的员工，独立自主运营管理，因而每个组团都有自己独特的风格和环

图 8-70 艾特比约哈文养老设施由 5 个小组团的建筑组成，每个组团有 9 位老年人：每栋单层的建筑均有坡屋顶和中央庭院，能够带来自然采光；一栋长条形的建筑里设置有管理办公室，同时连接着 5 个组团中的 3 个；所有的连廊都是封闭的

图片来源：Schmidt Hammer Lassen Architects

境。在每个组团中，不同活动能力的老年人混住在一起。但是，这些老年人中约 80% 都患有认知症，并且接近一半的老年人症状都非常严重。建筑设计采用了现代风格，同时也选用了很多住宅特征的材料。

建筑理念

该设施的建筑组团采用了一种称之为"奥斯蒙"（Osmund）的平面形式。这种平面布局紧凑，中心聚集，所有居室的门都开向中间的公共空间，从而使走廊最少化。位于中心的庭院四周有透明玻璃墙围合，自然光透过玻璃，照亮建筑中的每一个角落。庭院是露天的，种植了大量植物，老年人能够近距离通过玻璃，观赏到花园吸引来的鸟类和野生动物。悬挂在金属丝支架上的遮阳网能够控制进入庭院的阳光（和热量）。

中庭开有两道门，可以让老年人和工作人员通过。每一个组团的室内公共空间包括起居室、餐厅、活动桌和厨房。每个组团内自行准备餐食，而菜单则是工作人员与老年人协商的结果。厨房临近餐桌，是一个独立的房间，早餐和午餐全程都在这里完成，而晚餐则由中央厨房配送，厨房只负责加热和分发。两个室外的露台（一个有顶，一个完全敞开）嵌在建筑之中，能够规避风的影响。其中较大的那一处户外空间设置有一张大桌和烧烤设备，能够用于户外野餐。

居室特征

经测量，居室净面积约为 410 平方英尺（约合 38.09m²），平面非常紧凑，但是包括很多功能区，例如小厨房、桌椅、布置有家具的起居区域、一间独立的卧室以及一间大的欧式风格的无障碍卫生间。小厨房设置有冰箱、案台和数个橱柜（其中一个带锁，用于放置贵重物品和药物）。卧室采用双扇滑动门（宽约 2m），非常巧妙地营造出私密感，如果需要更加开阔的空间，则可以将滑动门打开。所有的房间顶棚上都安装了轨道，并且有 13 间居室配备了液压升降机。这些升降装置可以帮助工作人员将老年人从床上转移到淋浴椅、

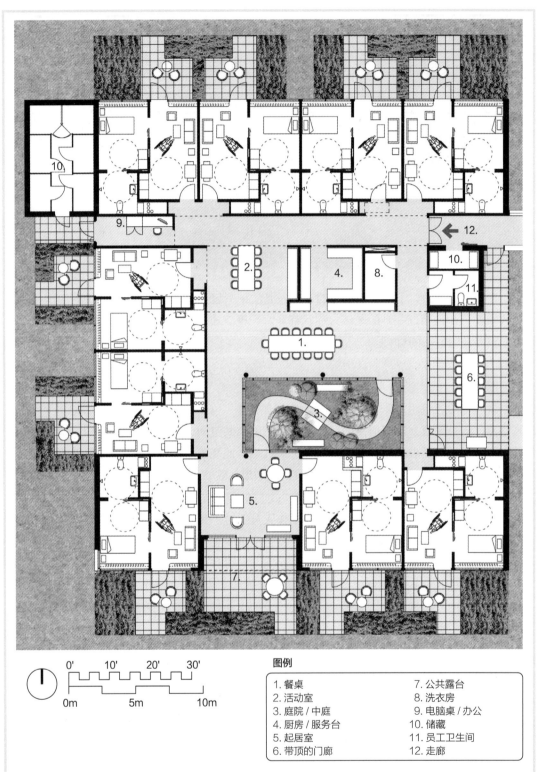

图例

1. 餐桌	7. 公共露台
2. 活动室	8. 洗衣房
3. 庭院 / 中庭	9. 电脑桌 / 办公
4. 厨房 / 服务台	10. 储藏
5. 起居室	11. 员工卫生间
6. 带顶的门廊	12. 走廊

图 8-71 "奥斯蒙"平面布局紧凑，能够最大限度地减少走廊长度：每个组团包含 6 处公共空间，包括餐厅、活动区、起居室、两个露台和一个中庭。该平面中央部分的空间高度在 10~14 英尺（约合 3.05~4.27m）

图片来源：Schmidt Hammer Lassen Architects

图 8-72　平面中心的庭院能够提供良好的自然光线，并且可以人工控制迷人的景色：照片前景为起居室，远景为活动桌。注意高度变化的顶棚和庭院周围的帆布遮阳帘，在炎热的晴天遮阳帘可以拉上

图 8-73　公共起居室的位置靠近有部分遮盖的露台：起居厅可以从通高的玻璃幕墙和相邻的中庭接收自然光。较高的顶棚使房间看起来很宽敞，但家具的尺度和形式都非常居家

图 8-74　用于食物准备和加工的厨房临近餐桌布置：早餐和午餐全部在这里准备，但是晚餐仅在这里装盘和上桌。在居住组团中，餐桌与庭院平行布置，以获得最好的自然光线和景色

老年人座椅或轮椅上。

淋浴椅（或老年人座椅）可以直接推到淋浴区或坐便器上方，避免使用转移器。卫生间的推拉门宽 43 英寸（约合 1.09m），能够为这些工具的使用创造条件。居室的整个面宽都采用了玻璃窗，窗台高 22 英寸（约合 0.56m），窗户高 80 英寸（约合 2.03m），这使得起居室和卧室看上去更加宽敞。而橡木地板的使用，让整个居室有一种类似住宅的惬意感。卫生间中的洁具分别固定在 3 面不同的墙上，中间留出一大块空间以便操作。盥洗池台面可以上下移动，也可以从一边移到另外一边，从而满足部分障碍人士的使用需求。每间居室还配有一个可以从起居室进入的私人露台。

入住者特征及照护理念

该设施开设于 2005 年 6 月，老年人的年龄在 77~99 岁之间，平均年龄为 87 岁。这里居住着 5 对夫妇，3 名单身男性老人和 37 名单身女性老人，他们的身体状况都非常衰弱。最近 5 年，该设施开始采用一套基于计算机技术的健康照护追踪系统——Sekoia。

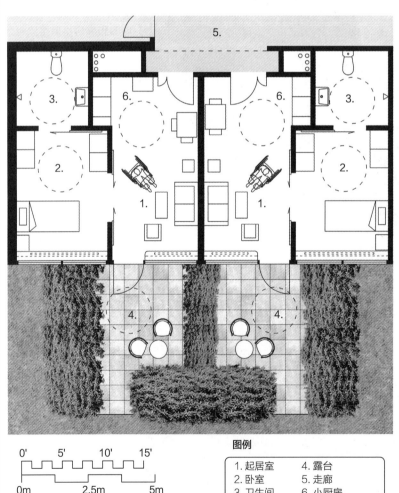

图 8-75　每套 410 平方英尺（约合 38.09m²）的居室都是带有独立卧室的单人间：房间足够大，可以布置一个小客厅、一个露台、一张小桌子和一个简易的厨房。居室内的推拉门移动非常方便。紧凑的卫生间铺设有连续无高差的地面，盥洗台面非常灵活，可在 4 个方向移动
图片来源：Schmidt Hammer Lassen Architects

图例

1. 起居室	4. 露台
2. 卧室	5. 走廊
3. 卫生间	6. 小厨房

建筑组团尺度小而亲密，工作人员开朗友好，这鼓励了很多家属前来探望。组团内的餐桌最多能够容纳9~10位老年人和3名工作人员一起就餐。考虑到老年人的身体状况，他们的就餐过程需要工作人员照看，约35%的老年人需要工作人员协助就餐。该机构也鼓励工作人员和老年人一起就餐。在丹麦的护理院，员工的流失率一直很低，在过去的10年里一直保持在50%左右。在过去的5年里，这里搬进来很多身体更差、认知能力受损更严重的老年人。

工作人员更喜欢这种分散管理的模式。实际上，由于工作人员工作的方式、老年人的偏好各不相同，每一个居住组团的运营也存在细微的差异。住在这里的老年人非常乐于帮助他人。该设施非常受欢迎，虽然每年老年人的周转率达到了40%，但是通常需要等待一年才能入住。

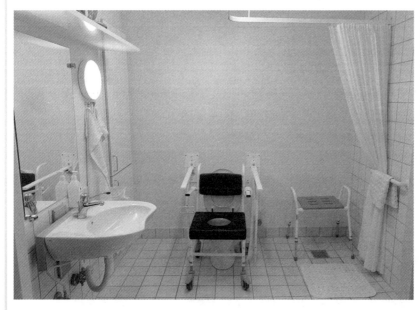

图8-76　简单的卫生间平面紧凑易用：卫浴设施装在3面墙壁上，中部空间开敞自由，便于操作（留有直径5英尺，约合1.50m的轮椅回转空间）；老年人可以通过升降机从床上转移到椅子上，这种椅子既可以移动到坐便器上方，也可以用作浴凳

值得注意的特征

1. 建筑组团采用的"奥斯蒙"平面，将居室与公共空间直接相连。

2. 居室面积为410平方英尺（约合38.09m²），平面紧凑，但设置有分离的起居室和卧室。

3. 每个组团（5个组团共45间居室）分别按照自己的计划运营。

4. 卫生间采用了欧式风格，铺设有连续地面，方便换乘和移动。

5. 大中庭四周由玻璃围合，使得自然光线能够进入建筑中央。

6. 每一套居室内都设置有升降装置，帮助老年人维持独立居住。

7. 组团内失能老人和认知症老人混合居住。

案例 14：赫卢夫–特罗勒养老设施（Herluf Trolle）

地点：丹麦欧登塞

建筑师：C & W Arkitekter A/S，丹麦斯文德堡（Svendborg，Denmark）

　　赫卢夫–特罗勒养老设施开设于 2005 年，是一家带有 47 间居室的护理院。建筑坐落在郊区一片几英亩的土地上，可以进一步细分为 5 个小组团，每个组团都是单层建筑，面积为 6500 平方英尺（约合 603.87m²）。5 个组团中，3 个分别设有 9 间居室，另外两个为 10 间居室。这个单层建筑下部分墙体采用红砖，红砖的上方架有带状长窗，长窗上方是悬挑的薄片状

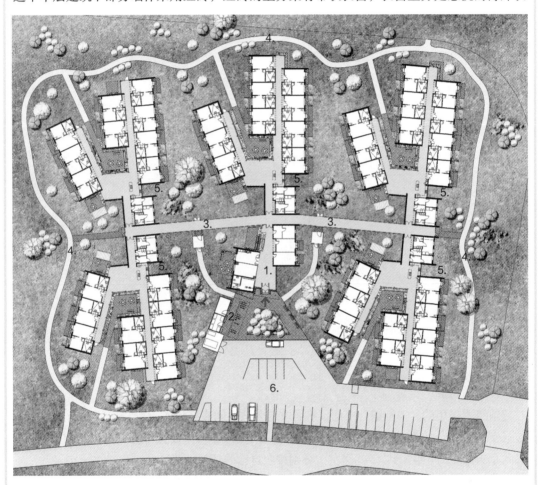

图例

1. 主入口门厅，办公室/员工空间
2. 自行车停车处/储藏间
3. 封闭走廊
4. 室外环形步道
5. 居住组团
6. 停车

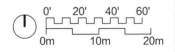

图 8-77　赫卢夫–特罗勒养老设施由 5 个小居住组团组成，每个组团可以住 9~10 位老年人；单层的建筑组团通过封闭的走廊与建筑入口相连，入口区域设置有办公区、会客室和员工空间；基地外部环绕设有一条用于锻炼的小径

图片来源：C & W Arkitekter A/S

图 8-78　赫卢夫 - 特罗勒养老设施主入口所在的单层建筑位于道路一角的末端，充满动感：高高的平屋顶漂浮在房间和走廊上方，天光能够透过高侧窗进入走廊和公共空间。砖木结合的外立面，郁郁葱葱的景观，使其更显住宅特征

屋顶，能够提供遮阳。入口建筑位于基地中心，其中设置有行政办公室和员工空间。5 个建筑组团由 8 英尺（约合 2.44m）宽的玻璃连廊连接，连廊中设置有空调设备。基地的外周环绕着一条小径，可供步行俱乐部的 10 名老年人使用。

建筑理念

每个建筑组团的平面形状相同，包括一个较大的公共空间和一个 V 形布局的走廊。走廊连接着所有居室；公共空间面积为 750 平方英尺（约合 69.68m²），高 12 英尺（约合 3.66m），其中设置有 3 处活动空间：能容纳 8 个人就座的起居区、能够容纳 12 人就餐的大餐桌和鼓励老年人参与备餐的开敞厨房。顶棚下环绕的侧窗使得自然光能够进入室内。

在组团平面的中心，可以透过通高的玻璃幕墙看到一个室外庭院，这个庭院不会受到风的影响，可以用于开展室外活动。每个组团中，庭院的布置和使用方式都不太相同，有的是将其作为一个花园，而有的则在其中放置了带烧烤工具的桌子。

连接居室的两条走廊从公共空间呈放射性发出，其中一条走廊为单边式布局，连接着 3 间居室，另外一条走廊为双边式布局，连接着 6 间居室。走廊中的侧窗距地面 9 英尺（约合 2.74m）以上，光线可以从两边进入走廊。此外，走廊的墙壁上设置有壁龛，既可以陈设艺术品，也能够为居室入口提供家具陈设个性化布置的空间。每个建筑组团入口处的房间被用作洗衣房和食物储藏间，承担着"后台"的功能。

居室特征

居室面积为 415 平方英尺（约合 38.55m²），相对较大且为单人间。每一间居室设置有卧室、卫生间、起居室、露台和带有餐桌的小厨房。居室中采用的橡木地板，为其增添了很多住宅特征。卧室和起居室之间采用了 45 英寸宽（约合 1.14m）的推拉门，入住者可以根据自己对隐私的需求，自由开关这道门。每间卧室都安装有双向移动的轨道，在有需要

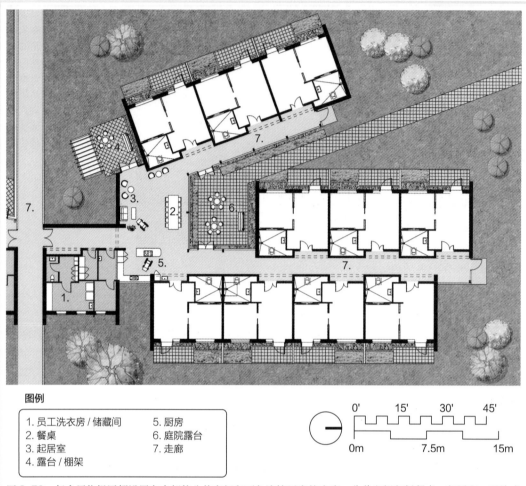

图例

1. 员工洗衣房 / 储藏间
2. 餐桌
3. 起居室
4. 露台 / 棚架
5. 厨房
6. 庭院露台
7. 走廊

0'　15'　30'　45'
0m　7.5m　15m

图 8-79　每个居住组团都设置有中部的公共空间和两条连接居室的走廊；公共空间包括餐桌、起居室、开放式厨房、有围合感的庭院和室外廊架；9 间居室采用单边式布局或者双边式布局的方式与走廊相连

的时候，可以添加电动升降装置。随着老年人年龄的持续增长，以及部分老年人体重的不断增加，已有 35% 的房间安装了升降装置。借助这些装置，一名工作人员就可以完成移乘等操作，这能够有效规避工作人员背部损伤（这是工伤索赔主要原因）。这一套升降系统能够将老年人从床上转移到轮椅上，从而方便老年人在整个建筑中活动。老年人也可以被转移到一个更轻便的淋浴椅上，然后被推进连续铺地的卫生间中，这种轻便的淋浴椅（老人椅）不仅能够与坐便器匹配，也能够用于淋浴。安装在墙面上的盥洗池可以升降，也可以左右移动。这些固定的洁具分布在三面墙上，使得卫生间的灵活性最大，也为淋浴提供了额外的空间。卫生间和卧室之间的一对推拉门可以开启到 40 英寸（约合 1.01m）。

居室起居厅外大面积的玻璃窗和露台门，能够使大量的自然光进入室内。露台空间很大，对于那些喜欢种花或携带了室外家具的老年人而言，大露台非常受欢迎。窗户和门上的锁都采用了隐蔽的形式，以免认知症老人未经允许就自行打开门窗。由于丹麦的法规不允许工作人员锁住外面的门，所以他们必须采取其他的方式来保证安全。存在"走失"隐患的

图 8-80　赫卢夫 - 特罗勒养老设施的 L 形备餐空间布置在开放式厨房的一角；独立布置的操作岛台可以升降，以便老年人参与；这个大型开放式的公共空间周边布置有天窗，其中还设置有起居区和餐桌

图 8-81　大型公共空间中布置有厨房（图中远景区域）、餐桌和起居区；该空间在白天可以用于活动和餐饮；餐桌（兼活动桌）与高大的玻璃幕墙平行布置，透过玻璃幕墙可以看到围合起来的庭院，庭院主要用于园艺、野餐和烧烤活动

老年人，都配置有全球卫星定位系统（GPS）监测设备。此外，建筑周边还设置有埋藏式的安全系统，在老年人离开建筑时，缝在他们衣服上的小型无线射频识别（RFID）芯片能够激活这套系统，及时提醒管理人员。

入住者特征及照护理念

入住老人的年龄在 60~95 岁之间，平均年龄为 84.5 岁。在每个组团中，认知症老人与失能老人混合居住，这也是丹麦护理院的一个典型特征。老年人搬来这个设施有很多的原因，有些是因为中风或者认知障碍，有些是由于夫妻冲突，或者是原来房子太小无法容纳护理设备。赫卢夫 - 特罗勒养老设施现住有 1 对夫妇，12 位单身男性老人，34 位单身女性老人，其中 85% 被诊断患有认知症，35% 使用轮椅。尽管绝大多数入住老人都患有认知症，但是 90% 的老年人还能够使用垂下的紧急呼叫器，所以仍然能够与工作人员有声音上的交流。大概有 70% 的老年人存在大小便失禁的情况，17% 需要协助就餐。2017 年，有 17 名老年人去世（老年人年周转率为 36%）。

　　每个组团都根据入住老人的偏好，为其准备了定制化的菜单。岛式厨房设置在组团的公共空间内，其上方设置有大型抽油烟机。为了鼓励老年人参与到食物准备的过程中，岛台的高度可以在 26~48 英寸（约合 660~1219mm）之间调节，不管是坐在轮椅上的老年人，还是站姿操作的老年人，都能够兼顾到。早餐和午餐的食材来自当地一家食品供应商，每周采购两次。晚餐的食物则由中央厨房直接准备好。

　　赫卢夫 - 特罗勒养老设施鼓励"量身定制"（采用定制化的活动日程表），为每位老年人指派固定的照护人员，以便促进良好的沟通和交流。这种小组团的方式也有利于形成和睦的家庭氛围。老年人对于管理方式、菜单选择等都有发言权。餐桌是非常受欢迎的空间，老年人和工作人员不仅可以在这里吃饭，也可以在这里开展活动。建筑平面非常紧凑，有利于老年人走动，美中不足的是居室与公共空间没有布置在一起。

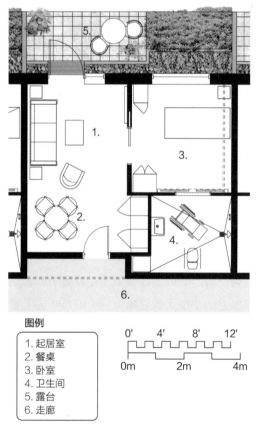

图例
1. 起居室
2. 餐桌
3. 卧室
4. 卫生间
5. 露台
6. 走廊

图 8-82　居室面积为 415 平方英尺（约合 38.55m²），相对较大且为单人间；居室内设置有卧室、小客厅、浴室、简易厨房和露台。欧式风格的卫生间将卫浴设施布置在 3 面墙上；居室入口附近设置有壁龛，老年人可以在此展示或存放个人物品
图片来源：C & W Arkitekter A / S

图 8-83　安装在吊轨上的电动升降装置，有利于将老年人安全地从床上转移到淋浴椅或轮椅上；淋浴椅可以推进浴室（推到淋浴花洒下或者架在坐便器上）；有障碍的老年人可以借助轮椅到达他们居室的各处和建筑中的公共空间

值得注意的特征

　　1. 415 平方英尺（约合 38.55m²）大小的单人间设有分离的起居室和卧室。

　　2. 5 个居住组团基于老年人的偏好分别制定其日程。

　　3. 该设施提供定制化的服务、小组团"家庭式"的餐食，配置了全能型的工作人员。

　　4. 建筑层高较高且设有高侧窗，能够从高处引入光线。

　　5. 组团内的"Y"形走廊将居室与公共空间连接在一起。

　　6. 组团内失能老人和认知症老人混合居住。

小尺度的协助生活设施（25~40 间居室）和其他类型

　　最后的这 7 个案例分别代表着不同的建筑类型，列举了几种适合于高龄老人的居住选择。这些折中的例子，反映出不同的影响方式、可能性和组织方式。比如，一些设施倾向于通过社会交往或空间设计，来影响其中的老年人，例如维斯－恩格尔协助生活设施（15：185）；也有一些小型设施采用了住宅的尺度或乡村的特征，如乌尔丽卡-埃莉奥诺拉服务型住宅（16：191）、伊丽丝马尔肯护理中心（17：194）。最后的临终关怀案例、共同居住项目、度假村和协助生活设施中的认知症照护楼层，则是用来说明面向老年人的特殊需求或组团生活中的不同选择，如何进行建筑设计。如果逐一列举，这一小节能举出数百种不同的建筑类型以及它们的组合。所以本节仅通过几个典型的案例，阐明这一类型的建筑，并引导大家思考。

案例 15：维斯－恩格尔协助生活设施（Vigs Ängar Assisted Living）

地点：瑞典河平杰弗洛（Köpingebro，Sweden）

建筑师：Husberg Arkitektkontor，瑞典布兰科维克（Brantevik，Sweden）

　　维斯—恩格尔协助生活设施位于瑞典南部海岸小镇河平杰弗洛，靠近斯塔德（Ystad）。建筑高度为一层，设置有 32 间协助生活居室。建筑有两个主要的庭院，其中一个主要布置着自然景观，另一个则软硬铺装结合布置。[51] 整个建筑可以细分为 3 个小组团，其中两个为 12 间居室的协助生活组团，还有一个为采取安全防护措施、设有 8 间居室的认知症组团。建筑内的走廊既有单边布局式的，也有双边布局式的（为了增加建筑密度），这些走廊形成一条环状的交通系统，从中既可以看到两个庭院中的美景，也可以实现采光和定向的目的。庭院中采用成熟的林木、流水和天然的地面铺装，入住者能够从走廊和居室中欣赏庭院中的怡人景色。该设施相信，生活中的一切都"有助于生活"，因此，设计的细节能够支持相应的生活方式和生活哲学，而日光、景观、水则是其中非常有价值的要素。

　　设计深受鲁道夫·斯坦纳（Rudolph Steiner）的哲学观念影响。这种被称之为"人智学"的建筑风格，非常适合于高龄老人居住。"人智学"风格有很多典型特征，其中比较突出的是使用天然的材料、微妙的颜色变化和场地的景观来吸引使用者感官的注意。建筑中高低

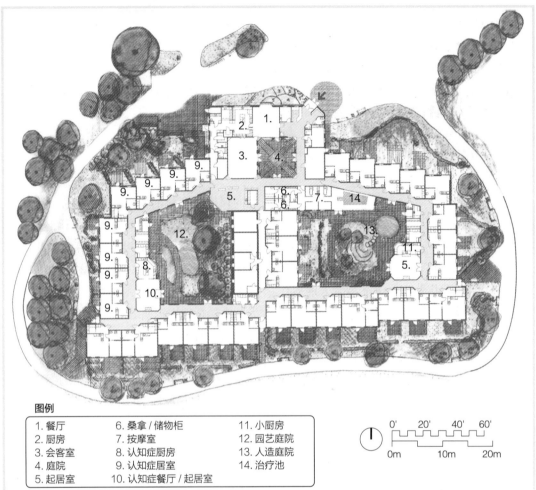

图例

1. 餐厅	6. 桑拿 / 储物柜	11. 小厨房
2. 厨房	7. 按摩室	12. 园艺庭院
3. 会客室	8. 认知症厨房	13. 人造庭院
4. 庭院	9. 认知症居室	14. 治疗池
5. 起居室	10. 认知症餐厅 / 起居室	

图 8-84 维斯 - 恩格尔协助生活设施是一座单层、带有两个庭院的建筑：建筑由两个 12 间居室的协助生活组团和 1 个 8 间居室的认知症组团构成；单边和双边布局式的走廊组成了环形的交通系统；设施采用了人智学的建筑风格，一个庭院主要布置着自然景观，另一个则主要为硬质铺装
图片来源：Lillemor Husberg

图 8-85 该庭院中布置了硬质铺装、景观和一处水景：一层的尺度、灰色的木质外墙、休闲的户外家具创造了一处吸引人的空间。庭院中央的小土坡将空间划分为几处更小的、更亲密的休息区

布置的大窗户使得自然光可以进入，也让室内透过窗户与天空、景观产生了交流。建筑采用了木质壁板的屋顶，屋顶被涂成了浅红调的黄色。

建筑理念

环状的走廊将公共空间串织起来，包括庭院、咖啡厅（厨房）、治疗泳池和会客室。[52]休息室通常布置在角落，以便看到庭院中动态的风景。建筑内的墙体拐角都作了45°切角处理，既有助于扩大视野，也有利于轮椅通行。双边布房式的走廊可以从天窗获得自然采光。走廊中采用了冷色调，而公共空间则采用了暖色调。

大会客室

一个方正的大房间被用于举办各种活动，包括每周举行的锻炼项目，如深呼吸等。这个房间层高很高，设置有几个天窗和一个大圆窗。房间上部空间比下部要大。大会客室连接着入口处的庭院，不仅可以借助庭院获得采光，也可以经由庭院到达室外。

人智学的特征

斯坦纳的哲学观念从多个维度表达出对个体的尊重和对艺术思维的向往。[53]活动室周边环绕的落地窗，营造出冬季花园空间；转角窗的存在，创造了全景视野，也方便在不同时间捕捉阳光。木材被大量使用在地板、建筑外墙和其他可以被人触碰的地方，如扶手、台面和家具等。木材和帆布制作而成的简易灯具在建筑的吊灯和壁灯中广泛使用。窗棂将

图 8-86　会客室层高较高，与鲁道夫·斯坦纳的人智学理念相呼应，用来进行伸展运动和深呼吸练习：设计特别采用了自然材料，包括木质的墙面、地板和扶手；窗户通常设置在房间的高处，灯具外覆盖着帆布使光线变得柔和；这些房间中墙面倾斜，墙面、屋顶和地面也形成多种角度的夹角，最后形成一个上部比下部更宽的房间形状（左）

图 8-87　庭院中有 45°切角处理的空间是一间公共休息厅，可以俯瞰室外：帆布的灯具、地面色调的采用、面向户外铺装地面的视野、可以开启的窗户，将该空间与室外联系在一起的同时，也提供了保护（右）

大块的玻璃细分成更小的三角形或多边形小块，造型新奇，让人愉悦。大房间虽然都由直线围合而成，但是墙体在上部向外倾斜，顶棚也是倾斜的。墙面和顶棚都选用柔和的颜色，但是彼此之间带有一些微妙的区别。整个建筑中布置有3个燃烧木材的壁炉。而设置泳池、浴盆和按摩室等空间的目的是希望减少老年人的压力，同时创造出一个用于放松的安静空间。该设施鼓励老年人养狗或猫等宠物。

认知症组团

认知症组团很小，设有安保措施，能够容纳8个人，在设计时遵循了人智学的美学观念——设置了木地板、织物灯具、壁炉和一个温室风格的窗户，能够非常容易地进入庭院。厨房被布置成为日常使用的乡村风格，带有一个中央岛台，能够欣赏到庭院的美景。这种形式能够方便认知症老人参与择菜等做饭的过程。岛台可以降低高度，以便轮椅使用者的参与。

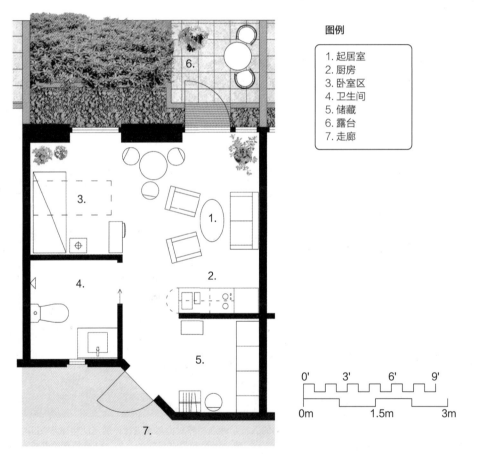

图例

1. 起居室
2. 厨房
3. 卧室区
4. 卫生间
5. 储藏
6. 露台
7. 走廊

图 8-88　400 平方英尺（约合 37.16m²）的居室设置有完整的厨房、卧室区、储藏室和露台；紧凑的厨房台面上布置有木制的砧板，浴室铺设有连续的瓷砖地面；顶棚是倾斜的，靠近室外一侧高 8 英尺（约合 2.44m），而入口一侧则高 12 英尺（约合 3.66m）

图片来源：Lillemor Husberg

园艺治疗

该设施中，丰富的植物素材是其非常重要的一个特点，这有利于形成轻松的氛围。建筑中的两个主要庭院，能够在环境舒适时，提供老年人一个室外活动的场所。有 3 间居室的露台朝向其中一个主庭院，其余居室的露台则沿着建筑的外周布置。每一间居室都连接着一处私人的露台，露台又连接着一条环绕建筑的步行小径。

居室的设计

单人间居室的面积在 350~400 平方英尺（约合 32.52~37.16m²）。除此之外，有 4 个面积较大的居室是为夫妇准备的，面积为 600 平方英尺（约合 55.74m²）。一间典型的居室设置有起居室、卫生间、卧室区、玄关、储藏间、露台和一字形的厨房。厨房中配备了冰箱和双孔灶，台面的末端可以上下翻转，也可以自由调节，方便轮椅使用者通行。倾斜的屋顶使居室看上去更加宽敞。

图 8-89　每间居室都有户外露台，阳台门很宽，门槛很低：室外的小露台留有放置家具和植物的空间，满足了对室外景观和可达性的需求；露台的边上通常布置有植物和树篱，以增加私密性

图片来源：Lillemor Husberg, Frida Rungren

图 8-90 维斯－恩格尔
协助生活设施的泳池可以
用于拉伸、锻炼和休闲:
该泳池是人智学生活方式
的重要组成部分(除此之
外还有按摩和芳香疗法),
大面积的玻璃幕墙加强了
南侧采光,透过其能看到
更多的庭院美景

图片来源: Lillemor Husberg

项目特点及入住者特征

维斯－恩格尔协助生活设施中,老年人的平均年龄为 86.5 岁(年龄范围在 60~98 岁之间)。设施开设于 1995 年,但是在最近的 10 年间,吸引了越来越多的认知症老人。目前入住的老年人中,大概有 1/3 使用轮椅,1/3 可以独立行走,剩下的 1/3 需要借助助行器行走;有 8 名单身男性老人、22 名单身女性老人,还有两对夫妇(一共 34 人)。这些老年人在这里平均居住 3 年左右,大概每年会有 10 位老年人去世。

该设施也通过家庭健康照护及送餐服务,为周边社区的 20 位高龄老人服务。大概有 4~5 位社区居民每天在设施的咖啡厅里吃午餐。设施还出售各种精油和按摩霜,用于人智学理念提倡的减压和芳香疗法。

治疗池和浴池

治疗池不仅面向入住的老年人,也面向周边社区的居民。治疗池用于放松及伸展训练,而浴池则有 26 位老年人使用,每人每月使用两次。该设施认为浴池和治疗池可以帮助老年人放松,继而减少对药物的需求,减轻睡眠障碍。

值得注意的特征
1. 该设施采用人智学建筑的理念创造出自然的、宜居的环境。
2. 3 个庭院为居室和走廊提供了景观视野、自然采光和从室外进入的路径。
3. 失能老人和认知症老人分开在不同的生活组团接受服务。
4. 居室设置有大窗户,可以通向私人露台。
5. 单边布房式的走廊和双边布房式的走廊将居室和庭院串织起来。
6. 该设施中,水、植物和动物是生活的重要组成部分。
7. 该设施特别强调水疗和芳香疗法。

案例16：乌尔丽卡－埃莉奥诺拉服务型住宅（Ulrika Eleonora Service House）

地点：芬兰卢万萨（Louviisa，Finland）

建筑师：L&M Sievänen Architects Ltd.，芬兰埃斯波（Espoo，Finland）

乌尔丽卡－埃莉奥诺拉服务型住宅位于赫尔辛基附近的一个乡下海边小镇卢万萨，是一栋小型的团体之家（Group Home）。该建筑于2002年开业，现在入住了32位老年人。建筑居室均为单人间，共分为4个居住组团，其中两个组团针对认知症老人（分别住有7名和8名老年人），另外两个组团则针对需要护理的老年人（分别住有8名和9名老年人）。这些组团分布在两个单层的L形平面建筑中，L形平面的每一翼设置有1个小组团。[54]

图例
1. 护理组团（共17间居室）
2. 失智组团（共15间居室）
3. 起居室
4. 厨房
5. 用餐区
6. 露台
7. 庭院／花园
8. 后勤区域

0' 15' 30' 45'
0m 7.5m 15m

图8-91　乌尔丽卡－埃莉奥诺拉服务型住宅的每个L形平面均环抱着一个室外露台：这个小镇上的服务型住宅有32间居室，被细分为4个组团（两个认知症组团，两个专业护理组团）；房间为单人间，7~9人的居住组团共用一套厨房、餐厅和起居室

图片来源：L&M Sievänen Architects Ltd.

建筑理念

　　每个 L 形平面的两翼交汇处均设置有一个室外露台。室外庭院向南,从中可以看到城镇。芬兰素来以多彩的木建筑闻名,这个建筑的室内外也都采用了木材,看上去非常有住宅的特点。建筑水平木条的使用,让人联想到阿尔瓦·阿尔托的建筑作品。该建筑位于一个小山丘上,其标志性的直立接缝的金属屋顶非常醒目。

公共空间

　　起居室和餐厅的家具布置,如同将乡村农舍的布局同比例放大,在其一侧设置有简易厨房。厨房中橱柜采用了防腐木材,洗碗池和烤箱抬高了 12 英寸(约合 305mm)以便使用。大胆的色彩、水平的木板,将起居厅、餐厅和厨房等空间区分出来。即便是桑拿房、洗衣房、顶棚也都采用了木材。在天气好的时候,老年人可以在室外晒日光浴或者用餐。建筑的门廊局部有透明屋顶覆盖。在走廊中,每个居室入口的门边侧板上,都设置有半透明的玻璃,达到强调其独特性的目的。

居室设计

　　居室面积大概在 260~280 平方英尺(约合 24.15~26.01m²)之间。室内转角处的窗户使得老年人躺在床上时也能够看到室外。老年人自行携带家具,然而,一些重度失能的老年人需要提供能升降的护理床。居室层高很高,采用了倾斜的形式,最高处为 12 英尺(约合 3.66m),最低处仅为 8 英尺(约合 2.44m)。护理型居室内设置有水池和带内部隔层的冰箱。

图 8-92　建筑亮黄色的木墙板与周围社区融为一体:该设施坐落在一座小山上,依偎在周围的森林中,可以俯瞰周围的山坡。居室的角窗窗台很低,可以将光线引入室内

图片来源:L&M Sievänen Architects Ltd.

图 8-93　乌尔丽卡-埃莉奥诺拉服务型住宅中，认知症组团和护理院组团设置有显著不同的入口：建筑的可识别性和特殊特点体现在其与众不同的设计中；从其明亮柔和的色彩和木墙板的使用，可以感受到现代主义建筑师阿尔瓦·阿尔托的影响

图片来源：L&M Sievänen Architects Ltd.

图 8-94　从较低的地方看，建筑围绕着一个中央庭院：倾斜的锌皮屋顶、与周边住区匹配的本土颜色、建筑转角处的水平木条，让建筑立面看起来既现代又不失住宅的感觉

图片来源：L&M Sievänen Architects Ltd.

入住者特征

认知症老人在公共空间中度过他们绝大多数的时间，而护理型居室的老年人则在他们的房间内度过大部分时间。老年人的平均年龄为 87 岁，有 17 人乘坐轮椅（其中 75% 住在护理型居室，20% 住在认知症组团），有 60% 被诊断患有认知症。

值得注意的特征

1. 建筑小巧的尺度和亲切的颜色选择，能够融入周边的环境。
2. 两个 L 形布局的建筑体量，既围合出庭院，又能够便利地到达室外。

3. 4个小建筑组团（两个认知症组团和两个护理组团）均非常融洽地围绕餐桌布置。

4. 失能老人和认知症老人分开，在不同的组团接受服务。

5. 居家式的护理服务及细节设计，营造出友好的、去机构化的建筑形象。

6. 居室很小，但角窗窗台较低，带来采光的同时也让卧床老人能看到室外风景。

案例17：伊丽丝马尔肯护理中心（Irismarken Nursing Center）

地点：丹麦维鲁姆（Virum，Denmark）
建筑师：Rubow Arkitekter，丹麦哥本哈根

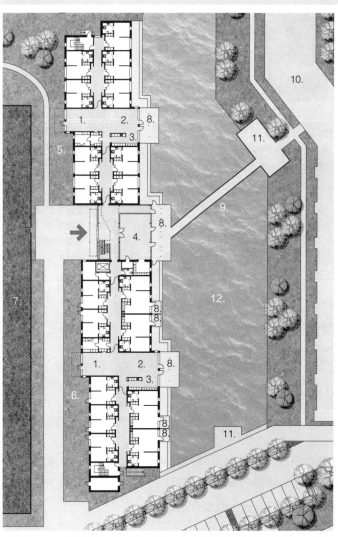

图例
1. 组团起居室
2. 组团就餐区
3. 组团厨房
4. 活动室/会客室
5. 认知症组团
6. 专业护理组团
7. 运动场
8. 阳台
9. 桥
10. 住宅区
11. 观景台
12. 池塘

图8-95　伊丽丝马尔肯护理中心是一栋两层高的护理院，建筑平面细长，一边临湖，另一边是运动场：建筑共有36间居室，可以分为4个组团（两个认知症组团，两个专业护理组团），每个组团有9间居室，组团中的公共空间可以细分为起居室、餐厅、厨房和两个阳台
图片来源：Rubow Arkitekter

伊丽丝马尔肯护理中心开设于 2010 年，位于哥本哈根的维鲁姆加德（Virumgaard）社区，建筑高二层，共有 36 间居室。该中心是一个大住宅区的一部分，这个住宅区还有 3 个额外的居住综合体。伊丽丝马尔肯护理中心建筑体形细长，做法考究，夹在池塘和运动场之间。东边的池塘风景如画，有很多鸭子和青蛙；西侧的运动场则非常活跃，经常有运动队在此训练。

建筑理念

位于建筑两侧的居室都有很好的视野。主入口位于建筑中间，入口处设置有开放的楼梯和一个大型的斜坡顶会客室，会客室两层通高，主要用于员工培训和老年人的特殊活动。建筑东侧布置有一座人行天桥，连接着伊丽丝马尔肯护理中心和池塘另一侧的地区厨房。

建筑共有 4 个居住组团，每个组团设有 9 间居室。每个组团的中央设置有起居室、就餐区、厨房和公共阳台。认知症组团设置在建筑北边的一层和二层，9 间居室（居室面积为 420 平方英尺，约合 39.02m²）均没有设置私人阳台或露台，但是组团中设置有东、西朝向的公共阳台（或露台）。

图 8-96　建筑东边的池塘里有很多鸭子和青蛙：每个居住组团的中央位置设有一个大型的公共阳台，可以俯瞰水面。建筑在材料上选择了白色的涂料，黑色的钢饰边和镀锌屋顶；建筑平面上的错动、阳台的出挑丰富了建筑体量
图片来源：Lars Bo Lindblad

图 8-97　宽敞的"外挂"阳台创造出与自然的联系：阳台扩展了视野，增加了很多的便利，也提升了立面的视觉趣味；首层的阳台更宽，悬挑于水面之上；4 个组团均在建筑两侧设置有阳台和露台（部分组团只有一个），连接着公共空间
图片来源：Lars Bo Lindblad

建筑南侧的两个组团面向需要专业护理的老年人，居室有两种规模。每一层楼有 4 套居室（共有 8 套居室）位于东侧临湖的位置，这些居室是为夫妇准备的，设置有独立的卧室和完整的厨房（面积为 650 平方英尺，约合 60.39m²），居室阳台很大，悬挑在水面上。而建筑西侧的 10 间居室（每层 5 间）面积为 450 平方英尺（约合 41.81m²），一层的 5 间设置有小露台，而二层的 5 间则没有设置阳台。每一个护理组团均在中央位置设置了起居室、餐厅、厨房和公共阳台（东、西两侧均有），平时的用餐和活动就在这些公共空间内进行，起居室的座椅设置在公共空间的西侧，而用于就餐和活动的餐桌则摆放在东侧，厨房位于公共空间的中央，设置有一个壁柜。

图 8-98　从餐桌可以俯瞰池塘，也可以直接通往阳台：公共空间布置在组团平面的中央，可以从两个方向获得采光和视野。窗户下部的 20 英寸（约合 510mm）区域分隔为单块玻璃，从而使边缘看上去更加安全

共同特征和服务

护理中心在早上提供清淡的早餐，晚上则提供露面三明治①和汤，而中午，则有热食从中央厨房配送过来。电脑系统由护士、助理护士和照护工作人员共享，每个人都可以阅读有关每位老年人的注意事项，但是只有护士可以查看药物信息，并和医生直接沟通。

丹麦的照护设施非常强调锻炼和物理疗法，6~7 名老年人组成一个小组，每周通过步行进行锻炼，家属与志愿者也可以与老年人同行。物理治疗的仪器设备放置在公共走廊中，鼓励大家使用。现阶段，他们正在尝试一些新的想法，比如特殊的淋浴座椅、引导老年人夜间起夜的照明设备、漫游监测系统，以及安装在床一侧、可以监测老年人夜间移动的垫子等。

居室设计

供夫妇居住的大居室设置有完整的厨房，而其他小居室只设置了简易厨房（仅有橱柜和水池）。住在小居室的老年人通常会带一个冰箱或一个微波炉。居室中的床由护理中心提供，但是老年人可以自带其他的家具，包括他们最喜欢的灯具。

———————————

① 露面三明治（Open-face Sandwiches）：指的是指由一片或多片面包组成的，顶部有一种或多种食物的三明治类型。

图 8-99　用于团体会议的多功能间设置在靠近建筑中央的位置，毗邻主入口；天桥将伊丽丝马尔肯护理中心与池塘对面的中央厨房、其他活动和服务空间连接起来。图中一层高的坡屋顶空间位于认知症组团和专业护理组团之间

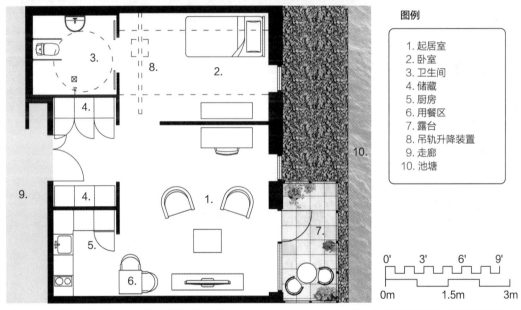

图例

1. 起居室
2. 卧室
3. 卫生间
4. 储藏
5. 厨房
6. 用餐区
7. 露台
8. 吊轨升降装置
9. 走廊
10. 池塘

图 8-100　供夫妻居住的大居室面积为 650 平方英尺（约合 60.39m²）：这 8 间大居室位于专业护理组团中，带有能俯瞰湖面的阳台；居室配置了完整的厨房和可以移动老年人的吊轨装置。起居厅和卧室之间的开敞设计加强了灵活性，扩大了对空间的感知
图片来源：Rubow Arkitekter

　　起居室和卧室之间没有设置门，开口的净宽为 48 英寸（约合 1.22m），这种设计加强了空间的灵活性。卫生间中的门采用了双扇推拉门的形式，洁具分别固定在三面墙上，地面采用了无高差的连续瓷砖铺装。居室的房间地板采用了木纹，看上去类似住宅。房间高度为 10 英尺（约合 3.05m）。卧室的窗户比较窄，但是高 8 英尺（约合 2.44m），窗台高度很低，老年人躺在床上也能看到窗外的景色。

入住者的问题和特征

　　建筑共有 36 间居室，其中 8 间为夫妇居室，所以理论上能够容纳 44 位居民。但是，现在这里仅有两对夫妇，所以实际入住人数为 38 人，除了两对夫妇外，还有 3 名单身男性老人和 31 位单身女性老人。这些老年人的平均年龄为 87 岁，年龄范围在 70~97 岁之间，接近 50% 的老年人借助轮椅移动，有 20% 依赖安装在顶棚的升降设备，剩下的老年人需要使用手杖或助行器走动。几乎每位老年人都需要如厕和淋浴上的帮助。有 10 位老年人需要协助就餐，但是还没有人需要插胃管。10 名老年人没有出现认知症的症状，剩下的 28 名老年人都有中度到重度的认知障碍。有 4 名老年人使用一家城市代理商提供的全球卫星定位系统跟踪设备。有 10 名老年人能够自行控制如厕，但是需要提醒。在 2017 年，有 10 名老年人去世（周转率为 25%）。只有 5 名老年人没有家属前来探望，其余老年人家属的探望次数平均分布在每周至少一次到每月一次之间。

图 8-101　居室设置有单独的卧室和起居室：起居室有足够的空间，可以轻松地摆下沙发座椅、桌子和断层式橱柜①，橱柜上可以放满有意义的摆件；起居室的大窗户增强了室内采光，透过窗户可以看到下面的运动场

值得注意的特征

1. 建筑夹在池塘与运动场地之间，两边都有非常好的视野。
2. 细长的建筑体型有利于光线的渗透，而偏移的走廊设计则缓解了视觉上走廊过长的问题。
3. 护理中心设有两个认知症组团（北侧）和两个护理组团（南侧），每个组团有 9 名老年人。
4. 设置于建筑中央的公共会客室可以让所有人共同使用。
5. 每个组团都设置有起居用餐区、厨房和两个阳台（或者露台）。
6. 护理组团的 18 间居室中有 8 间为夫妇套间（面积为 650 平方英尺，约合 60.39m²）。
7. 护理中心鼓励老年人参与物理治疗，并通过步行锻炼。

---

① 断层式橱柜（Breakfront）：指的是中间部分突出或上半部缩进的橱柜类型。

案例18：比佛利山黎明认知症照护组团（Sunrise of Beverly Hills Dementia Cluster）

地点：美国加利福尼亚州比佛利山

建筑师：Mithūn Architects，美国华盛顿州西雅图

比佛利山黎明协助生活设施开设于2005年，位于比佛利山的"金三角"地带，建筑高5层，共有80间居室。其中，认知症照护组团位于该设施的第四层，有3种类型的居室共16间。居室面积在500平方英尺（约合46.45m²，单人间）到800平方英尺（约合74.32m²，一居室）之间。认知症初期的老年人一般生活在协助生活设施中，当认知症发展到中期或晚期时，则通常会搬到更小但采取了安全防护措施的认知症照护组团中，这种建筑设计方式通常被称之为"家中之家"。认知症照护组团独立运营，招聘接受过认知症专业护理培训的工作人员，并提供符合认知症患者需求的服务。

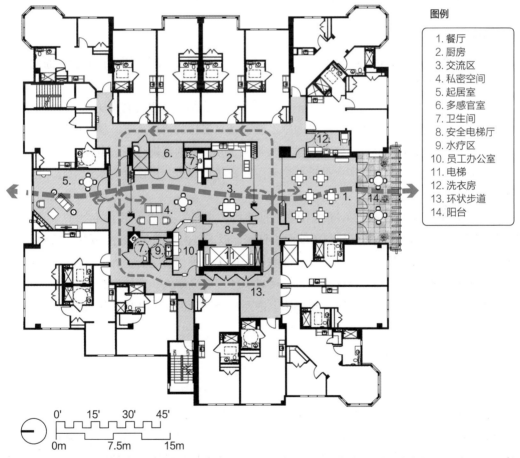

图例

1. 餐厅
2. 厨房
3. 交流区
4. 私密空间
5. 起居室
6. 多感官室
7. 卫生间
8. 安全电梯厅
9. 水疗区
10. 员工办公室
11. 电梯
12. 洗衣房
13. 环状步道
14. 阳台

图8-102 比佛利山黎明认知症照护组团有16间居室，面积在500~800平方英尺（约合46.45~74.32m²）之间：居室围绕着方形平面的外围布置，居室的缺口与公共空间在建筑中部形成了一条南北轴线（图中浅色虚线），可以从两侧获得自然采光和通风。平面中的环状步行道（深色虚线）可以防止老年人迷路

图片来源：Mithūn Architects，Sunrise Senior Living

图 8-103 比佛利山黎明协助生活设施是一栋高 5 层的城市建筑：建筑的第五层是采取了安全防护的认知症照护组团，带有南向的平台。建筑底层设置有毗邻街道的露台座椅，可以通向餐厅和起居厅。又宽又高的侧窗和一些天窗使居室充满自然光

图片来源：Sunrise Senior Living

建筑理念

该认知症照护组团有很多典型特征，居室面积相对较大，环状的步行道能够通向各个居室，一系列的共享公共空间位于平面中央。

室外露台、餐厅、小厨房、活动室（私密区域）、起居室和多感官室（用于感官刺激和安静休憩）等功能空间排列在开敞平面中，能够满足多样的活动需求。楼层的电梯厅采取了安保设施，设有密码锁，且处在电梯厅北侧员工办公室的监视之下。电梯厅与办公室之间设有窗口，方便访客与工作人员进行交流。在环状走廊边，还设置有水疗中心（浴室），洗衣房和公共卫生间。

众所周知，Sunrise Senior Living 集团非常推崇荷兰的理念。他们采用了荷兰的"量身定制"理念，围绕老年人的需要和兴趣制定他们的日程，而不是由工作人员统一安排，"命令"老年人在指定的时间就餐和洗浴。此外，他们还采用了一种"指定看护人"的模式，将老年人与特定的照护人员匹配，这样照护人员可以非常了解老年人，能够迎合他们的兴趣、需要和偏好。当访客走进该楼层时，挂在墙上的照片能够帮助访客认出工作人员，从而促进工作人员与访客和老年人家属之间的交流。

公共空间

大面积的居室和丰富的公共空间，意味着老年人可以自行选择是在自己的居室里独处还是到公共空间与其他老年人共度时光。公共空间的活动类型丰富多彩，老年人可以围观，也可以随时选择自己感兴趣的活动参与其中。认知症照护组团充分利用了整个楼层的空间，除了南向的阳台外，这里还有两部电梯可以通向建筑首层。设施附近的比佛利山商业区地势平坦，有着适宜步行的环境，还能有机会进行橱窗购物，所以照护组团鼓励老年人与工作人员、志愿者或者亲属外出散步。

（a）

（b）

图 8-104（a）（b） 南向露台能够获得采光和通风，可以从组团的餐厅中进入：老年人白天可以在露台吃饭或休息；餐桌大小不一，采用商业餐厅的形式为老年人服务；餐具选用鲜亮的颜色，便于识别

图 8-105 起居室位于中央轴线的北端：灵活的轻质家具摆放成小组团的形式，使得起居室可以同时进行多项活动；建筑中的环状走道连接着起居室

图片来源：Martha Child Interiors，Jerry Staley Photography

　　厨房与一张大餐桌结合布置，这个地方非常受老年人欢迎。他们可以在这里喝杯咖啡，开始新的一天，也可以全天坐在这里与人交流。这个空间与组团的安全前厅极为贴近，老年人可以在访客进入或离开楼层的时候，与他们打招呼。食物在建筑首层的厨房中准备，然后通过送餐设备送到楼层，装盘后端上老年人的餐桌。

居室及其特征

住在该协助生活设施里的老年人如果患有认知症，在症状恶化时，可以转入认知症照护组团，享受相应的服务。除了面积比认知症老人居室标准更大之外，这些居室还有其他一些特征。房间净高9英尺（约合2.74m），窗台高24英寸（约合610mm），窗户高6英尺（约合1.83m）。其中较大的两间居室配置有4件套卫生间，比一般卫生间多一个可方便进出的浴缸。环形走道能够方便老年人到达主要公共空间，避免走失。如果老年人走得够远，他们在经过全部的4个共享空间后，会回到他们自己的居室门口。

入住老年人的平均年龄为80岁。只有约20%需要依靠轮椅移动，绝大多数入住者都患有严重的认知症。

值得注意的特征

1. 这个"家中之家"的认知症照护组团设置在一个协助生活设施的五层。
2. 设施位于比佛利山中心的地理位置，有利于促进老年人散步、橱窗购物和锻炼。
3. 环状的走道直接连接着居室和公共空间，这能够最大程度避免老年人走失。
4. 平面中心开放的布局形式可以允许老年人观察并参与绝大多数正在进行的活动。
5. 3种类型的居室都很宽敞，窗户面积较大，窗台高度较低。
6. 组团采用荷兰的"量身定制"日程，配置指定的照护人员。

案例19：艾厄巴尔肯共同居住项目（Egebakken Co-Housing）

地点：丹麦诺贝多（Nobedo，Denmark）
建筑师：Tegnestuen Vandkunsten，丹麦哥本哈根

艾厄巴尔肯共同居住项目又称奥克希尔（Oakhill）项目，是一个基于股权的共同居住项目，一共有29栋单层独立住宅。[55] 这个项目开设于2005年，基地位于哥本哈根北侧28英里（约合45km）外的小镇诺贝多（Nobedo）。项目占地面积6英亩（约合2.43hm²），基地南边可以看到埃斯鲁姆湖（Lake Esrum，丹麦最大的湖），北侧临近一片成熟的橡树林，可以用于散步和锻炼。项目平面细分很简单，共有4条街道，独立住宅平行于每条街道呈线性布局。一栋面积为1600平方英尺（约合148.64m²）的公共建筑布置在基地的入口，由于独特的造型，被称为"望远镜"。该公建处于居民步行易达的距离范围内。

尽管共同居住项目不为住户提供个人照护援助，但是丹麦的家庭照护系统通过提供家庭护理援助（包括个人照护和健康照护），使得年老体弱的居民能够在自己家中实现"原居安老"。在有的项目中，居民之间已经建立起生活中的友谊，可以提供补充的照护帮助，促进社会交往，这使得家庭照护系统更加高效。政策的制定者相信在未来，强有力的友谊网络，将成为各种照护系统提供的专业服务的必要补充。

图 8-106　艾厄巴尔肯共同居住项目的 29 栋住宅沿着 4 条街道布置，其中两条街道之间插入设置了一座公共建筑：该项目占地 6 英亩（约合 2.43hm²），夹在北面的橡树林和南面的埃斯鲁姆湖之间。相邻的住宅相连在一起，但有规律性的隔断，便于步行路径的穿行

图片来源：Oakhill（Egebakken），Tegnestuen Vandkunsten

图 8-107　面积为 1600 平方英尺（约合 148.64m²）的公共建筑布置在场地的入口位置：该公共建筑中设有厨房、图书室、锻炼设施、桌子和软座椅等，可以举办社区公共活动；森林保护区中有步道连接着基地北侧

图 8-108　独立住宅前设置有入口、车库和洗衣房：建筑外部材料选择了灰色的落叶松木板、立缝拼接的锌皮单坡屋顶和配套的灰棕色砖。天窗照亮了多功能厅，而安装在高处的窗洞则为厨房和客厅提供了光线

住宅设计

　　整个住宅的设计采用了一种简单但是统一的体块模式。建筑的主体量是一个局部有突出的不规则四边形，该四边形的长度在 35~50 英尺（约合 10.67~15.24m）之间变化（不同住宅长度不同），其中容纳着所有的公共空间。住宅采用了坡屋顶，最低处为 11 英尺（约合 3.35m），最高处为 14 英尺 6 英寸（约合 4.42m），天窗被策略性地放置在墙面的最高处，光线能够透过天窗照射到下方的空间。每个居民可以基于自己的兴趣和需求对公共空间进行划分。有的划分出大厨房、用餐区、起居室和小书房。有的则采用开敞的平面布局形式，使用玻璃隔断划定不同的房间。

　　每一栋住宅都呈 L 形布局，卫生间和卧室在主要体量的后边组成较短的一翼，与主要体量垂直，从中可以俯瞰花园。卫生间采用现代风格，有较强的适应性；卧室层高较低，尺度亲人。29 套住宅中，4 套面积为 1000 平方英尺（约合 92.90m²），16 套面积为 1250 平方英尺（约合 116.13m²），另外 9 套面积为 1450 平方英尺（约合 134.71m²）。附加到主建筑体量上的功能包括冬季花园、储藏间，还有额外的卧室和卫生间。

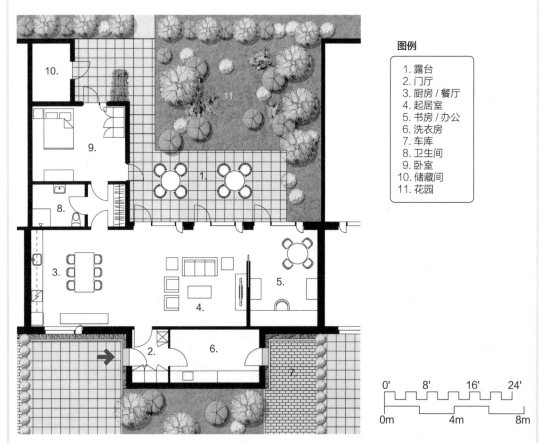

图例

1. 露台
2. 门厅
3. 厨房 / 餐厅
4. 起居室
5. 书房 / 办公
6. 洗衣房
7. 车库
8. 卫生间
9. 卧室
10. 储藏间
11. 花园

图 8-109　面积为 1450 平方英尺（约合 134.71m²）的 L 形住宅包括局部突出的公共空间和另一侧的卧室：建筑背后设置有私人的室外露台和花园。建筑靠近街道一侧布置有车库、入口和功能空间

图片来源：Oakhill（Egebakken），Tegnestuen Vandkunsten

（a）   （b）

（c）   （d）

图 8-110（a）~（d） 长长的不规则四边形开敞平面具有灵活性，可以进一步细分：较高一侧墙体高 14 英尺 6 英寸（约合 4.42m），较低一侧高 11 英尺（约合 3.35m），两侧墙体都设置有高窗。这些图片展示了 4 种布局，其中包括办公室、古董陈列柜、厨房角、书房、餐桌和起居区

　　住宅平面紧凑，但是所在的场地面积充裕，所以留出了大量的开敞空间。建筑选用的材料包括：1）深棕色的硬砖；2）灰色的西伯利亚落叶松壁板；3）锌皮屋顶。场地内有大量的人行道系统，还有通向临近森林的小径。毗邻街道设置的大面积混凝土草格区在需要时可以作为停车位使用。

入住者及其理念

　　奥克希尔项目的住户是处于相同生命阶段的人，他们志趣相投，主要是活跃的空巢老人。他们希望自己的邻居既珍视个体的自由，也愿意积极融入朋友和同事组成的社区中。这是许多新的共有住房项目的共同特征，其中的住户存在许多竞争关系。本项目 29 栋住宅中住有 54 位居民，其中 80% 为夫妇（25 对夫妇和 4 名单身女性），40% 仍在工作。他们的年龄在 53~80 岁之间，平均年龄为 65~70 岁。尽管还较为年轻，但是这些居民希望相互帮助，实现"原居安老"的想法。

服务及活动

公共建筑是奥克希尔项目社交生活的中心。这个形状特别的建筑在南侧和北侧设置有玻璃幕墙，南侧的入口处室内净高为 8 英尺（约合 2.44m），而到了建筑北端，室内净高扩大到接近 20 英尺（约合 6.10m），从中可以远眺临近的森林。每栋住宅贡献 55 平方英尺（约合 5.11m²）的建筑面积，最后创造出了这栋达 1600 平方英尺（约合 148.64m²）的公共建筑。公共建筑中设置有厨房、图书室、阅读空间、零食餐桌和一块多功能的开放区域。这里的活动包括桥牌、台球、乒乓球、读书会、讲演、音乐会、品酒会和体操运动等。在这栋公共建筑中，每月有一次集中的晚餐。由 5 位居民组成的委员会负责协调这栋公共建筑的使用。所有活动的举办都依靠居民的积极组织和参与。每位居民都需要交纳一定的会费来维持运营，负责公共设施的维修，但是是否参加活动全凭自愿。

值得注意的特征
1. 这个业主自持的共同居住项目位于哥本哈根北侧的诺贝多。
2. 项目北邻橡树林（有小径相连），南眺埃斯鲁姆湖（丹麦最大的湖）。
3. 住宅经过对各组成部分的良好设计，具有定制化的灵活性。
4. 公共建筑中容纳了就餐、锻炼、集会和社交等多种功能。
5. 丹麦的家庭照护服务递送使得居民能够实现"原居安老"。
6. 共同居住项目在丹麦非常常见，它促进了居民间非官方支援网络的发展。

案例 20：威尔森临终关怀设施（Willson Hospice）

地点：美国乔治亚州奥尔巴尼（Albany，Georgia）
建筑师：帕金斯威尔建筑设计事务所（Perkins+Will Architects），美国乔治亚州亚特兰大

提供临终照护的临终关怀设施环境一般要优于护理院。除了建筑组团的规模更小外，临终关怀设施更加以家庭为中心。它们大多有良好的自然环境，能够为有意义的活动和行为提供空间。设施的环境通常类似住宅，工作人员友好且乐于助人。在几乎所有类型的临终关怀设施中，威尔森临终关怀中心可以算是其中的典范。[56]

该设施开设于 2010 年，是一个更大的照护服务供应网络的组成部分（该网络还包括家庭照护工作人员）。设施位于南乔治亚州，每个月服务超过 150 个人。威尔森临终关怀中心的居室主要面向的是寻求喘息服务的家庭、有复杂照护需求的老年人，或没有家庭支持的老年人。

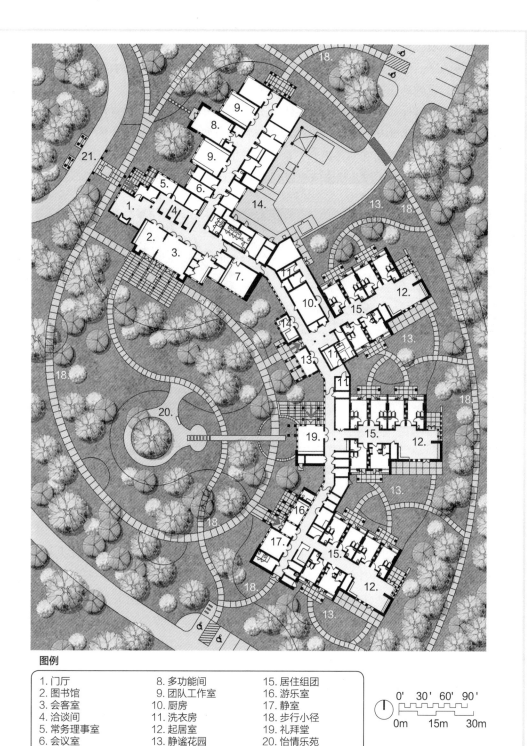

图例

1. 门厅	8. 多功能间	15. 居住组团
2. 图书馆	9. 团队工作室	16. 游乐室
3. 会客室	10. 厨房	17. 静室
4. 洽谈间	11. 洗衣房	18. 步行小径
5. 常务理事室	12. 起居室	19. 礼拜堂
6. 会议室	13. 静谧花园	20. 怡情乐苑
7. 员工办公室	14. 行政办公楼	21. 落客处

0' 30' 60' 90'

0m　　15m　　30m

图 8-111　威尔森临终关怀设施占地 14 英亩(约合 5.67hm²),是野生保护区的一部分:设施共有 3 个居住组团,每个组团有 6 间居室,组团通过弧线走廊连接到主入口建筑;每间居室都能通往附近的起居厅;专门设置的礼拜间和儿童游乐室可以提供给老年人的家属使用

图片来源:Perkins+Will Architects

建筑和场地环境

该设施位于一个面积为 210 英亩（约合 84.98hm²）的乡村保护区内，占地 14 英亩（约合 5.67hm²）。设施连同其卓越的自然景观环境，将住在这里的老年人、访客还有工作人员联系起来。这片奥杜邦（Audubon）①保护区屡获殊荣，它对周边区域的所有人开放，其中连续的小径将人类活动与当地的鸟类、鹿和植物等自然生态串织起来。该设施中的 3 个居住组团均设置有静谧花园和室外露台，从而创造出有阴影的户外空间。基地内还设置了很多步行小径、观察平台，以及从亲密尺度到类似公园尺度等各种规模的花园。

图 8-112　进入建筑需穿过中央的行政楼，其中设置有家庭照护服务部门的办公室：单层建筑所采用的石材和木材与场地内葱郁的园林绿化一起，创造出迷人的居住环境。高大的体量结合大面积的窗户，为室外休息区和景观区提供了视觉中心
图片来源：Jim Roof Creative

行政楼设置在场地的入口附近，一方面能够欢迎访客，另一方面也为工作人员提供了办公空间、会议区域和图书室。居室成组布置在 3 栋建筑中，之间通过一条弧形的封闭走廊连接。在行政楼通往居住组团的走廊边上，布置有音乐室（冥想室）、儿童游乐室、家庭备餐间和礼拜堂。[57]

居住组团

每个组团有 6 间居室和一个面积为 800 平方英尺（约合 74.32m²）的家庭间。家庭间中布置有木桌、软座椅、可供阅读的炉边空间以及儿童玩耍的空间。家庭间靠近老年人居室，这里窗户较大，透过窗户可以看到周边美景，也能够到达室外花园。家庭间在材料上选择了天然实木、软木、石材等，使室内环境变得亲切、迷人且真实。

---

① 奥杜邦：全称为奥杜邦学会（National Audubon Society），是美国的一个专注于自然保育的非营利性民间环保组织，该组织的命名是为了纪念著名的鸟类学家和自然主义者约翰·詹姆斯·奥杜邦（John James Audubon）。

图 8-113 各个居住组团中的公共空间十分独特，有高大的窗户、厚重的木材框架，以及局部的石材点缀；天窗的大量使用、景观的紧密结合、露台的局部覆盖，使得建筑与室外环境无缝衔接

图片来源：Jim Roof Creative

居室设计

居室采用单人间，面积较小，仅有 250 平方英尺（约合 23.23m²）。在规划设计的过程中，曾搭建过一个真实尺寸的居室实体模型，用来模拟家具和设备的摆放。阅读灯连接在床上，所以床可以在房间内自由移动，甚至可以移到室外的私人露台上。老年人可以借助架在床上的小餐桌，在房间内用餐。

透过居室的角窗，能够欣赏周边的美景，角窗上配置有遮光帘，以便促进老年人入睡。窗台座椅经过特别设计，足够宽阔，能够容纳 90% 的过夜访客。房间内还设置有搁架，允许老年人进行个性化布置，摆放照片和一些有纪念意义的物品。然而，老年人在这里平均停留时长仅为 3~5 天，这并不足以让居室有多么个性化。该设施目前也在考虑新增加额外的能够长期停留的新组团，按照美国联邦医疗保险规定的最长期限，让老年人在这里停留 6 个月。

图 8-114 每个组团都有一间类似凉亭的起居间，其中布置有软座椅、桌子和儿童游乐空间；厚实的木框架与玻璃板的结合，获得了极佳的采光效果。800 平方英尺（约合 74.32m²）的房间中设置了一系列的小空间，可以用于各类不同活动

图片来源：Jim Roof Creative

入住者及临终关怀项目

　　老年人的活动可以视他们的精神状态和兴趣进行个性化安排。大部分入住的老年人都卧床不起，或者是坐在轮椅上无法起身，而且通常经历着身体上的不适。设施中有超过75名志愿者为这些老年人阅读，陪他们聊天，与其分享宠物，或者是陪他们在花园里散步。由于这些老年人处在短暂的弥留之际，所以家属一般会陪伴着他们。老年人来这里的一个原因，就是和家人们一起度过最后的时光，而设施中的共享厨房、礼拜堂和儿童游乐空间，可以允许家属陪伴他们的挚爱最后一程。

　　临终关怀项目是一项非常值得研究的形式，因为它强调让人以一种有意义的、积极的方式度过最后的时光。这类建筑围绕老年人临终前重要的、愉悦的需求和经历展开设计的概念，有很多值得称赞的地方。这不禁使人反思，为什么这种护理形式到现在还没有扩展到护理院中。尽管这里的工作人员需要付出强烈的情感，但是他们每年的流失率低至5%以下。威尔森临终关怀设施对所有收入阶层的人开放，但是运营的过程发现，其主要客群为患有癌症的长者（80%超过65岁），且绝大多数入住者都有联邦医疗保险的支持。

图8-115　居室虽小，但其材质、纹理、特点都非常丰富；宽且深的飘窗可以容纳过夜的访客；床非常灵活，可以在房间内移动，甚至可以从宽门中移到室外；厚重的窗帘可以在需要时拉上，使房间变暗

图片来源：Jim Roof Creative

值得注意的特征

1. 威尔森临终关怀设施毗邻风景优美的奥杜邦保护区，其中设置有很多散步小径。
2. 3个居住组团中共有18间居室，每个组团设置有一间公共起居室。
3. 组团的公共起居室主要用于阅读和社交。
4. 每间居室都带有私人露台，居室内的床可以移到露台上。
5. 窗台处设置有宽敞的座位（床），可以满足家人或者朋友留下来过夜的需求。
6. 住宅材料的选用，如石材和木材，使该设施呈现去机构化的特征。
7. 这里的活动主要依靠志愿者，他们热心、有创造力且乐于助人。

案例 21：穆首姆海湾度假中心（Musholm Bugt Feriecenter）

地点：丹麦科瑟（Korsør，Denmark）

建筑师：AART Architects，丹麦奥胡斯（Aarhus，Denmark）

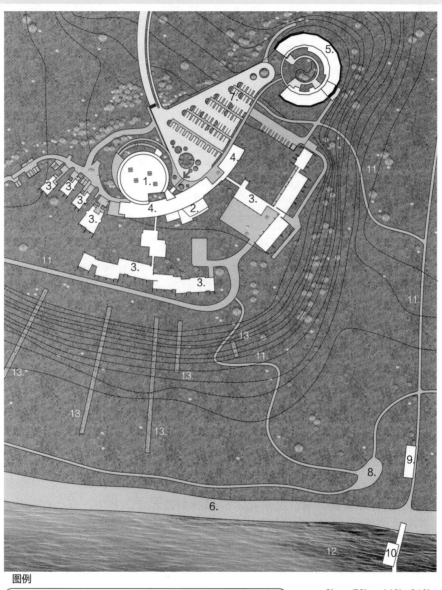

图例

1. 多功能体育馆	6. 沙滩	11. 散步小径
2. 餐厅	7. 停车场	12. 海水 / 海峡
3. 假日公寓大套间	8. 篝火区	13. 树篱
4. 集会空间	9. 淋浴区 / 储物柜	
5. 酒店式假日公寓	10. 码头	

0'　70'　140'　210'
0m　　35m　　70m

图 8-116　在丹麦，面向残障人士的度假村十分常见：穆首姆海湾度假中心的 172 间居室可供残障人士和老年人使用，这里的沙滩、码头、步行道路网络、餐厅和娱乐活动，适合于全年龄段的游客

图片来源：AART Architects

丹麦人喜欢他们的夏天，而夏天的一项珍贵记忆就是去海滩。许多度假村点缀在丹麦 3 个主要岛屿的海岸线上。整个夏天，"度假"是斯堪的纳维亚地区护理院和服务型住宅的标准配置。美国度假村一般单独为残障人士留出少量的居室，与此不同的是，丹麦有专门的度假村，配置有最新的无障碍设备，他们不仅仅面向老年人，也面向各年龄段的人以及有障碍的人士。[58]

图 8-117　穆首姆海湾度假中心结合了 4 个重要的主题——艺术、建筑、生态和无障碍环境：建筑基地在水岸 500 英尺（约合 152.40m）距离内，可以俯瞰大带桥（the Great Belt Bridge）；场地内景观采用未经修剪的自然形式；居室设置有 14 英尺高（约合 4.27m）的天窗，挂有委托绘制的艺术壁画

图片来源：Jens Markus Lindhe，AART Architects

建筑理念

穆首姆海湾度假中心地理位置非常优越，距离沙滩仅 500m，可以从这里看到穆首姆湾（Musholm Bay）、大带桥和菲英岛（Funen）与西兰岛（Zealand）之间的海峡。这里的主题在于其无障碍的环境、艺术品、建筑和生态环境。其中，有 16 间浴室配置有 14 英尺（约合 4.27m）高的天窗，且挂有委托绘制的艺术壁画。最近这里新建了一个大型的圆形建筑，既可以用作演讲空间、音乐厅，又可以用作体育比赛的地点。这里有大量适合家庭和老年人的室外活动，比如篝火、球类运动、秋千、沙盒、钓鱼、自然认知、散步等。建筑的外部材料选用了雪松木和混凝土，这使得建筑与自然景观无缝衔接在了一起。

居住设施

海湾度假中心从 1996 年开始营业，共设有 172 张床位。这些床位可以细分为 33 个组团（或单元）以及 24 个酒店类型的套间。居室面积从 325 平方英尺（约合 30.19m²）到

2500 平方英尺（约合 232.26m²）不等，平均面积约为 475 平方英尺（约合 44.13m²）。绝大多数居住单元都能容纳 4~10 人规模的组团居住，其中也包括乘坐轮椅的残障人士。部分组团有完整的厨房，但是套间较小，与旅馆的房间相似。这里主要的客群是带着残障儿童或者是老年家属的家庭。房间里有特殊的配置，如顶棚上的升降装置、带有侧栏的床、不需要钥匙的锁、无障碍的卫浴设施、电动控制的窗帘等。他们也接待团体客人，比如来自服务型住宅、护理院、残疾人托养中心等机构的团体。

图 8-118 采用倾斜木顶棚的餐厅面向客人开放：尽管许多套房中都设置有自己的烹饪空间，也有一些酒店风格的套房会使用这个位于基地中心位置的餐厅，在此可俯瞰海滩和前面的原野

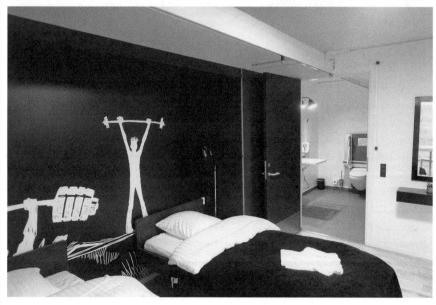

图 8-119 满足 3~7 天停留的居室中设置有一系列的无障碍设施：吊轨装置可将客人从床上转移到相邻的卫生间。卫生间采用了欧式的无高差连续瓷砖铺装，设置有悬臂式的活动水槽，带固定扶手的坐便器，无障碍淋浴间以及连续的天窗

值得注意的特征：

　　1. 穆首姆海湾度假中心由肌肉萎缩组织（Muscular Dystrophy Association）赞助。

　　2. 度假中心在为残障人士设置的空间环境中陈列了很多建筑与艺术作品。

　　3. 度假中心靠近西兰岛海岸，有一个能开展各种活动的码头。

　　4. 在天气较好时，团体度假的老年人和照护人员一般在这里停留 3~5 天。

引用文献

[1] Andersson, J.E.（2014），Residents Are at the Center of Good Architecture for Dementia Housing: A Historical Perspective, Powerpoint lecture, https://www.divaportal.org/smash/get/diva2:775831/FULLTEXT01.pdf（accessed 10/7/17）.

[2] Fich, M., Mortensen, P.D., and Zahle, K.（1995），*Old People's Houses: An Architectural Guide to Housing for the Elderly in Greater Copenhagen*, Kunstakademiets Arkitektskole, Copenhagen.

[3] Rosenfeld, L.P., and Chapman, W.（2006），*Home Design in an Aging World*, Fairchild Books, New York.

[4] Regnier, V.（1994），*Assisted Living Housing for the Elderly: Design Innovations from the United States and Europe*, John Wiley & Sons, Hoboken NJ.

[5] Mens, N., and Wagenaar, C.（2010），*Health Care Architecture in the Netherlands*, Nai Publishers, Rotterdam.

[6] Humanitas/Over（view）（2017），http://www.stichtinghumanitas.nl/home/homepage/overhumanitas（accessed 10/7/17）.

[7] Although rewritten, reorganized, and reformatted; much of the "AFL Eight Core Components and Characteristics" was paraphrased from the writings and presentations of Hans Becker as represented in *Levenskunst op Leeftijd*（2006），Eburon Academic Press, Delft.

[8] Peterson, C., Maier, S., and Seligman, M.（1995），*Learned Helplessness: A Theory for the Age of Personal Control*, Oxford University Press, New York.

[9] Becker, H.（n.d.），The Humanitas Foundation in a Nutshell, http://artandaging.net/kaken/append1humanitasnutshell.htm（accessed 10/7/17）.

[10] Becker, H.（2006），*Levenskunst op Leeftijd*, Eburon Academic Press, Delft.

[11] Becker, H.（2012），*A Taste of Good Living: The Senior Citizen's Restaurant*, Euburon Academic Press, Delft.

[12] Reed, C.（2015），Dutch Nursing Home Offers Rent-free Housing to Students, PBS Newshour（April 5），http://www.pbs.org/newshour/rundown/dutch-retirementhome-offers-rent-free-housing-students-onecondition（accessed 10/17/17）.

[13] Zarem, J.（2010），*Today's Continuing Care Retirement Community*, American Association of Homes and Services for the Aging（AASHA），Washington DC.

[14] Ibid.

[15] AARP, Caregiving Resource Center（2010），About Continuing Care Retirement Communities, http://www.aarp.org/relationships/caregiving-resourcecenter/info-09-2010/ho_continuing_care_retirement_communities.html（accessed 10/7/17）.

[16] US Government Accountability Office（2010），Older Americans: Continuing Care Retirement Communities Can Provide Benefits but Not Without Some Risks, http://www.gao.gov/products/GAO-10-611（accessed 7/10/17）.

[17] Wasik, J.（2016），The Everything-in-One Promise of a Continuing Care Community, *New York Times*,（February 26），https://www.nytimes.com/2016/02/27/your-money/the-everything-in-one-promise-of-a-continuing-care-community.html（accessed 10/26/17）.

[18] Zarem, *Today's Continuing Care Retirement Community*.

[19] Regnier, V.（2002），*Design for Assisted Living: Guidelines for Housing the Physically*

and *Mentally Frail*, John Wiley & Sons, Hoboken NJ.

[20] Mens, N., and Wagenaar, C. (2010), *Health Care Architecture in the Netherlands*, Nai Publishers, Rotterdam.

[21] Anderzhon, J., Hughes, D., Judd, S., Kiyota, E., and Wijnties, M. (2012), *Design for Aging: International Case Studies of Building and Program*, John Wiley & Sons, Hoboken, NJ.

[22] Mens and Wagenaar, *Health Care Architecture in the Netherlands*.

[23] Ibid.

[24] AIA Design for Aging Knowledge Community (2008), *Design for Aging Review*, 9th ed., Images Publishing Group, Australia.

[25] Perkins Eastman (2013), *Senior Living*, 2nd ed., John Wiley & Sons, Hoboken, NJ.

[26] AIA Design for Aging Knowledge Community (2011), *Design for Aging Review*, 10th ed. Images Publishing Group, Australia.

[27] Jewish Community Housing for the Elderly Blog (2012), Humanitas in Rotterdam Offers Extension of the JCHE Model (May 2), http://www.jche.org/insight-reader/items/humanitas-in-rotterdam-offers-extensionof-jche-model-397.shtml (accessed 10/26/17).

[28] NewBridge on the Charles: Hebrew Senior Life (2017), Welcome to NewBridge on the Charles, http://www.hebrewseniorlife.org/newbridge (accessed 10/7/17).

[29] American Institute for Architects (1997), *Design for Aging Review*, *1996-7 Review*, AIA Press, Washington DC.

[30] Fich, M., Mortensen, P.D., and Zahle, K. (1995), *Old People's Houses: An Architectural Guide to Housing for the Elderly in Greater Copenhagen*, Kunstakademiets Arkitektskole, Copenhagen.

[31] Pioneer Network (2017), Pioneers in Culture Change and Person-Directed Care, https://www.pioneernetwork.net/about-us/overview/ (accessed 10/7/17).

[32] Thomas, W. (1996), *Life Worth Living: How Someone You Love Can Still Enjoy Life in a Nursing Home*, VanderWyk and Burnham, Acton, MA.

[33] Thomas, W. (2007), *What Are Older People For?* VanderWyk and Burnham, Acton, MA.

[34] Alexander, C., Ishikawa, S., and Silverstein, M. (1977), *A Pattern Language: Towns, Buildings, Construction*, Oxford University Press, New York.

[35] Brawley, E. (2006), *Design Innovations for Aging and Alzheimer's*, John Wiley & Sons, Hoboken, NJ.

[36] Thomas, *What Are Older People For?*

[37] Anderzhon et al., *Design for Aging*.

[38] The Green House Project (2017), http://www.thegreenhouseproject.org (accessed 10/15/17).

[39] AIA Design for Aging Knowledge Community (2011), *Design for Aging Review: 10th Edition*, Images Publishing Group, Australia, 158-63.

[40] Guide Book for Transforming Long-term Care, (2010), http://blog.thegreenhouseproject.org/wp-content /uploads/2011/12/THE-GREEN-HOUSE-Project- Guide-Book_April_100413.pdf (includes research outcomes 2003 and 2009), (accessed 10/15/17).

[41] Rabig, J., Thomas, W., Kane, R., Cutler, L., and McAlilly, S. (2006), Radical Redesign of Nursing Homes: Applying the Green House Concept in Tupelo, Mississippi, *Gerontologist*. (46) 4, 533-539.

[42] Mt San Antonio Gardens (2016), Evergreen Villas: A Revolutionary Alternative to Traditional Skilled Nursing Care, http://www.msagardens.org/evergreenvillas/, (accessed 10/15/17).

[43] Anderzhon et al., *Design for Aging*.

[44] The New Jewish Home: The Living Center of Manhattan (2017), A Green House Grows in Manhattan, http://jewishhome.org/innovation/the-living-centergreenhouse/, (accessed 10/15/17).

[45] Mens, N., and Wagenaar, C. (2010), *Health Care Architecture in the Netherlands*, Nai Publishers, Rotterdam.

[46] Anderzhon et al. *Design for Aging*.

[47] Planos, J. (2014), The Dutch Village Where Everyone Has Dementia, *Atlantic*, (Nov 14), http://www.theatlantic.com/health/archive/2014/11/the-dutchvillage-where-everyone-has-dementia/382195/ (accessed 10/15/17).

[48] Tagliabue, J. (2012), Taking on Dementia

with the Experiences of Normal Life, *New York Times* (April 24), http: //www. nytimes.com/2012/04/25/world/europe/ netherlands–hogewey–offers–normal–life– to–dementiapatients.html?_r=0 (accessed 10/15/17).

[49] Glass, A. (2014), Innovative Seniors Housing and Care Models: What We Can Learn from the Netherlands, *Senior Housing and Care Journal*, 22 (1), 74–81.

[50] CNN's World's Untold Stories (2013), Dementia Village, video (July 30), https: //www. youtube.com/watch?v=LwiOBlyWpko (accessed 10/15/17).

[51] Husberg, L., and Ovesen, L. (2007), *Gammal Och Fri* (*Om Vigs Angar*), Vigs Angar, Simrishamn, SW.

[52] Feddersen, E., and Ludtke, I. (2009), *A Design Manual: Living for the Elderly*, Birkhauser Verlag AG, Basel, Switzerland,

206–7.

[53] Coates, G. (1997), *Erik Asmussen*, Architect, Byggforlaget, Stockholm.

[54] Feddersen, E., and Ludtke, I. (2009), *A Design Manual: Living for the Elderly*, Birkhauser Verlag AG, Basel, Switzerland, 210–13.

[55] Egebakken: An active community of friends (n.d), http: //egebakken.dk/english.aspx (accessed 10/10/17).

[56] AIA Design for Aging Center (2012), *Design for Aging Review*, 11th ed., Images Publishing Group, Australia, 58–67.

[57] Perkins+Will (2017), Willson Hospice House, Albany, Georgia, http: //perkinswill.com/ work/willson hosphospice–house.html (accessed 10/15/17).

[58] Musholm: Ferie, Sport and Conference (2017), http: //www.musholm.dk (accessed 10/15/17).

正如第 8 章提到的例子那样，有明确年龄条件限制、为失能老人提供协助的养老居住设施能够对很多人起到帮助作用，因为它们为刚需人群提供了支持。而对于那些希望与照顾自己的家人居住在一起或希望尽可能长时间坚持在家居住的高龄老人而言，相较 5 年前出现了更多可以参与的项目。本章将简要介绍 9 个致力于为传统居家养老提供选择的项目。这些项目或对硬件环境进行改造，或为家庭提供个人护理和交通协助服务，还有的通过一些策略帮助家庭成员更加轻松地为老年人提供帮助。这些类别的项目数量正在不断增加，并且在高科技通信创新技术的支持下会变得更加有效。

1 家庭适老化改造项目

家庭适老化改造能够帮助高龄老人在更加安全、易达的环境中实现原居安老。这对于依赖轮椅行动的老年人来说尤为重要。家庭适老化改造当中的环境改造非常重要，但仅仅是解决方案的一半，还需要将其与服务综合起来进行考虑。

三个维度的干预

通常情况下，可以从 3 个维度来定义家庭适老化改造[1]。

1. 改造建筑；

2. 安装特殊家具和设施设备；

3. 改变行为。

改造建筑

这部分改造具有破坏性，而且价格昂贵，通常被作为家庭适老化改造的"最后一招"。常见的改造项目包括改变浴缸和淋浴的位置、给卫生间创造一个容易进出的入口、加建坡道来替换住宅门前的台阶等。

安装特殊家具和设施设备

这类改造通常有着比较高的性价比。在洗浴区设置抓杆、在洗脸池旁安装扶手是相对来说较为简单的改造项目。其他的例子还包括在门的位置设置偏置铰链或用帘子替代门等。这些解决方案通过适当的调整和家具的替换促进了原居安老。

改变行为

这是最简单和最便宜的改造措施，但对日常习惯和生活方式具有一定的破坏性。这样的例子包括通过将一间位于一层的起居室改造为卧室来避免老年人攀爬楼梯，在浴缸中进行擦浴等。

下面的清单[2]当中按照实施总量顺序列出了 6 项最受老年人家庭欢迎的适老化改造项目：

1. 安装扶手 / 抓杆 200 万次

2. 拓宽门洞 75.6 万次

图9-1 图中所示的2层住宅位于洛杉矶，建成于75年前，像这样的住宅很难改造：卧室都在二层，一层的地面比室外高出三步台阶，卫生间的门很窄，厨房的橱柜需要站在凳子上或弯下腰才能够到（左）

图9-2 很多厨房里面设置的吊柜和地柜要么过高要么过低，很难方便地够到：站在小凳上或弯腰对老年人而言是非常困难的，并且存在一定的危险性。在老旧厨房中，像餐具柜，以及可移动的抽屉地柜等储藏形式对老年人更加友好（右）

3. 增加坡道 73.6 万次
4. 提升卫生间的易达性 71.3 万次
5. 提升厨房的易达性 54.4 万次
6. 改造杠杆式把手 49.5 万次

改造研究当中的发现表明，收入和住房所有权影响着大大小小各类住宅在适老化改造项目上的花销，相比于护理院照护服务的高昂成本，人们在有助于提升住宅安全性和易达性的小型改造项目中的投入少得可怜[3]。在淋浴区和坐便器附近安装扶手的成本要远远低于入住护理院一周的开销。到位的适老化改造能够使跌倒和意外伤害等潜在的巨大风险得以避免或最小化。一个经过精心设计或改造的居室能够帮助你一直保持不受伤的状态。互联网上能够查到很多家庭适老化改造和安全检查的清单[4]。而且很多公共部门和私人组织会提供评估服务，指出住宅中未来可能带来问题和有待进行改造的部分。

家庭适老化改造的清单通常会详细列出家庭中可能发生的危险。其中最重要的两项是：1）跌倒和绊倒的危险（包括绳子、小块地毯、楼梯、杂乱堆放的物品、潮湿的卫生间地板等）；2）不断提升的照明等级（厨房、浴室、起居室、走廊等）。除此之外，第三个主要的问题是家庭环境中安全扶手的缺失。

针对轮椅的改造

这些调整对于规划一个轮椅使用者通行和使用的环境而言是非常必要的。现存的主要障碍包括限制轮椅可达性的台阶、难以通过的门槛、宽度过窄的门洞、难以够到的橱柜、不便于移乘的卫生间等。卫生间中最麻烦的问题是结合设置的淋浴和浴缸，这种设备在第二次世界大战之后的住宅当中非常普遍。幸运的是，结合设置的淋浴和浴缸可以通过一种不需要对主要管线进行改造的低成本方式改造成为轮椅易达的淋浴。采用新款的带门浴缸也是可行的，但更加昂贵。

图9-3 通过改造实现住宅中轮椅的无障碍通行通常都是一项挑战：在这个典型的洛杉矶邻里街区当中，改造后的坡道显得过陡了。在现存条件下，做出解决可达性问题的改造方案是较为困难的。改造这栋住宅很可能还会面对轮椅难以接受的其他挑战

图9-4 利用类似于Skype一样的通信工具可对居住在自己家中的老年人进行虚拟家庭照护访问：除了一个用于视频通话的屏幕之外，其他几个屏幕展示了客户的用药记录和预约安排，并且支持上网搜索。这种较为先进的技术在丹麦受到不少客户的欢迎，联系时间虽然缩短了，但联系频率却更高了

安全和操作方面的调整

在这方面两个最为普遍的问题是跌倒的安全问题和关节炎所带来的门把手、水龙头、炉灶旋钮和厨房用具等操作不便的问题。在厨房，可以设置餐具柜，对于沉重的物品可增强其侧面的可达性。下拉式吊柜和轻便的地柜抽屉也不需要投入多么巨大的花销。重要的事情在于保持谨慎，检验那些能够让你的生活变得简单的方式。这或许意味着减少厨房的物品，或为不常用的物品寻找分散的储藏空间。

有很多图书对厨房、卫生间等场地可达性的再设计方法进行了有创意的论述。还有

很多网上家具店铺销售可供特殊需求人群使用的辅助设备。更重要的是，目前的家装改造行业已经开始重视老年人的特殊需求，重视如何把环境改造得更加易达。但是，很多主要的改造工程需要花费长达4~8周的时间才能完成，并且需要进行大量无法提升住宅价值的工作。在这种情况下，搬入一个更加合适的居室是另外一种可行的选择。目前中老年人购房的现象变得越来越普遍，因此市场对他们的需求也更加敏感。通常情况下，新建住宅能够较好地满足易达性要求，并且在需要时能够通过较小的变化很容易地进行改造。

2 丹麦的家庭照护体系

斯堪的纳维亚地区基于住房和家庭照护的支持系统为人们在自己家中或专用住宅中提供了个性化的健康照护服务。不论收入水平如何，老年人都可以通过入住护理院、服务型老年住宅或接受家庭访问等方式享受到长期照护资助。

在丹麦，通过综合性居家照护服务为高龄老人提供帮助的做法始于第二次世界大战之后。到20世纪50年代，出现了第一个致力于帮助老年人在机构之外保持独立生活能力的公共团体。20世纪七八十年代，护理院的建设规模不断扩大，以满足持续增加的高龄老人照护服务需求。但在1987年，丹麦暂停了护理院的新建，并开始强力推动一种基于家庭的照护系统设计，以帮助高龄老人实现在地养老。这对老年人来说是一种挑战，因为他们必须尽自己所能来避免一种更加消极的、机构化的生活状态。发展至今，基于家庭的照护服务已经被证实是更加低成本的照护模式，并且受到了众多老年人的喜爱。

持续的改善

20世纪80年代，人们曾针对"应该为帮助老年人保持独立生活做些什么"的议题进行了多维度的评估。在这一过程中人们发现，护理院的布置标准和康复疗法的应用有助于老年人实现更好的生活。医生、护士和社工会对老年人的身体状况和社会生活进行全方位的评估。一个包括锻炼和活动的个人计划被制订出来以帮助每位老年人实现更好的生活。直至今日，几乎所有失能老人都会经历这样的评估，进一步强调了这一工作的重要意义。评估项目由训练员使用相关设备在社区中心或老年人家中实施。尽管评估的成本较高，但是能够在保持身体健康、避免长期入住费用高昂的养老机构和医院方面取得较高的收益[5]。

家庭照护项目的实施

受到当地政府资助的家庭照护项目主要在社区层面组织实施。在市区的照护者使用自行车或电动汽车进行家庭访问。时至今日，由于照护者年龄的增加和服务区域的扩大，

图9-5 丹麦的家庭照护服务员通常驾驶电动汽车对居住在近郊的老年人进行家访：这种方式能够帮助他们快速地从一个地点移动到下一个地点，尤其是在出现紧急状况时会迅速很多。此外，随着服务距离的加长和照护者平均年龄的增长，电动自行车也在逐步取代普通自行车

电动自行车正变得越来越受到欢迎。在像日德兰（Jutland）半岛这样人口稀疏、服务距离遥远的地区，先进的远程医学技术变得越来越普遍。这一项目成功的关键在于对个人需求的关注，以及先进的巡游服务配送系统。家庭照护通常由 3 类主要的工作人员构成：护士、助理护士和助手（即个人照护者），他们会以团队的形式一起工作。为保证服务的专业性，助手、助理护士和护士在上岗前分别需要接受 14 个月、26 个月和 42 个月的专业训练。

老年人在至少 2/3 的服务时间里会与同一个照护团队合作。这使得服务团队能够更好地了解客户的特殊习惯、兴趣和问题。家庭访问计划是根据实际需求制定的，频率从一周一次到最多一天 8 次。通常情况下，家庭照护团队的工作人员会在早上和中午集合见面，他们的工作会在下午 3：30~4：00 结束。每周团队会花 30 分钟的时间来讨论与客户相关的问题。

助手会使用智能电话，但是护士会用标签在客户的电子档案中作记录，这些记录会与她的同事、医生和专家共享。为避免信息冗余，护士是唯一跟医生沟通和被授权更改药物治疗方案的人。在偏远地区，电子图像的传送非常普遍。

家庭照护访问

家庭访问的时间因人而异，每次访问时长大致在 20 分钟到 1 个小时，通常情况下会持续 30~45 分钟。早上的一小时访问主要帮助老年人完成以下动作：1）起床；2）洗漱；3）如厕；4）服药；5）吃早餐；6）准备午餐（储藏在冰箱里以备之后使用）。他们也会安排夜间的访问或使用指定的特殊设备，例如透析机、呼吸机、静脉注射设备、胃管等。约一半左右的客户携带有项链式或腕表式的

紧急呼叫按钮。当员工在夜间收到紧急警报时，他们会首先通过电话回应，如有必要会派人前往老年人家中。如果他们每天的访问服务次数超过 8 次，或访问服务累计时长超过了 3 个小时，他们将会考虑让老年人入住养老机构。老年人、医生、护士和家属将共同商议作出决定。

虽然在设计中照护体系的运行不需要家庭成员的直接协助，但他们也被涵盖在内。最近，关于家人、朋友和邻居在多大程度上能够直接提供协助的话题引发了强烈关注。预计有 15%~20% 的老年客户没有家庭或负责任的家人。

虚拟家庭照护

为了改进系统、降低成本，丹麦人正在试验采用虚拟的家庭照护访问。虽然它最初仅作为一个示范项目，但在 2018 年已经得到了广泛应用。他们为每个客户提供了一台平板电脑设备，用来与最近的家庭照护办公室进行沟通。

视频沟通会的时长通常为 5~7 分钟，按照老年人的需求安排在一天当中的特定时段。大多数客户选择安排在早上 7：30~9：30 之间。一般通话的主要内容包括与老年人讨论他的身体感受，检查老年人是否按照治疗方案服药等。客户可以咨询问题或申请更多的协助。老年人们喜欢这种预料之中的电话，并且希望更短、更多次的互动。为了提高效率，非医疗性质的传统家庭护理服务通常会集中安排在 3~5 小时的时段内，每次服务通常需要 20~30 分钟的时间，是视频通话访问时长的 2 倍。调查发现，视频通话中最先讨论的主题通常是吃饭、服药和心情。

电话访问通常由家庭访问办公室的助手进行，通过 3 个电脑屏幕进行跟踪和记录。

图 9-6 荷兰正在进行从纸质记录向电子记录的转变：这位家庭照护服务员的平板电脑上有她一天的工作任务安排。此外，上面还记录着相应客户的药物治疗方案、病历，以及其他可能有助于她有效监控客户健康状况的重要信息

其中第一个屏幕用于按照访问时间安排展示客户的健康记录，第二个屏幕用于通过邮件和搜索引擎来查询疾病、病因和症状，第三个屏幕用于播放客户的视频影像。如果照护服务人员没能成功联系上老年人，会给邻居或亲属打电话。如果还没有人回应，照护服务员会上门访问并通过放置在保险箱中的钥匙进入房门。

运用可移动式的平板电脑摄像头，客户能够让照护服务人员看到自己被感染的手指或看到家中冰箱里面的情况。他们预测未来有可能将平面电脑与一个可移动的机器人底座连接起来，实现在家中的自由移动。随着需求的不断增加，丹麦人将会继续努力让这一系统更加高效地工作。

这一技术对于那些需要指导和提醒的早

期认知症患者格外有效。他们的大脑大多存在结构缺失，相对于家庭访问，电话更有助于帮助老年人集中注意力。但也存在不同意见，护士认为与老年人面对面的直接接触更有价值，因为这种方式能够更好地获取有关老年人身体状况的信息。

结论

在目前的情形下，将这一系统运用到美国能够带来引人注目的变化。除了存在认知功能衰退的最虚弱人群以外，丹麦人通过让老年人保持在自己家中居住，帮助他们将自己的能力维持在最佳状态，以避免机构化的生活。

3 老年人全面照护项目（PACE）

老年人全面照护项目是美国开始时间最早、知名度最高并且还在进行的社区照顾项目。这对于那些身体最为虚弱的老年人而言是一个能够替代入住护理院的有效选择。这个项目的目标参与者需要满足以下条件：1）居住在老年人全面照护项目服务区内的 55 周岁以上人群；2）出具需要专业护理服务的证明；3）有能力在老年人全面照护项目的帮助下在社区当中安全地生活。

目前美国有大约有 122 个老年人全面照护项目正在通过 31 个州的 233 个老年人全面照护项目服务中心施行，共覆盖 40000 人左右。这个项目的目标是帮助高龄失能老人尽可能独立地在社区中生活，主要通过以下方式实现这个目标：1）进行老年人评估；2）制定综合照护计划；3）与服务提供商的沟通与协作；4）提升病人在健康照护方面的参与度[6]。

老年人全面照护项目拥有一个多学科团队，包括医师、护师、护士、社工、治疗师、

图 9-7 布莱德曼（Brandman）地区的老年人全面照护项目服务中心位于加州洛杉矶里西达（Reseda）地区犹太老年人之家园区中一座新改造的建筑当中：图中所示的是这座建筑，设有一个建筑面积 12000 平方英尺（约合 1100m²）的入口门廊，这里每天接待 190 名项目参与者并为其提供服务。这一项目将临床服务融合到了社会氛围当中

司机和助手等。这些成员一同工作，以帮助老年人实现改善健康状况、提高生活质量、降低死亡率和丰富选择等目标，从而更加自信地处理老龄化问题。

项目组成

典型的老年人全面照护项目通常需要一个提供活动、娱乐和临床帮助服务的日间照料设施。由司机为参与者提供往返老年人全面照护项目服务中心的接送服务，频率通常为每周 3 次。此外，他们也为有外出接受健康护理服务需求的独立居住老人提供交通接送服务。这些项目整合了不同专家的努力，并将医疗保险、医疗补助和个人付费结合起来。

老年人全面照护项目的参与者与护理院的居住者类似。平均年龄在 80 岁左右（3/4 的人在 75 岁以上），75% 为女性，大约一半患有认知症，平均患有 7.9 种疾病。90% 居住在社区当中（他们中的很多为独居状态），经常有家庭照护服务员或家庭健康管理人员上门访问。项目的规模各不相同，但是 2013 年的平均规模比 300 人略少一点。

通常情况下，每个服务中心设有一家配置常驻医师和护师的保健诊所、运动和作业疗法设施，和一个用于社交和娱乐活动的公共房间。

这个项目的一大要求是以不高于护理院的价格为参与者提供照护服务。在他们的精心管理下，参与者的花销会比护理院入住者低 10%~15%[7]。研究显示，老年人全面照护项目的参与者比护理院入住者具有更好的自我健康评价和预防保健效果，更少无法得到满足的需求，以及更少的抑郁状态。

这个项目的目标是促进延长寿命，优化身体功能，提供缓和治疗护理服务。根据每个病人的需求采取不同的照护策略。当需要必要的服务时，老年人全面照护项目能够跳出高度结构化的报销体系，因此在解决问题上更具灵活性。因为他们知道参与者如何生活，可以对参与者的家庭进行适老化改造以避免危险情况的发生。例如，可以通过升级门锁来减少抗焦虑药物的需求。这种护理管理的方式探索了与健康问题相关的原因。老年人全面照护项目与简单的个案管理不同，因为它调查并管理了所有参与者的需求。

图 9-8 参与者参加活动、与他人交谈，并与能够帮助他们应对挑战的专家会面：参与者一直保持着个人参与社会活动的活跃度，同时促进他们居家生活的独立性。加入老年人全面照护项目最为宝贵的副产品之一就是参与者之间建立的社会联系

项目历史

这个项目是从一个为旧金山亚裔美国失能老人提供的项目演变而来的。On-Lok 老年健康服务公司创始于 1971 年，现已成长为一家为需要入住护理院的老年人提供住房服务、成人日间健康服务、社会日间照料中心、完整医疗和社会支持服务的综合型企业。20 世纪 90 年代，在罗伯特·伍德基金会（Robert Wood Foundation）、约翰·哈特福特基金会（John Hartford Foundation）和退休研究基金会（Retirement Research Foundation）的帮助下，一场复制行动开始了，在 9 个州创建了 11 家老年人全面照护项目组织。这些组织获得了医疗保险和医疗补助的豁免，全额支付它们所提供的服务[8]。

老年人全面照护项目也进行了乡村地区的探索。在 2006 年，15 名受让人得到了一笔种子基金，用于为农村稀疏的人口建立服务

模式。老年人全面照护项目利用了包括个人照护响应、跌倒探测和远程监控等在内的远程医疗技术。通过提供社区照护选择来帮助人们尽可能长时间地在自己家中生活。这个项目的另一方面还涉及家庭成员，项目团队通过与他们一同工作，使他们得到训练，并敏锐地意识到那些重要的健康要素。

布莱德曼老年照护中心（Brand man Center for Senior Care）

2013 年，位于加州洛杉矶里西达地区的犹太人之家开设了一个 190 人参与的老年人全面照护项目。这个项目的参与者平均年龄为 78 岁，61% 是女性，一半被诊断为认知症患者，有 20% 是独自居住，40% 在社区中与自己的家人住在一起，剩下的人居住在独立老年住宅、协助生活设施或护理服务设施当中，大约 5% 没有家庭的参与。约 1/4 的参与者需要使用轮椅，65% 需要借助拐杖或助行器行走[9]。

项目、服务和设施

项目被分为早晨和下午两个时段，大多数参与者平均每周参与两次活动。7 辆摆渡车会将老年人从他们的家中接到服务中心。这个项目将临床诊疗与社会活动结合在一起。他们的综合服务团队包括护士、牙医、医生、药剂师、运动治疗师、足病医生、神经心理学家等，专业广泛是他们的优势。这个 12000 平方英尺（约合 1100m²）的建筑包括一个集体活动空间和多个供小组或个人进行治疗的房间。此外，这里还设有淋浴、厨房、接待区、洗衣区、休息室、检查室、室外平台和设有两张医疗床的留观空间。这里每周开放 5 天，通过服务中心来协调家庭护理访问服务。

大多数参与者享有医疗保险和医疗补贴双重保障，对于个人支付的参与者，这里也能灵活按照递减比例予以资助。项目的入选

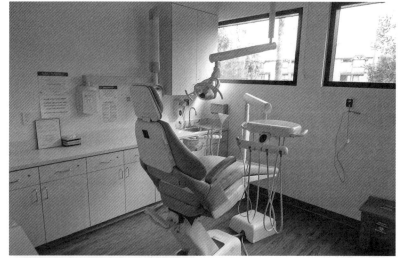

图 9-9　老年人全面照护项目的筛查过程包括一项涵盖健康、生活方式和独立生活障碍在内的多维度检查；这样做的目的是使服务更加精准化，为每个老年人全面照护项目成员在社区中独立生活提供支持。项目的员工包括医师、社工、老年心理学家、牙医和运动治疗师。设施中甚至还配备有一张牙科椅用于检查和治疗

图 9-10　老年人全面照护项目最重要的组成部分之一就是接送老年人往返于家和服务中心之间的摆渡车运输系统；服务中心每天能先后容纳两批停留时间为 2~2.5 小时的人员。参与者的平均年龄为 78 岁，并且约有一半已被诊断为认知症患者

过程需要经过由 8 名员工进行的多学科评估，以创造一条基准线并制定治疗方案，参与者必须根据服务中心医生的建议调整照护方案，但是可以随时退出这个项目。

4　基于居家和社区的照护服务：1915c 号豁免项目与长期照护保险

1915c 号豁免项目

在美国，医疗补助 1915c 号豁免项目通过提供个人照料和医疗护理服务的方式，非常成功地帮助高龄老人和其他需要生活支持的人群避免了机构化的照护环境，使他们得以在社区当中独立生活。共有 47 个州实施了超过 300 例这样的计划。从 1995 年开始，长期照护和支持服务项目（LTCSS）的预算中，用于居家和社区照护的资金从 18% 增长到了 51%[10]，而机构的预算从 82% 降至 49%。如今，大多数资金用于将人们控制在机构之外。这个豁免项目不仅针对老年人，也针对存在发育功能障碍的残疾人，但总体上覆盖的人群中有一半是老年人[11]。

如同老年人全面照护项目一样，这个豁免项目希望老年人能够以不超过机构照护成

本的花费实现在社区当中的独立生活[17]。这个项目所服务的人群具有双重保障，其中医疗补贴能够支付长期照护的花销，医疗保险能够支付直接医疗的花销。能够享受豁免项目的人员都是很少得到家人支持、存在入住机构风险的高需求、高花费人群。

1115 号豁免项目

其他在 1115 号豁免项目下资助的示范项目例如"洛杉矶护理健康计划"，向公众展示了一种将老年人与基础医疗护理、急救和长期照顾支持服务连接在一起的、更具整合性的方式。这个示范项目的设想不仅限于帮助老年人避免机构化。当老年人必须经过急诊重新进入医院时，往往需要支付高额的费用，为了帮助他们更加独立、健康地生活，需要我们为这些高风险老人提供高质量的预防服务，并协调好相关的辅助服务。这些示范项目大多以 5 年为一期，以达到效果并发现改进的机会。这个项目主要关注最贫穷、最虚弱的老年人，对于那些有足够收入和财产，不满足医疗补贴对象条件的人们则没有太大的帮助。不幸的是，后奥巴马时代对健康照护预算的削减会对那些接受双重保障的项目参与者产生毁灭性的影响。

长期照护保险与私营部门项目

长期照护保险是补偿个人家庭照护潜在财务危机的最佳选择之一。根据美国长期照护保险协会的统计，有 26.4 万人受益于长期照护保险。他们中有一半将保险用于了家庭照护，63.7% 在 80 岁以上[13]。大约有 810 万人被某种形式的长期照护保险覆盖。但是面对多个险种，大多数参保人会选择在时间更早、保费更低的时候加入。

那些拥有收入和财产，无法满足医疗补贴申请资格的人们只能向私营部门寻求解决方案。在复杂的现实情况下，私人家庭照护的代理们虽然在不断进化，但依然被很多由来已久的问题所困扰。本书的第 11 章阐述了新技术如何为社区中的个体带来更优质的信息和服务。目前正在使用的方式包括：1）监测健康指数的穿戴式设备；2）鼓励健康生活习惯的教育和培训；3）通过远程医疗沟通系统传递健康护理警报；4）及时提供所需的专业建议；5）回应紧急情况；6）慢性病监测

图 9-11 豁免项目的设计用于帮助老年人尽可能远离专业护理院：它的目标对象是具备医疗保险和医疗补助双重资格的人群。除了直接的照护服务，这些项目还为老年人提供锻炼和社交活动的机会，帮助他们尽可能长时间地保持独立生活

（包括家庭健康照护访问）。在智能手机技术的支持下，系统正在高速升级迭代，向人们传播知识和提供帮助。

每小时 20~25 美元、每次至少 3 个小时的私人家庭照护服务对于很多老年人来说是难以负担的。但是将这些花费与持续的协助生活费用进行比较，就能更加容易地看到通过家庭护理能够潜在节约下来的钱。斯堪的纳维亚地区的家庭照护服务提供了很好的可负担的照护，但是它们都有政府津贴项目的资助。

此外，美国一些老年住宅提供商通过服务站点管理员的协调来根据需求提供家庭照护服务。住房的拥有者不能命令居住者使用某项特定的服务，他们有责任保证为居住者提供安全的居住环境。当家庭照护服务员并非代理机构所雇佣或必须满足项目初始的安全需求时，可能会出现其他的并发问题。

在公寓式的居住环境中提供家庭照护服务，这种混合式安排未来会变得更受欢迎，所以这些议题需要进一步澄清。这一做法在人生计划社区更为常见，但通常情况下赞助商会控制家庭照护服务人员的选择，以严格保障安全。

图 9-12　在城市环境下，交通出行是高龄老人关心的主要问题：失能老人使用传统交通工具往返于医生诊所等目的地之间存在很大困难。由服务协调员安排的辅助出行选择是整个综合系统的关键组成部分

5　比肯山庄（BHV）

2002 年，在历史闻名的波士顿比肯山（Beacon Hill）街区，一群老年人创建了一个组织，以帮助他们在这个风景如画但对老年人并不那么友好的街区中实现原居安老。比肯山主要由 20 世纪建成的 3~5 层无电梯红砖公寓组成，居住有 1.3 万名居民，14% 的人口在 60 岁以上。

比肯山庄是一座虚拟的村庄，通过三管齐下的方法帮助老年人实现独立居住[14]。第一，比肯山庄确定了街区内老年人所需要的服务。这些服务包括个人护理、屋顶维修、交通出行等。比肯山庄通过给予优惠并监督实施的方式来保证维修服务的正常进行。第二，他们提供了多个以成员为中心的健康生活项目。这些项目包括健身课程、自行车骑行、健走俱乐部、太极拳和讲座等。为了降低成本，这些活动通常会在附近的现有设施（如当地的图书馆、老年中心等）中举办。第三，还有一些关于文化艺术、教育和旅游方面的项目。这些项目成为连接社区成员的"社会黏合剂"，并且帮助他们建立了真正的友谊。他们还会招募志愿者前来帮忙，志愿者中有些就来自于他们的会员。

由维持独立生活能力的欲望所驱动

他们坚信很多成员在他们的帮助下能够在自己的家中成功地生活到生命的最后一刻。成员们需要支持性的服务和住宅改造以实现原居安老。但是，成为村子成员最重要的一面体现在随项目发展而形成的社会联系。这给大多数独自居住的老年人提供了与他人交流的渠道[15]。

比肯山庄的社区管理者是经纪人、运营商和服务的连接者，在老年人、亲属和家庭中非常受欢迎，尤其对于那些居住距离较远的人而言更是如此。对每个人而言，在社区

图 9-13 第一个"村庄"是由一群年长的志愿者设计的,他们住在波士顿比肯山这个不太适合老年人居住的社区当中:他们尝试为社区居民的交通出行、家庭护理和住房维护提供便利。由于他们所建立的制度是独一无二的,很快便成为全国的典范

中有一个倡导者都是很有价值的。通常情况下,1/3 的居民经常参加社区的活动,享受社区的服务,而另有 1/3 的居民却很少参与。较少参与的成员通常是在自己需要帮助时才会得到相应的服务项目。比肯山庄目前已经吸引了多达 800 人加入了"等待名单",但他们尚未完全准备好成为正式的成员。招募新的和替代的成员是一项持续的挑战。通常情况下,会员费通常只能支付运营预算的 50%~60%,而其余的经费则主要来自于慈善捐赠。

连接协同工作的志愿者是这个项目的重要组成部分。去杂货店购物的交通出行服务、支持原居安老的照护服务和技术支持服务受到了老年人及其家庭的广泛欢迎,并且服务规模正在逐步扩大。这个组织目前服务于 400 名成员,年龄从 50~97 岁不等,平均年龄为 74 岁。其中 40% 为夫妻,其余部分中女性独居老人占大多数。通常情况下,一个典型的比肯山庄社区成员属于中等收入的中产阶级,大多数人不符合中等收入住房的条件,也没有足够的钱在生活计划社区中购房。

村对村网络(Village to Village Network, VtVN)

以第一个案例为模板,比肯山庄已经在全美孵化了 200 个独立的"村庄",另有 150 个正在开发当中,覆盖了 45 个州[16]。2012 年,他们成立了一个名为"村对村网络"的国家组织,为创建新的"村庄"提供技术支持。每个"村庄"在组织管理结构上都存在细微的差异,但是它们把老年人聚在一起,帮助他们在社区里独立居住的愿景是一致的。

他们的共性就是其草根身份,这个组织由老年人领导,为社区中的老年人服务。一些村庄设有正规的服务代理,但是他们的吸引力集中在如何让老年人帮助别人和帮助自己。新的村民更依赖于志愿者的支持。华盛顿特区的国会山庄(Capital Hill Village)报告显示,80% 的呼叫是由志愿者上门服务的。

村对村网络允许每个村庄学习其他村庄的经验,尝试实现更大用处和更高价值的新想法。美国典型"村庄"中的客户群体与比肯山庄类似。成员们的年龄范围较广,但有 87% 是在 65 岁以上,23% 在 85 岁以上。在 2016 年进行的以 115 个村子为样本的研究当

图 9-14　他们倡导的方式之一是向当地的老年中心等机构"借"空间，找项目"蹭"活动：通过这样做，他们充分利用了图书馆、教堂、公园等的多余空间，为成员组织活动。这个行动已经成了一个令人惊叹的、成功的草根运动

图 9-15　目前全美基于比肯山庄模式复制的社区已超过 200 个：虽然大多数项目是主要面向老年人的，但是代际项目同样非常受欢迎，照片中所示的公园在儿童活动场地附近设置了长廊，这就是代际交流活动的理想空间

中，得出村子的平均规模是 146 人。最新的调查显示，其中 36% 的村民来自城市地区，35% 来自郊区，13% 来自边远地区，另有 16% 存在混合居住的状况[17]。

这些虚拟的"村庄"已经成为实现原居安老过程中最为有效的、基于社区的支持团队。因为它们不同于其他管理照护设施或典型公共服务机构的组织方式，是由它们的使用者为自己而设计的。它们为帮助老年人在社区中独立生活所作的努力，具有深刻而强大的动力。这似乎也很适合婴儿潮一代，他们希望对未来有更多控制权。

6 老年友好城市

2005 年，世界卫生组织推出了一套老年友好城市导则，其基本原则包括在所有层级的所有政策当中：1）反对年龄歧视；2）激发自主性；3）支持健康老龄化的理念。这一国际化的导则是在 22 个国家的 33 座城市数据基础上制定的。2007 年，一本出版物指出了 8 个需要重点关注的话题。这些专题领域和改革需求为共享信息和招募更多国家和城市参与相关工作带来了契机。时至今日，这一项目已经在 33 个国家的 287 个城市得以实施，影响人群达 1.13 亿[18]。

这 8 个主题领域包括：1）出行；2）住房；3）社会参与；4）尊重和社会包容；5）公民参与和就业；6）沟通和信息；7）社区支持和健康服务；8）户外空间与建筑。与最初相比，又增加了一些额外的关注重点，包括支付能力、设计质量、人才培养、适应性、

图 9-16　2007 年开始的老年友好城市行动计划强调了合作、项目开发和宣传的 8 个核心领域；在那之后，又增加了一些其他的主体，包括针对高龄老人的服务供给等。强调的核心议题之一是将城市环境打造得更加安全，能够为所有居民提供更好的支持

可达性、安全性、代际交流性、技术友好性和服务可及性等。

今天在老年友好城市方面的努力还包括营养和健康。其他一些新兴的关注领域还包括慢性病管理、高龄老人需求、居家长期照护和安全等[19]。在很多老年友好社区当中，志愿服务、社区服务和政策行动显得尤为重要。

更加强调志愿服务

如今这一行动已成为关注社区工作的催化剂。资金短缺是解决重大问题时的一个普遍困难。在全球经济不景气的时期，这种困难尤为突出。这给行动带来了更大的挑战，要求它更加关注政治与合作。这个行动有趣的一面在于它在不同的地方会发展呈现出不同的样子，强调地区性，针对特定问题提出特定的解决方案，通过社区参与赋予当地参与者控制感和成就感。这一行动是包容和乐观的，因此令人喜爱并且能持久下去。不仅如此，与学术机构和强大社会组织（如美国退休人员协会等）的合作，使该行动显得更加正统，增强了对行动原则的沟通交流，并且影响了更广泛的受众[20]。

老年人对这项行动很有兴趣，他们的热情参与推动着这些项目不断向前。这项行动在帮助老年人实现原居安老、号召政府、非营利组织和专业组织支持这些目标方面付出了巨大的努力。更好的交通运输系统、更高质量的人行道、设施更加完备的公园正在使全年龄段的人群从中受益。这种为更大利益而作出改进的通用做法，归功于这项运动的广泛基础。人行道和交叉路口的改善能够帮助每个人，尤其是老年人和儿童，使他们更加安全地生活。

老年友好改善运动能够帮到每个人

在像纽约这样的城市当中，研究制定的行动计划吸引了很多机构的兴趣。在那里，最初就提出了能让城市对老年人更加友好的59项方案。2011年和2013年出版的报告列出了这些目标的进展状况，以及还有待完成的工作[21]。

在一些行动项目例如有关交通冲突的检查中发现，在涉及行人的交通事故中，65岁以上人群的死亡人数是65岁以下人群的4倍。城市中最危险的25个交叉路口被绘制下来并实施了安全改造计划。改造实施后，事故数量平均减少了20%，一些地区的行人伤

图 9-17 这项国际行动正在很多城市的基层实施：一个广泛共识体现在公园和健身活动上。这背后的逻辑是，现存的游乐设施有待升级改造，而公园本身就是一个多世代共享的空间，这种改造对高龄老人而言格外有益

亡数量减少了 40%~60%。从此，这项行动成为一个持续性的项目，称为"老年安全街道"项目[22]。

老年友好城市正在为老年人提供持续的帮助，在那些老年项目可用资金较为有限的城市当中尤其如此。让原居安老变得更容易，是一件让每个人都受益的事情。

7 附属居住单元（ADU）

被称为"祖母的房间""婆婆的房间"或"附属居住单元"的居住概念已经有至少70 年的历史了。在"二战"之后，通过对车库进行改造，为更多的家庭成员提供住房是很常见的做法。这些辅助房间改造早在 20 世纪 20 年代细分标准出台之前就已经存在了，而在后来出台的标准中这种做法通常是被禁止的。

在 1970 年前后，关于如何对独栋住宅进行改造或加建以更好地满足一位老年亲属的居住需求有过一场正式的讨论。不幸的是，这些在社会上有积极性的想法违背了很多城市的地区规范，导致此后几乎再也没有人呼吁出台相关的机制或标准，也极少有美国城市能够热情地接纳这一理念。

这一理念在其他国家取得了成功

尽管附属居住单元在美国发展状况不佳，但加拿大、英国和澳大利亚等国家已经创建了鼓励附属居住单元开发的标准。一个最先面对的法律问题是"谁能住在那里？"大多数城市的规划委员会要求住在那里的人是家庭成员，但如果居住在那里的人搬出去了或者去世了，那里未来的情况就变得含糊不清了。大约在 10~15 年之前，就有城市规划师开始探索如何提高近郊住宅区密度的问题了。通过增加附属居住单元的方式，能够提高密度并且增加保障性住房的库存量。这个方法在增加密度的同时对环境影响很小。很多规划师甚至将这种影响描述为"不可见的密度"。这个关于"小屋"的热潮还带来了另外一个引以为荣的价值，那就是千禧一代和年轻人将这种附属住宅视为一种身处中产阶级居住环境中的可支付私人住宅。

几乎同时，上千个附属住宅单元在加拿大温哥华、英国伦敦等城市出现了，展现出了它的社会效益和经济效益。在温哥华，设置附属居住单元的住宅在存量住宅当中的占比高达惊人的 35%，而在美国华盛顿州的西雅图和俄勒冈州的波特兰等地这一比例不到

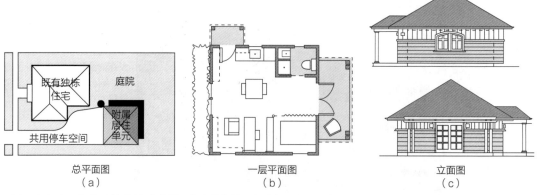

总平面图　　　　　　　　一层平面图　　　　　　　　立面图
（a）　　　　　　　　　　（b）　　　　　　　　　　　（c）

图 9-18（a）~（c）从规划角度来讲，在成熟的社区当中提倡为老年人设置附属居住单元是非常有效的：在英国、加拿大等国家这是一个非常受欢迎的策略，已经取得了实质性的成功，而在美国却并不那么成功。但加州城市圣克鲁兹（Santa Cruz）在提倡这种类型的住宅规划标准方面，一直走在最前面

图片来源：City of Santa Cruz

1%[23]。加拿大项目的成功归功于较低的管理障碍和较强的房地产市场。

今天加利福尼亚州圣克鲁兹和波特兰等城市正在制定能够解决场地布置、建筑体量和设计美学等问题的规划设计标准。这样做的动机通常是为了给一个朋友或成年的孩子提供住处，或给房屋的主人带来一笔额外的收入。这些住房从祖父母居住的地方生长而来，以实现社区提供更多可支付住宅的目标。加州大学洛杉矶分校（城市实验室）[24]和加州大学伯克利分校[25]的建筑项目设计工作室对这件事进行了研究，并就基于边界的实施方法进行了引人注目的讨论。

附属居住单元的 4 种基本类型

附属居住单元有 4 种常见的类型：1）在首层平面上与主体建筑分离的套间；2）在首层平面上与主体建筑相连的套间；3）位于地下室的套间；4）利用车库改造成的公寓（通常建造在车库的上方）。由车库或地下室改造的居住单元存在可达性的问题，因此大多数针对老年人的设计选择设置在首层。尽管建造成本根据所在地和场地布置状况有所不同，但大多数附属居住单元的成本在 10 万美元左右，即每平方英尺 90~110 美元（约合每平方米 969~1184 美元）。根据市场情况，这些附属居住单元的租金大概在每月 850~1000 美元左右。这些居住单元通常包含一个小厨房、一个卫生间、一间起居室和一个睡眠休息区，总面积在 400~700 平方英尺（约合 37~65m²）[26]。尽管管理条例各不相同，但在很多城市当中，为了鼓励附属居住单元的建造而免除停车或环境影响费用的做法并不少见。圣克鲁兹市在它的法令当中提到，只有 7% 的市民能够支付得起独栋家庭住宅的花销，因此附属居住单元有助于解决保障性住宅的大问题[27]。

8　世代智慧住宅和下一代住宅

加利福尼亚州帕萨迪纳的帕迪住宅和加利福尼亚州奥兰治县的莱纳尔住宅

多世代住宅在美国并不是一个新的概念，在现有人口当中有 14%，也就是 1650 万人居住在这种类型的住宅当中。在这方面的最新进展是莱纳尔（Lennar）的"下一代"（Next Gen）住宅[28]、帕迪（Pardee）的"世代智慧"（Gen Smart）住宅[29]等，它们是住宅建造商为多世代居住的生活方式开发订制的住宅原型。莱纳尔是第一个将这一概念商业化的住宅建造商。他们的调查研究显示，一半的被访者表示希望能够在他们的下一套房子当中留出供他们父母居住的空间，莱纳尔已经计划在他们全美的 200 个社区当中建设以"下一代住宅"为原型的产品。这一原型因为能够使大家庭一起居住而广受欢迎。其中的关键属性在于在同一屋檐下提供私密性和团聚感的能力。

现在，一栋 3~4 间卧室的住宅面积大概是 2500 平方英尺（约合 232m²），而 50 年前，住房的平均面积是 1500 平方英尺（约合 139m²）。最小的"下一代住宅"模型将一座 1500~1600 平方英尺（约合 139~149m²）的住宅与一个 800~900 平方英尺（约合 74~84m²）的套间结合在了一起[30]。但是大多数"下一代住宅"模型的平均面积要比如今新建的住宅大出约 1/3。小型的"下一代住宅"中，套间通常包含一间起居室、一间卧室和一间功能完整的卫生间，入口处的小厨房和堆叠放置着洗衣机和烘干机的壁橱设置在起居室的一角。基于购房者的意愿和环境条件，可以提供有多种类型的组合套型平面。根据所在地段和房屋面积的不同，房屋价格从 20 万美元到 100 万美元不等。面积最大的"超级家"达到了 4100 平方英尺（约合 381m²），设有 7 个卧室和 4.5 个卫生间。

广泛的吸引力

这些住宅原型让居住在其中的大家庭得以从多个方面受益。而市场兴趣受到以下一些因素的驱使：1）婴儿潮一代的子女；2）婴儿潮一代对较小尺寸房屋的偏好；3）移民家庭和少数民族家庭的居住传统（特别是亚裔和拉丁裔家庭）；4）通过与多名家庭成员共同分担住房成本而省钱的机会。强大的二手房市场需求和将附属居住单元改造用于其他用途的可能性鼓励了这类住房的开发。住房中较小的一套单元可以作为保姆居住的空间、家庭办公室或者客人过夜的地方，甚至挂到网上作为度假民宿出租出去。

对于老年家庭成员而言，多代住宅的很多重要特性有助于提高它的实用性和受欢迎程度。第一，这一概念对于想要与家庭成员有更多团聚时光但又想保持一定私密性的祖父母而言特别具有吸引力。第二，对于那些生活存在困难或担心安全的老年人而言，居住在家人身边更加保险。第三，一层的居住单元没有台阶，更有利于无障碍通行。第四，两个居住单元设有各自独立的门，内部通过大房子中共享的起居室和厨房相连接。居住者可以在不打扰他人的情况下进入或离开。第五，从购房款、水电费、房产税和维护费等方面来看，相比于两套分开的住房而言，这样的住房更为经济[31]。居住在一起每月通常可以节约 1000~1500 美元。因为两套房是相互独立的，每套房有自己的户外空间和门廊。相比于在活跃成人住房中最受欢迎的传

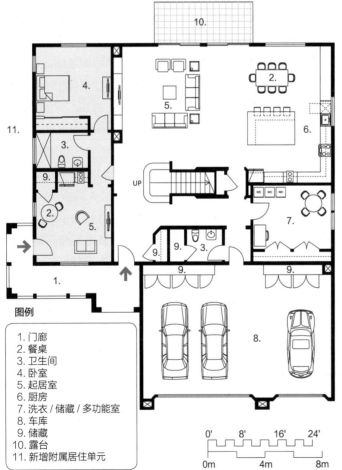

图 9-19　住宅开发商已经为大家庭探索了一系列住宅类型：对于寻求共同居住的大家庭成员或希望住得离自己的孩子们近一些的老年家庭成员而言，这些住宅类型非常受欢迎。"世代智慧"住宅的平面展示了一栋将一层 1000 平方英尺（约合 92m²）的附属居住单元与两层 1500 平方英尺（约合 139m²）的家庭居住单元相结合的二层住宅

图片来源：Pardee Homes & Bassenian Lagoni

图例
1. 门廊
2. 餐桌
3. 卫生间
4. 卧室
5. 起居室
6. 厨房
7. 洗衣 / 储藏 / 多功能室
8. 车库
9. 储藏
10. 露台
11. 新增附属居住单元

0'　8'　16'　24'

0m　4m　8m

统"小屋"模式,"下一代"和"世代智慧"这类居住单元面积更大,也更具特色。

局限性

这类住宅有一个很小的缺点。地方规范和建筑规范通常仅允许设置一处炉灶,这限制了每栋家庭住宅中不得设置两个及以上的厨房。"下一代"住宅和"世代智慧"住宅在较小的一套中设有一个水池、一台电冰箱、一套橱柜和一台微波炉。安装一套炉灶是非常简单的,但却违反当地建筑法规。大房子中现代、宽敞的厨房能够满足多人共同操作的需求,大面积的就餐空间能够保证家庭聚餐时每个人都能坐得下,这样的厨房设计可以与如今豪华住宅当中使用花岗岩台面和不锈钢器具的高档厨房相媲美。对于很多大家庭而言,让全家人共同就餐通常是他们购房时最核心的考虑之一。

根据面积不同,大房子可以是一层也可以是两层,并与一层的小套型相连。相比之下,建造一栋独立的、大面积的结合住宅更为经济,因为在2~4间卧室的典型住宅平面中,这样的布置方式所增加的面积是最小的[32]。

通过购买新房而不是设法应对目前充满困难和缺点的既有住房,这是一种非常美国化的解决方案。美国的年轻人通常会在他们需要更大空间和能够平衡好家庭投资时搬家。这样的住房设计非常具有实用价值,而且促进了原居安老。

9 自然出现的退休社区(NORC's)

自然出现的退休社区背后的概念是简单而有力的。老年人的出行频率没有年轻人那么高,通常在他们居住多年的熟悉环境中养老。随着时间的流逝,在一些年代较早的租赁建筑和一些建造于"二战"之后的社区当中,呈现出了老年人聚集的现象,最多能够占据居住人口的一半之多。这样的老年人聚集现象创造了一个老年人可以共享个人照护服务的社区。尽管估算结果各不相同,但大约有17%~30%的老年人居住在自然出现的退休社区类的建筑或社区当中。这一现象最早由迈克尔·亨特(Michael Hunt)于20世纪80年代中期提出,暗示了这一环境是如何被共享服务和非正式援助网络利用。自然出现的退休社区包括:1)大多数居住者年龄在60岁以上且原居安老的建筑;2)由独栋住宅和联排住宅组成,且大多数居住者年龄在60岁以上的邻里社区;3)60岁以上老年人较为集中的低人口密度乡村地区[33]。

佩恩南社区——第一个自然出现的退休社区

第一个官方的自然出现的退休社区服务项目是1985年在纽约州佩恩南居住区(Penn South)[34]兴起的。这个居住区开放于1962年,由10栋22层的高层建筑,共2820套居住单元组成,是一座综合型的居住社区。纽约的犹太人联合会调集了私人资源来支持这一理念落地。这一项目的成功吸引了来自纽约市和纽约州的持续资助,这种资助通过自然出现的退休社区支持服务项目来完成。

目前,在全美的25个州有超过50个自然出现的退休社区支持服务项目,服务于大约5万名参与者。接下来的项目都根据当地的实际情况进行了适应性的调整,通过提供社会和健康相关的服务帮助老年人保持独立生活的能力。自然出现的退休社区项目挖掘了当地的资源,并且连接了其他的直接服务提供者。核心服务包括:1)个案管理辅助服务;2)健康护理管理;3)教育和娱乐活动;4)志愿者服务机会等。每个项目都有不同的附属服务,涵盖交通运输、成人日间照料等。

自然出现的退休社区通过鼓励参与者提供志愿服务创造了一种凝聚社会力量的社区，并且开创了"村庄"运动的先河。这两个项目的主要区别在于组织支持的来源。自然出现的退休社区是由北美地区的犹太人联合会发起的，而"村庄"运动是一项基于消费者的草根运动。

当其他国际项目繁荣发展之时，美国项目失去了资助

取消对《美国老年人法案》第四章的资助意味着联邦政府支持的减少，也限制了公众对自然出现的退休社区方案的支持。到2012年，自然出现的退休社区支持服务项目的原始项目只剩下了29个。与之相反，以色列的JDC-ESGEL项目使用相同的组织原则连续取得了较大的成功。他们的稳定发展是基于对失能老人原居安老的稳定公共资金支持[35]。自然出现的退休社区支持服务项目没有能力提供家庭照护等直接服务，也没有能力像老年人全面照护项目那样提供复杂的远程医疗服务，这意味着参与者没有渠道获得慢性病的健康护理服务。不过，自然出现的退休社区仍然代表了一种非常有效的帮助老年人保持独立生活能力的方式。

图9-20 拉布瑞亚公园塔楼（Park La Brea towers）是南加州最著名的自然出现的退休社区：这个后"二战"时期开发的住宅区由13座10层塔楼组成。在20世纪80年代末北美犹太人联合会制定计划为他们提供补充护理服务之前，已经有很多居住者在这个住宅区当中实现原居安老。随着人们对自然出现的退休社区兴趣的普遍下降，对于这个项目的兴趣也在逐渐减退

图9-21 "二战"后大量独立式住宅的开发迎合了老兵们的需求：很多家庭在20世纪50年代搬到了照片中这样的郊区住宅当中，直至他们变老。这样的地区同样被认为是自然出现的退休社区，它们与多个家庭居住的自然出现的退休社区建筑类似，只是在郊外独栋住宅的环境当中

改造既有住房的其他方式

在葡萄牙——一个快速老龄化的南欧国家，存在将既有多层住宅改造成为服务型住宅的做法。安东尼奥·卡瓦略（Antonio Carvalho）[36]的作品利用了里斯本5~7层的既有典型住宅。他的改造方法是将每个楼层改造为一个小的居住组团。根据可供使用的空间，餐食的准备工作可以在每个组团或首层（公共层）的某个空间集中进行，这样的做法适用于那些高龄老人高度集中的社区。相比于拆除现有住宅而进行有目的的新建，这种做法的破坏性要小得多。

引用文献

[1] Fall Prevention Center of Excellence, USC Leonard David School of Gerontology (2017), Basics of Fall Prevention, http://stopfalls.org/what-is-fall-prevention/fp-basics (accessed 10/2/17).

[2] USC Leonard Davis School of Gerontology, Home Modification Resources (n.d.), Home Modifications Among Households with Physical Activity Limitations, http://www.homemods.org/resources/pages/hudmarket.shtml (accessed 10/15/17).

[3] Golant, S. (2015), *Aging in the Right Place*, Health Professionals Press, Baltimore, 132.

[4] USC Leonard Davis School of Gerontology, Home Modification Resources (n.d.), Home Modifications Among Households with Physical Activity Limitations, http://www.homemods.org/resources/pages/hudmarket.shtml (accessed 10/15/17).

[5] Raffel, N., and Raffel, M. (1987), Elderly Care: Similarities and Solutions in Denmark and the United States, *Public Health Report*, 102 (5), 494–500.

[6] National PACE Association (2017), Find a Pace Program in Your Neighborhood, http://www.npaonline.org/pace-you/find-pace-program-your-neighborhood (accessed 10/15/17).

[7] Medicare.gov, PACE (2017), https://www.medicare.gov/your-medicare-costs/help-paying-costs/pace/pace.html (accessed 10/15/17).

[8] National PACE Association (2017), Understanding the PACE Model of Care, http://www.npaonline.org/start-pace-program/understanding-pace-model-care (accessed 10/15/17).

[9] Brandman Centers for Senior Care (2017), Healthcare Solutions for Frail Seniors, http://brandmanseniorcare.org (accessed 10/15/17).

[10] Medicaid.gov, Long Term Services and Supports (2016), 2014 Medicaid Spending, https://www.medicaid.gov/medicaid-chip-program-information/by-topics/long-term-services-and-supports/downloads/ltss-expenditures-fy2013.pdf (accessed 9/1/16).

[11] Henry J Kaiser Family Foundation (2016), Medicaid Home and Community-based Services Programs: 2013 Data Update, http://kff.org/medicaid/report/medicaid-home-and-community-based-services-programs-2013-data-update (accessed 10/15/17).

[12] Arc (2014), *The 2014 Federal Home and Community-Based Services Regulation: What You Need to Know*, Arc of the United States, Washington DC.

[13] American Association for Long-Term Care Insurance (2017), Long-Term Care Insurance Facts—Statistics, http://www.aaltci.org/long-term-care-insurance/learning-center/fast-facts.php (accessed 10/21/17).

[14] Beacon Hill Village (2017), Welcome to Beacon Hill Village, http://www.beaconhillvillage.org (accessed 10/15/17).

[15] AARP (2014), Beacon Hill Village: A Livable Community, 6-minute video, http://assets.aarp.org/external_sites/caregiving/multimedia/CG_BeaconHill.html (accessed 10/15/17).

[16] Village to Village Network (2017), http://vtvnetwork.org/content.aspx?page_id=22&club_id=691012&module_id=248579 (accessed 10/15/17).

[17] Graham, C., Scharlach, A., Nicholson, R., and O'Brien, C. (2016), National Survey of US Villages, UCB Center for the Advanced Study of Aging Services, Berkeley, CA.

[18] World Health Organization (2017), Ageing and the Life-course, WHO Global Network for

Age-friendly Cities and Communities, http: //
www.who.int/ageing/projects/age_friendly_cities_
network/en (accessed 10/15/17) .

[19] HUFFPOST (2017), Age-Friendly Cities,
http: //www.huffingtonpost.com/news/age-
friendly-cities (accessed 10/15/17) .

[20] AARP Livable Communities (2017), AARP
Network of Age-Friendly Communities: An
Introduction, http: //www.aarp.org/livable-
communities/network-age-friendly-communities/
info-2014/an-introduction.html (accessed
10/15/17) .

[21] Age-Friendly NYC (2017), Current Priorities,
http: //nyam.org/age-friendly-nyc/about
(accessed 10/15/17) .

[22] New York City DOT (2017), Pedestrians: Safe
Streets for Seniors, http: //www.nyc.gov/html/
dot/html/pedestrians/safeseniors.shtml (accessed
10/15/17) .

[23] Sightline Institute (2017), Why Vancouver
Trounces the Rest of Cascadia in Building ADUs,
http: //www.sightline.org/2016/02/17/why-
vancouver-trounces-the-rest-of-cascadia-in-
building-adus/?gclid=CPC67pSYh8wCFUKUfgod
V5sJMw (accessed 10/15/17) .

[24] UCLA CityLAB (2017), Backyard Homes,
http: //citylabtest.aud.ucla.edu/projects/
backyard-homes (accessed 10/15/17) .

[25] UC Berkeley Environmental Design, Frameworks
(2011), Studying the Benefits of Accessory
Dwelling Units, https: //frameworks.ced.
berkeley.edu/2011/accessory-dwelling-units
(accessed 10/15/17) .

[26] Accessory Dwellings (2017), Accessory
Dwelling Units: What They Are and Why People
Build Them, https: //accessorydwellings.org/
what-adus-are-and-why-people-build-them
(accessed 10/15/17) .

[27] City of Santa Cruz (2017), Accessory Dwelling
Unit Development Program, http: //www.
cityofsantacruz.com/departments/planning-and-
community-development/programs/accessory-
dwelling-unit-development-program (accessed
10/15/17) .

[28] Lennar (2017), Next Gen: The Home within
a Home, http: //nextgen.lennar.com (accessed
10/15/17) .

[29] Pardee Homes (2017), GenSmart: Amazing
Guest Rooms, https: //www.pardeehomes.com/
trends-and-design/gensmart-suites-make-ah-
mazing-guest-rooms (accessed 10/15/17) .

[30] NewHomeSource (2017), Multigenerational
Homes: Multigenerational Living Is
Back, https: //www.newhomesource.com/
resourcecenter/articles/multigenerational-
living-is-back-with-a-new-twist (accessed
10/15/17) .

[31] NewHomeSource (2017), Lennar's NextGen
Home-within-a Home Provides Multigenerational
Living, https: //www.newhomesource.com/
resourcecenter/articles/lennars-nextgen-
home-within-a-home-provides-solutions-for-
multigenerational-living (accessed 10/15/17) .

[32] Olick, D., CNBC Realty Check (2016), Under
One Roof: Multigenerational Housing Big for
Builders, http: //www.cnbc.com/2016/02/08/
under-one-roof-multigenerational-housing-big-
for-builders.html (accessed 10/15/17) .

[33] New York City Office of Aging (2015), NORC
Blueprint: A Guide to Community Action, "What
is a NORC?" http: //www.norcblueprint.org/norc
(accessed 10/15/17) .

[34] Penn South (2017), Living in a Cooperative
Community, https: //www.pennsouth.coop/
cooperative-living.html (accessed 10/15/17) .

[35] Next Avenue (2012), NORC's Some of the
Best Retirement Communities Occur Naturally,
http: //www.nextavenue.org/norcs-some-
best-retirement-communities-occur-naturally
(accessed 10/15/17) .

[36] Carvalho, A. (2013), Habitação para idosos
em Lisboa: de colectiva a assistida. O caso de
Alvalade (Housing for the elderly in Lisbon:
from multifamily housing to assisted living. The
Alvalade case study), PhD thesis, Instituto
Superior Técnico da Universidade Técnica de
Lisboa.

第 10 章
户外空间及植物的疗愈作用

景观环境对每个人都很重要，也包括高龄老人。几百年来，我们凭直觉就知道这一点，但在过去 40 年里，我们收集了令人信服的经验证据。公元前 500 年，波斯人将美、芬芳、流水和凉爽的温度结合起来，创造了具有感官疗愈效果的花园。[1]

景观是如何产生影响的？

如今，在新加坡这样的高密度城市，距离地面 6~15 层楼高的景观带随处可见。[2]法兰克福机场的汉莎航空公司贵宾休息室里有一幅实体大小的、带背光的德国森林壁画，宽约 60 英尺（约合 18.29m），高 15 英尺（约合 4.57m）。靠近壁画的软垫躺椅为游客提供了一个阅读和放松的地方。我们知道，拘留所的囚犯、办公室的职员、住在公共住房的少数年轻群体和保健设施的入住者在无法看到自然景观时，都会受到不良影响。[3]-[6]自 20 世纪 80 年代中期，罗杰·乌尔里克[7]（Roger Ulrich）开展里程碑式的工作以来，大量为了理解这一现象而进行的循证研究开展起来。一些理论认为，与景观的联系是与生俱来的，是一种生存反应。其他研究表明，景观与心理健康和身体健康有着深刻且强烈的联系。[8]在保健设施进行的研究经常使用生理测量数据（血液中的应激激素、血压、脉搏）来衡量影响的大小。

热爱自然

生物学家 E·O·威尔逊[9]（E.O. Wilson）是当代首批阐述户外空间益处的学者之一。他认为，人类有一种根深蒂固的欲望，即与大自然在一起，并能因此在其他方面产生积极的影响。从设计的角度来看，斯蒂芬·克勒特[10]（Stephen Kellert）提供了一个模型，实现了将自然体验转化为环境设计的目标。他的工作"强调了在建成环境中保持、加强和恢复自然有益体验的必要性。"他定义了自然环境的 12 个特征：1）颜色；2）水；3）空气；4）阳光；5）植物；6）动物；7）自然材料；8）视野；9）立面绿化；10）地质与地形；11）栖息地与生态系统；12）火。他还确定了 60 个其他元素和属性，来定义整个环境的影响。

乌尔里克发现了 4 种自然的疗愈作用：1）控制感；2）亲近自然；3）鼓励锻炼；4）促进社会交往。[11]乌尔里克和克雷格·齐姆林（Craig Zimring）的研究为保健设施中许多被认为是环境压力的问题奠定了基础。[12]"生态健康"，包括花园、自然景观、景观主题艺术、舒缓的音乐、大自然的声音和舒缓的色彩，一直被认为是影响健康和幸福的主要因素。乌尔里克发现，"观察自然"确实能在 3~5 分钟内减轻压力。在另一项研究中，他发现了大自然减少疼痛感的方式。自然的

图10 1　在法兰克福机场的贵宾休息室，设置了一个带背光的森林主题壁画：壁画设置在休息室的一端，被部分墙体隔开，前面还布置了几个面朝壁画的躺椅。布置这组壁画是想为乘客提供安静休闲的放松环境

吸引力越大，尤其是声音和图像混合的自然景观，人的注意力就越分散，减轻疼痛的效果就越大。

　　长期照护机构的入住者患慢性病的情况更普遍，自然环境对身体和认知能力较弱的老年人似乎更有意义。苏珊·罗迪克[13]（Susan Rodeik）已经系统地研究了花园和景观对协助生活设施和认知症照护机构中老年人的影响。

对身体健康的好处

　　年老体弱的高龄老人在行走方面有困难，而散步能有效地保持他们的活动能力。散步可以在室内进行，但许多建筑的设计并不适于老年人在室内步行，要么没有足够的空间，要么缺少座椅让老年人定期休息、补充体力。因此，在季节和气候条件允许的时候，外出散步通常是更好的选择。锻炼对身体有积极的益处，如增强灵活性、训练步法、调整姿势。它可以减少由于久坐行为导致的骨密度和肌肉量的损失。同时，散步可以锻炼平衡控制，减轻高度的压力和焦虑。许多慢性疾病可以通过锻炼得到改善，包括关节炎、心脏病、认知障碍和Ⅱ型糖尿病。[14]

对心理健康的好处

　　待在户外可以改善情绪，减少焦虑及攻击感。有研究表明，充足的阳光和充足的人造光可以缓解抑郁症和季节性情绪紊乱（SAD）。阳光因为比任何人造光都亮，所以特别有效。对于那些睡眠有问题或容易抑郁的人来说，阳光可以重新调整昼夜节律，提高体内维生素D的含量。来自保健设施的研究表明，自然环境对减压有很大效果。[15]自然环境的功能如此强大，以至于许多医院为术后病人提供关于自然的视频或虚拟现实的模拟[16]来促进其康复。

　　外出为社交活动、寻求隐私和独处提供机会。当你住在集体环境中，长期与大家一起吃饭、一起活动时，定期独处、远离朋友还是必要的。

对于认知症老人的益处

　　接触户外环境对有认知障碍的人明显有益。认知症剥夺了个体记忆、学习、判断，以及理解发生在他们身上的事情的能力。挫折和误解往往会导致躁动和攻击性行为。护理人员和其他老年人很难容忍他们的情绪爆

图 10-2 在任何景观中，一棵成熟的大树都是独特的风景线：这棵槲树不仅枝干舒展漂亮，还能提供相当大的一片阴影区用来休息。树木能表达一种永恒感，建立人类与自然的连接

图 10-3 葡萄牙里斯本的尚帕利莫科研医疗中心（Champalimavd Centre for the Unknown）设有半封闭的中庭，具有美学和疗愈目的：正在接受化学治疗的病人可以从室内看到花园，或在临近户外的空间接受治疗。这个多层建筑中的病人、医生及研究人员都可以从阳台或露台上俯瞰这个花园

图 10-4 英国的认知症花园设有座椅、散步道、小喷泉，以及供老年人进行园艺操作的种植箱：有围护的花园尤其吸引认知症老人。家具的适当混合搭配可以帮助老年人及来访者思考如何利用这个花园，以提高使用率

发和攻击性、侮辱性的言辞。药物经常被用来控制病情发作，但最常见的副作用是使老年人变得嗜睡和无精打采。

然而，患有中度认知症的老年人通常还具有行走能力，他们习惯于走动，使身体处于积极的状态。外出锻炼对他们来说是一种非常自然、适当的方式，但需要护理人员的时间和耐心，因为他们随时可能会出现幻觉、抑郁、妄想、踱步、徘徊和睡眠障碍。研究表明，对于认知症老人来说，户外活动可以减少躁动和攻击性行为，改善睡眠质量，调节激素水平，并刺激维生素D的产生。[17]提高认知症老人的睡眠质量、降低焦虑感，可以节约护理人员的时间，减少镇静剂的使用，从而节省资金，也让老年人缓解病情。其他的治疗方法侧重于安全、刺激、陪伴和在现状上改善。认知症以一种独特的方式影响着每一个人，这使治疗变得复杂，但研究起来却很有趣。令人欣慰的是，户外活动对几乎所有患有认知障碍的人都有积极的益处。既然接触大自然这么有效，多花时间在户外就至关重要。大多数专门的认知症组团都有一个安全的户外区域，但许多都被设计成只能在护理人员的监督下使用，这其实消除了老年人随意进入这些空间的可能性。让老年人参与他们早年经历过的活动，比如喂鸟和浇花，能增强他们的使命感和目的性。

花园及室外空间的设计考虑因素

为身体虚弱的老年人和认知症老人使用的户外空间需要仔细注意细节设计和一些设计常识。罗迪克（Rodiek）和施瓦茨（Schwartz）[18]发现，室外环境的主要障碍之一是出入口的高门槛。他们还发现，出入口的门往往太重，老年人很难独立操作。其他常见的问题是没有足够的座椅和遮阳场

地。护理人员和家属口中的"低兴趣"景观，主要因为植物的颜色、类型和大小几乎没有变化。同样受到批评的是，户外空间的硬景观（硬质铺地）占比太大，而软景观（植物和地被植物）比例较小。良好的软景观比例应是60%~75%，这取决于花园的性质及实际功能与预期是否相符。人行道应有5英尺（约合1.52m）宽，允许两个人并排行走，且不会占用太多空间。硬景观和软景观都很重要。花园的美丽、色彩和光泽都能提升人的情绪；硬质铺地是鼓励老年人散步和锻炼的必要条件。

多样性和刺激性

好的花园有一定的刺激性，但不具有压迫感。植物选择应在高度、颜色、纹理、香气及触感等方面具有多样性。花园应该有自然的环境背景音（例如鸟、昆虫、松鼠、水流及风的声音）。这些元素应该与有趣的休息区、引人入胜的活动和可看的物体结合在一起布置。扩大花园面积，并加入典型的后院花园的特征，会让花园显得更熟悉可爱。配合植物生长季节进行植物配置十分重要。多肉植物、蔬菜或草药等可以形成特定的种植床，而垂直的棚架、树篱和紧密排列的树木则可以营造三维包裹的感觉。水是一种神圣的元素，它可以创造一种宁静的精神氛围，或者是一种生动的、吸引人的场景，也是吸引小动物所必需的。一个精心设计的花园设有前景和背景种植区，以及抬升的种植床，使老年人更容易看到、触摸和闻到不同的植物。

从室内看户外

请记住，老年人从室内看花园的频率比从室外看的频率更高，尤其是冬天。一些高龄老人调节体温的能力较弱，对风、寒冷、高温都很敏感。另外，乌里尔克的研究是关

图 10-5（a）（b） 图为内普图纳养老公寓（4：127）的泡泡冬季花园和芬兰服务型住宅的附属温室，均引进了一年四季都可以种植欣赏的植物：透明的顶棚可以让老年人在冬季的中午，一边享受温暖的阳光，一边被郁郁葱葱的植物包围

（a）

（b）

于老年人与景观花园的视觉联系，而非直接体验。想要与花园有视觉联系，首先要设计大窗户和低窗台。这为坐在餐桌前的人和躺在床上的人提高了视觉体验。在建筑角落设计可以布置椅子的地方，或设计嵌入式的窗台座椅可以优化使用者的视野。植物、鸟类、风景和野生动物围绕着建筑边缘布置，创造了生动的场景。鸟类饲料盒、温度表和水景可以很容易从建筑内部看到。有吸引力的户外休息区可以激发老年人走出户外，但将户

外设施布置在远离建筑、安全无法保障的地方可能会降低使用率。如果可以选择的话，老年人通常更喜欢坐在建筑门口，而不是花园中间。

一个经常被忽略的活跃区域是建筑的入口。这是一个很受欢迎的休息区，老年人可以坐在这里观看各种人进出建筑。此外，参观者经常依靠入口形成他们对建筑的第一印象。很多参观者会在这里看到庆祝节日的装饰，以及季节性的植物。冬季花园、中庭、

阳光房和温室可以用作具有吸引力的入口或起居厅、餐厅附近的休息区。

家庭支持和社会帮助

户外休息区应该是一个可以有个人空间的地方，也是家人庆祝生日、节日或周年纪念日的地方。家属通常喜欢户外区域，因为这里较为私密。阳光明媚的时候，在户外找一个地方一起坐坐、吃吃东西、放松放松，便可以瞬间心情愉快。室外布置5~8人的桌椅为活动提供了灵活性。即使没人用，家具也能提供谈话和放松的场所。同样的道理也适用于儿童的游戏设施，其位置应与建筑保持适当的距离，使老年人不受打扰，但同时，设置儿童游戏区，则表明了每个家庭成员，甚至是孩子，都是受欢迎的。家属认为，在新鲜的空气中散步锻炼让人神清气爽。自然景观可以激发老年人及家人之间不同的话题及回忆。当设施靠近购物中心、儿童日间照料中心或公园时，这些地方可能是设施附近比较方便到达的目的地。特殊活动和烧烤聚会等可以在室外举行，也可在大帐篷下举行，来吸引更多人群。以举办活动的方式使用户外空间也是划算的。夜晚的灯光可以布置得有吸引力，让人们在太阳下山后来到户外。夏天，有时候室外白天太热，但因周围地面的冷辐射，晚上室外的温度就很完美。在春秋凉爽的日子里，人们经常在门廊空间使用取暖设备来延长使用户外空间的时间。

家具

户外座椅应该坚固，结构合理，能够适应一年四季的天气。一般来说，单独的轻便椅子是最有效的，因为可以随时调整位置。坐垫较高、带有扶手的座椅对于老年人来说，起立坐下更方便。具有弹性框架的填充家具，从结构上来说最合理。木材比金属在阳光下

图10-6　比佛利山黎明认知症照护组团（18：199）中餐厅外狭窄的户外座椅区，引入了临近街道和人行道上发生的各种活动：该区域朝南，日照充足。植物沿着支起的藤架生长，配合遮阳伞，为老年人提供了舒适的观赏区

不易吸热而更受欢迎。摇椅和吊椅很受欢迎，因为轻柔的动作通常会让人感到舒缓，并产生愉悦的联想，然而对老年人来说，这种家具可能比较难使用。

种植花园

老年人最常参与的活动之一是照料花园或种植植物。因为养花通常是一个人终生的爱好，而且在晚年生活中可能很流行。然而随着年龄的增长，他们参与园艺活动的能力往往随之下降。高龄老人必须注意不能过度在太阳下暴晒，因为皮肤太薄，容易受伤。戴上帽子可以降低对温度和湿度变化的敏感度，在园艺工具的把手周围包裹一些泡沫，可以使关节炎患者更方便使用。[19]

适合老年人的室外种植区，常见的设计要点包括抬升的种植床、方便的水源和供应充足的盆栽土壤。对于要求高的种植者来说，还需要一个小棚子或温室，用来储存供应品，保护植物免受高温和低温的伤害。拥有稳定的桌椅也很重要。低栅栏很有用，可以阻挡动物和其他入侵者。蔬菜、香料和鲜花是最受欢迎的夏季植物，它们既可以食用，也可以被观赏。

在欧洲，设施内公共花园附近的私家花园也非常受欢迎。如果打理得很好，某户老年人家的花园可能很吸引人，只是在生长季节快结束时，可能显得破旧不堪。选择一个阳光充足但整体较为隐蔽的地方比较精明。高龄老人往往身体太弱，无法积极参与园艺劳作，但仍然享受看别人照料植物或在花园里散步的间接乐趣。坡度极缓的斜坡、频繁使用的长椅、抬升的种植床和扶手是老年人花园设计中非常重要、需细致考虑的特征。

图 10-7　维斯－恩格尔协助生活设施（15：185）庭院的轻质座椅设有扶手，可以根据景色和阳光而挪动位置；木材是不吸热的弹性材料，在太阳底下不会太热；可以配置坐垫来增加座椅高度、提高舒适度

图片来源：Lillemor Husberg

图 10-8　南加州一家协助生活设施的这片橘子林靠近老年人居室的花园：这片橘子林备受欢迎，因为它们长势喜人，是南加州的象征。老年人及家属都可以采摘。风化的花岗岩铺地（相比普通路面）可以降低老年人因踩到水果而滑倒的风险

认知症花园

针对认知症老人的景观空间设计注意事项与高龄老人一样，除此之外还有其他一些要点。认知症老人从户外环境中获益更多，因为他们平时生活在封闭的环境中。从身体条件来说，很多认知症老人有行走能力，并且享受在室外或建筑内自由行走的乐趣。逃走是一个令人担忧的问题，尤其是在老年人刚搬到一个封闭环境中时。许多精力充沛的老年人试图通过爬开着的窗户或低矮的花园篱笆逃离设施。因此，花园的栅栏应该有6~8英尺（约合1.83~2.44m）高，而且不容易攀爬。当栅栏另外一侧是人流量很大的街道或人行道时，花园应使用坚硬或厚实的景观铺地。一些围栏设计为6英尺（约合1.83m）高，在6英尺之上的部分还设置了更开敞的格架，这种设计模式使得栅栏更有住宅属性，也更具吸引力，同时依旧是个有效的安全屏障。正如维斯－恩格尔协助生活设施（15：185）和霍格韦克认知症社区（12：166）的案例研究所显示的，认知症花园设计成内庭院更有效，因为便于护理人员监控。庭院内应去除所有毒性植物。此外，掉种子或果实的植物同样危险，因为老年人可能因

此滑倒。指定类型的果树应该种在特定的位置，例如远离散步道和铺地的位置，或者给予更细心的维护管理。

因为工作人员担任"看护者"的角色，他们必须能从建筑内部很方便地看到花园。室外场地的配置应避免出现盲点，植物景观种植的高度和密度不能遮挡视线。从公共空间的大窗户能够看到花园全景，是确保安全的重要因素。如果工作人员无法便利地看护老年人，那花园可能就会被锁上而无法进入。

护理人员专注于个人护理，通常很少陪老年人单独散步。这项工作非常适合志愿者、家属，甚至是生活在认知症组团中但症状较轻的老年人。成组的老年人一起散步非常受欢迎，而且有研究表明，早上组织集体散步对老年人健康更有益处。[20]花园应该有一条步行通道，最好是环形设计的。"数字8"的平面可以提供一个距离短但路径长的步行通道，还可以增加多样性。散步道的起点和终点应该重合。"死胡同"的设计可能会让一些不知道如何转身或找到回家路的老年人感到困惑。靠近进出口的空间也很重要。入口附近可设置放置帽子、靴子、大衣和雨具的地方，这样老年人在恶劣天气下外出时也可以

图10-9　散步是最简单也最受欢迎的锻炼方式：沿着建筑外围的一圈小路是很好的散步场所。这家英国的协助生活设施，在一片封闭区域内设置了独立散步道，专为认知症老人服务

获得保护。在出口附近应该有一个室外的遮蔽门廊，这样老年人就可以坐在一个受保护的区域。有许多理论指出，室外应布置路标以帮助老年人定位寻路。[21] 当然，这个只对部分老年人有效，而非所有老年人。一般来说，花园设计得视野开阔，就像室内空间的自由平面一样，对老年人来说更容易判断该去哪里，以及怎么回去。使用一些熟悉的物件，如烧烤架、棚屋、邮箱和菜园等作为视觉记忆点，可能会帮助老年人更好地寻路。使用老年人在自己家中的物品作为出发点，让老年人熟悉出发点的特征，可以帮助其返回。有一些花园中还布置了篮球筐，以鼓励老年人进行上半身的锻炼。景观的视觉观赏和实际体验具有重要的疗愈价值。

图 10-10　瑞典人喜欢室外环境，所以他们的护理院或认知症设施的每间居室都布置了户外露台：维斯 - 恩格尔协助生活设施（15：185）在每间居室门口几步远的位置都设有带硬质铺地的花园，并布置了桌椅。老年人可以在这里邀请亲友，享受阳光
图片来源：Lillemor Husberg

欧洲中庭建筑

在北欧，最有趣、最受欢迎的建筑形式之一是设有中庭的、专为老年人建造的住宅。中庭无论在温和的夏季还是寒冷多风的冬季都能保持舒适的环境，这是它备受欢迎的重要原因之一。第二个原因是中庭有利于社交，具有环境友好的品质。中庭使用起来也很方便，因为中间的公共空间可用于冬季的锻炼。充满阳光的中庭夹在两排居室之间，居室便可从中庭及建筑外部两侧都获得阳光。中庭两侧单边布房的走廊为居室提供了景观和阳光，鼓励老年人坐在居室外俯瞰中庭。

中庭建筑可以根据中庭空间的设计和性质进行分类。某些建筑中，中庭设有空调（制热及制冷设备），像巨大的门厅一样，这在美国中庭风格的酒店和办公楼中很常见。北欧中庭建筑中的住宅类建筑似乎更倾向于创造一个舒适，但不一定有空调的中庭空间。中庭可以保护老年人在冬天免受强风的侵袭，但也可能会阻止他们外出。中庭还可以充分利用太阳能，保证在冬季的时候温度只比居室内低几度。这些建筑在夏天很少用空调，但需要通风设备，将自然上升的热空气从屋顶排出。为了应对夏季过热的气温，需要打开通风扇和屋顶玻璃板通风。一些建筑还会用帆布或织物来阻挡阳光直射以减少进入室内的热量。这些中庭空间在非常炎热的日子里温度还是很高的，但在晚上很舒适，因为中庭空间在日落后就会冷却下来。在一年的大部分时间里，中庭空间只需要很少的外力设备进行温度调控。北欧的湿度相对较低，所以即使在炎热的夏季也不会太不舒适。因为中庭两侧的墙体属于结构墙，所以封闭起来很容易也很方便。防火和防烟系统也很必要，且通常没有那么复杂或昂贵。

（a）   （b）

（c）   （d）

图 10-11（a）~（d） 在北欧，中庭在安置高龄老人方面非常有用：中庭提供了有遮挡的空间，
让老年人在冬天也能锻炼。当然，中庭也是社交及组织活动的最佳场所。硬质铺地（混凝土）和
软质铺地（土壤）是两种最常见的中庭地面处理方式。大部分中庭都采用自然通风
从（a）~（d）依次是：芬兰坦佩雷，库塞兰 – 帕尔韦卢科蒂养老项目（Kuuselan Palvelvkoti）；
丹麦伯乐奥普，艾厄利养老项目（Egely）；荷兰哈勒姆，雷纳迪斯养老项目（Reinaldhuis）；
荷兰费尔德霍芬，伦德格拉夫帕尔克（2：119）养老公寓

设计植物材料

植物材料的排列方式因建筑设计的不同而不同。一般来说，植物通常是用来创造一个放松的环境，带来一些前面讨论的心理和治疗效益。中庭中的植物可以得到更好的保护，像在温室中一样，可能寿命更长。在中庭这种可控的环境中，鸟类、鱼类和其他笼养的野生动物也可以被引入，给中庭带来多样的生命。楼层高的地方，中庭的植物可以遮挡阳台的边缘，用于优化居室的视野或保护隐私。

在一些建筑中，中庭的地面是盖在土壤层上面坚实的混凝土。在这种情况下，树木和植物被放置在容器中或地面上浅隆起的土质护堤中种植。当中庭地面是土壤时，就可以种植相对较大的植物和树木（如拉瓦朗斯养老公寓，3：123）。这种设计使得中庭更像花园，利用植物和景观为人们带来欢乐。硬质铺地和软质铺地通常是五五分或四六分。硬质铺地通常是为大大小小的活动而设计的。中庭的类型可以用简单的 3×3 矩阵来描述，X 轴是铺地类型，包括硬质铺地、半硬质铺地、软质铺地，Y 轴是有无空调设备，分为全空调系统、半空调系统及无空调系统。

中庭建筑的品质

透明屋顶通常使用类似剪刀结构的透明玻璃板，利于排雨水，部分玻璃板可开启便于通风。其他屋顶措施包括可以旋转的平百叶窗或可以沿轨道滑动到一边的天窗。当空间足够大时，平屋顶上使用的大型滑动水平天窗，可以将空间从中庭变为露天庭院。

中庭空间有许多引人注目的特点。中庭的屋顶通常是透明的玻璃，玻璃窗竖框的阴影可以投射到墙壁和地板上。天空透明可见，时刻改变着室内的颜色和亮度，赋予中庭显著的动态变化。云彩的图案、日出、日

图 10-12　一个荷兰的居住项目中的冬季花园（中庭）是通过延长单边布房走廊的立面，围合出额外的花园空间而形成的：大量的植物及大小合适的铺地创造了休息空间，同时也是邻里之间发生活动的特殊场所

落、星光和月光为中庭增添了细微的变化。还有雨声，在室内听雨也是一种特殊的体验。透过屋顶照射到地面的自然光具有迷人的品质。自然光具有全光谱的色彩，比人工光更加生动美丽。由于欧洲北部大部分地区纬度极高，他们在冬天的日照时间较短，因此十分重视自然光，并尽可能地利用自然光。夏天阳光充足，更能让人欣赏自然光的魅力。

中庭的一个关键好处是它允许在任何时间进行有保护的锻炼。高龄老人，对自己的外出安全保障十分看重，尤其是在冬天。寒风、积雪、光滑的地面，以及外出的不适，都让老年人们不愿在冬季、深秋和早春外出散步锻炼身体。当天气条件恶劣的时候，步

行俱乐部就格外受欢迎，一群老年人可以在中庭周围散步锻炼，而且不用担心安全问题。即使在冬天，中庭的温度也较为适中。一些中庭较小的建筑，特意将空间留作锻炼和肌肉增强训练等活动之用。中庭这种集中布置的公共空间，就像一个可见的提醒，时刻提醒老年人，身体健康对长寿和幸福是多么重要。

社会及精神品质

共享的中庭空间通常是友好的地方，因为人们彼此了解，很有安全感。空间的开放性和它的中心地理位置，让它成为一个社交的完美场所。这里布置有椅子和小桌子，可以容纳 2~4 个人聊天。更大的活动小组，如阅读小组或打牌小组，也可以很容易地在这个空间找到容身之地。需要灵活空间的活动，如乒乓球、台球和身体锻炼，往往需要开敞空间。大型活动可以在这里表演，楼上的走廊便成为观赏平台。较大的中庭，能容纳附近居民一起参加一些活动，比如农贸市场或旧货店的促销活动，这对大家都有好处。一些中庭采用荷兰和丹麦喝上午茶或下午茶的活动形式，来促进活动开展，并邀请附近的居民一同参与。设施的老年人可以直接参与活动，也可以观看活动并间接享受其中的乐趣。中庭的环境非常随意，以吸引路人或好奇的旁观者。当大型植物及树木长大，填满了中庭，将空间细分为更小的私密空间时，中庭通常会增添一种宁静的元素。

居室外的宽走廊，可以促进老年人之间非正式的交往。休息区可以嵌入到开敞走廊内，就像鹿特丹的阿克罗波利斯生命公寓一样，在走廊边缘有一个向外凸出的 18 英寸（约合 457mm）的空间，布置了桌椅。当你有理由向邻居问好的时候，以楼层为基础的友谊就很容易建立了。

图 10-13　这个荷兰项目中设有两层高的内街，为居民提供了一条从居室到主要公共建筑的受保护的通道；这条通道在冬季尤其有用，可以防御来自北面海洋的寒冷阵风。该空间没有空调但是设置了通风设备，防止夏季过热

内街

设计内街是形成建筑中庭最简单的方法之一。内街通常有 1~2 层楼高，大约 10~18 英尺（约合 3.05~5.49m）宽。它们尺度亲切、简单，而且往往具有方向性，可以通向"街道"一端的公共社交空间。内街通过窗户和门与居室相连。如果这条街足够宽，就可以布置一张小桌子和几把椅子，老年人之间的交往活动便可以在这里展开。植物可以沿着内街两侧的墙壁攀爬，用于软化空间氛围。墙壁和地板的饰面材料通常使用室外材料，如砖和混凝土瓦。两层建筑的二层通常有一条狭窄的走道，横贯在空间中央，允许光线从走道两侧照射到下面的楼层。这种充满光线和

植物的空间，是昏暗阴沉的双边布房走廊的绝佳替代品。

小结

北欧流行的中庭在很多方面都有优点。在美国，它们的用途应该得到进一步的探索，尤其是在霜冻带地区，中庭内部的温和气候可以促进冬季的社交和锻炼活动。

引用文献

[1] Detweiler, M., Sharma, T., Detweiler, J., et al. (2012), What is the Evidence to Support the Use of Therapeutic Gardens for the Elderly? *Psychiatry Investigation*, 9 (2), 100–110, https://www.ncbi.nlm.nih.gov/pmc/articles/PMC3372556/pdf/pi-9-100.pdf (accessed 10/15/17).

[2] Williams, F. (2016), This Is Your Brain on Nature, *National Geographic*, 229 (1) 50–51.

[3] Kuo, F.E., and Sullivan, W.C. (2001), Environment and Crime in the Inner City: Does Vegetation Reduce Crime? *Environment and Behavior* 33 (3), 343–67.

[4] Moore, E. (1981–82), A Prison Environment's Effect on Health and Care Services Demands, *Journal of Environmental Systems*, 11, 17–34.

[5] Rodiek, S., and Schwartz, B. (eds.) (2007), *Outdoor Environments for People with Dementia*, Haworth Press, Binghamton, NY.

[6] Largo-Wight, E., Chen, W., Dodd, V., and Weiler, R. (2011), Healthy Workplaces: The Effects of Nature Contact at Work on Employee Stress and Health, *Public Health Reports*, 126 (Suppl 1) 124–130.

[7] Ulrich, R. (1984), View Through a Window May Influence Recovery from Surgery, *Science*, 224, 420–21.

[8] Marcus, C.C., and Sachs, N. (2014), *Therapeutic Landscapes: An Evidence-Based Approach to Designing Healing Gardens and Restorative Outdoor Spaces*, John Wiley & Sons, Hoboken, NJ.

[9] Wilson, E.O. (1984), *Biophilia: The Human Bond with Other Species*, Harvard University Press, Cambridge, MA.

[10] Kellert, S., Heerwagen, J., and Mador, M. (2008), *Biophilic Design: The Theory, Science and Practice of Bringing Buildings to Life*, John Wiley & Sons, Hoboken, NJ.

[11] Marcus and Sachs, *Therapeutic Landscapes*.

[12] Ulrich, R., Zimring, C., Zhu, X., et al. (2008), A Review of the Research Literature on Evidence-Based Healthcare Design, *Health Environments Research and Design*, 1 (3), 61–125.

[13] Rodiek, S. (2002), Influence of an Outdoor Garden on Mood and Stress in Older Persons, *Journal of Therapeutic Horticulture*, 13, 13–21.

[14] Marcus and Sachs, *Therapeutic Landscapes*.

[15] Sternberg, E. (2009), *Healing Spaces: The Science of Place and Well Being*, Harvard University Press, Cambridge, MA.

[16] Westervelt, A. (2015), Virtual Reality as a Therapy Tool, *Wall Street Journal*, June 26, http://www.wsj.com/articles/virtual-reality-as-a-therapy-tool-1443260202 (accessed 10/15/17).

[17] Sternberg, *Healing Spaces*.

[18] Rodiek and Schwartz, *Outdoor Environments for People with Dementia*.

[19] Victoria State Government, Better Health Channel (2017), Gardening for Older People, https://www.betterhealth.vic.gov.au/health/healthyliving/ gardening-for-older-people (accessed 10/15/17).

[20] Louvering, M.J., Cott, C.A., Wells, D.L., et al. (2002), A Study of a Secure Garden in the Care of People with Alzheimer's Disease, *Canadian Journal on Aging*, 21 (3), 417–27.

[21] Zeisel, J. (2007), Creating a Therapeutic Garden That Works for People Living with Alzheimer's, in *Outdoor Environments for People with Dementia* (eds. S. Rodiek and B. Schwarz), Haworth Press, Binghamton, NY.

第 11 章

新技术将如何帮助人们保持独立生活、
避免机构化的生活环境？

很多即将出现的新技术将为那些需要借助外界支持来保持独立生活的老年人带来福音。互联网和云计算使这一切成为可能。以前的创新技术，如个人紧急呼叫系统正在与更新的技术相结合，以增强交流的便利性与信息的可及性。基于互联网的服务和设备开发使沟通更加便利，人们足不出户就能够与帮助实现这一目标的人员和服务保持联系。其中，最令人感兴趣的内容包括防跌倒技术的应用和利用通信技术指导老年人个性化生活照护支持服务。对老年人而言，这些设备的应用使得在技术辅助下实现居家养老成为可能，而不是必须搬到一个能够提供类似协助生活设施的环境当中。本章将探讨一系列有望从根本上改变现状、提高效率、创造机会、促进原居安老的新技术。

交通出行是当今老年人面临的主要障碍

统计数据显示，在 85 岁以上的男性老人当中，有高达 55% 自己开车[1]，并且当他们无法自己开车时也会依靠亲戚朋友开车往返于重要的目的地之间。对于自驾车的老年人而言，即便接受了专门针对老年人的驾驶训练，例如美国退休人员协会的相关项目，也总会面临开车无论对别人还是自己都会带来危险的那一天。老年人驾车通常会存在视觉、听觉和反应等方面的问题。不仅如此，患有认知症的老年人通常会经历驾驶技能的退化，而他们自己却意识不到。

互联网共享汽车公司为人们提供了除自己开车之外的另一种选择，无论作为消费者还是服务的提供者，退休老人都能够从中享受到益处。老年人驾驶员受到了在线服务部门的高度重视。具有医疗保险的退休人员通常还不需要医疗福利，退休给了他们灵活选择工作时间的权利。优步（Uber）的报告显示，在全部驾驶员当中，55 岁以上的驾驶员更加可靠，往往能够获得更高的乘客评分，这样的驾驶员占到了现有驾驶员总数的 25%。优步在智能手机应用中加入福祉车选项，展现出了他们对服务这一潜在市场的兴趣。不仅如此，价格更低的拼车功能也越来越受到欢迎，尤其是对于那些希望出行不受时间限制

图 11-1 出租车一直是高龄老人除家庭出行以外的最普遍出行方式：在互联网共享汽车服务覆盖的大都市地区，使用这些共享汽车的价格更为实惠。未来，无人驾驶汽车的普及将使老年人和残疾人的出行变得更加便利

的老年人来说更具吸引力。但是，要想参与这些新鲜事物，老年人必须提高他们使用智能产品的能力。

网络服务的利用

计算机辅助设备在婴儿潮一代得到了空前广泛的应用，婴儿潮一代对于这些技术更加熟悉，也更有潜力主动适应这些新技术。但是，目前65岁以上的那几代人对于技术的领悟能力要远远落后于年轻一代。美国人的互联网使用率为84%，但在65岁以上老年人当中这一比例仅为58%。2015年，64%的美国人拥有智能手机，但在50~64岁人群中，这一比例仅为54%，而65岁以上人群中这一比例又会减半。

经济能力和**技术知识**是两个主要的制约因素。因为智能手机和平板电脑已经成为老年人访问互联网的最主要设备终端。因此，为他们学习这些设备的使用方法提供渠道尤为重要。为了使相关技术发挥出对老年人的

图11-2　不了解互联网、智能手机和平板电脑的使用方法是制约高龄老人独立生活的主要因素之一；荷兰生命公寓通过设备协助社区中的老年人掌握新技术。国内外的家庭照护项目越来越多地使用智能设备来监控老年人的情况，安排照护服务

效用，有必要对智能手机的使用方式作出重大变革。除此之外的另一个好处是，这能够增强他们与其他家庭成员之间的联系。

在过去10年当中，与互联网共享汽车服务一并出现的其他创业项目正在把商品和服务带回家。这些互联网服务供应商的出现，使得老年人不用开车出门就能买到杂货和药品，获取维修、保洁等家政服务，为自己甚至是自己的宠物咨询医生的建议等。这些服务已经存在了数十年，但互联网使它们变得更加可及并且重新联系在了一起。

上门服务

如今，网络电商已经与社区中的实体店形成了激烈的竞争，无论是网上购物还是外卖送餐都已将老年消费者视为市场增长点。随着交通运输的愈发便利，这些服务为居住在城市和乡村的老年人解决了大量的物流问题。对于老年人而言，驾驶是一件危险的事情，搬运杂货也是一大困难，对于患有乏力性关节炎的老年人而言更是如此。通常情况下，老年人并不会是最先接受这批新鲜事物的人，但服务需求的必要性会在一定程度上激发出他们的冒险精神。他们可以通过很多方式获得好处。例如在线上提供假期民宿租赁的公司就能便捷地将闲置房屋资源分享给广阔的需求市场。老年人拥有的闲置房产数量非常可观，如果利用起来将会创造巨大的财富。

面对共享经济的增长潜力，企业家们正在思考如何将这一模式应用于家庭照护。2015年，风险资本大量投资了私人家庭护理领域的创业公司（如 **Honor**、**HomeHero** 和 **Hometeam**[2]）。其中一些项目起初并没有引入太过复杂的通信技术，但随着市场的发展与成熟，也都会采用新的先进系统。在北欧，

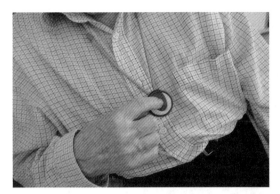

图 11-3　个人紧急呼叫设备已经出现了数十年：如今，这些设备被连接到了更加复杂的响应设备上。除紧急呼叫功能外，还可附加诸如专业建议和实时监控等新的服务功能。未来穿戴式设备的使用将可能用于解决一些潜在的问题

基于计算机的家庭护理支援服务已经纳入了公共福利体系当中。但在美国，家庭照护的费用基本由个人承担，仍受制于成本和可及性。时至今日，老年人更愿意在类似上门巡视等服务的帮助之下生活在自己的家中。

类似于老年人全面照护项目（**PACE**）和基于社区的照护体系（**CBCS**），正试图将健康照护监控系统与家庭照护服务和治疗结合在一起，以帮助老年人实现居家养老，而避免搬进护理院。这些服务供应方的主要市场是满足双重资格要求的低收入人群，他们有资格获得补充医疗保险和医疗补助服务，从而降低了成本负担。

个人紧急呼叫系统（**PERS**）在健康监控和视频沟通领域的稳步推进描绘了这些服务未来的光辉前景。**Great Call**[3]，在紧急呼叫业务 30 年发展历史中的一个比较年轻的公司，开发出了一套能够实现家庭交流的**视频通话**系统。他们提供了与健康护理专业人员通话的选择，以及一个能够在发生跌倒事故或紧急情况时建立双向通信的紧急呼叫应答系统。后者与汽车上的 **On Star**① 呼叫系统类似。这些新增的服务包括重要的功能，并且正在扩展设备终端的适用范围，以更加积极主动地迎合市场需求。

另一个方向是**穿戴设备**的应用，这些设备能够监测锻炼活动、位置移动以及体重、心率、睡眠规律等健康护理指数。目前已有不少公司在销售这类的穿戴式健康设备（如**Fitbit，Garmin，Vivosmart，Jawbone，UP2**等[4]）。这些设备正在升级换代，也许很快他们就能够通过鞋上的传感器收集人的步态和平衡控制状况，进而预测跌倒风险了。这个设备能够通过提供积极主动的建议，避免严重的跌倒事故，及时发现药物依从性② 问题。时至今日，这些穿戴设备在精通技术的年轻一代当中更受欢迎，但预计到 2019 年，至少将有 20% 的 65 岁以上老年人会使用它们[5]。通过与应急响应技术相结合，穿戴设备将成为监控行为活动并将其结果告知本人或家庭的重要方式。

人工智能和互联网技术的进步将能够从对其他设备的访问中获取更多信息。它们所创造的海量信息将会运用到未来预测模型的构建当中。利用**全球卫星定位系统**和**无线射频识别技术**能够监控阿尔兹海默症患者的游走行为，以减少照护者和家庭的焦虑感。电子的"地理围墙"已经在一些地方被用于为认知症患者创造安全、自由的活动空间。类似这样的设备正在应用于艾特比约哈文（13：174）中。

像巢（**NEST**③）那样的服务，不仅是一个主动的安全系统，还具有通过互联网传递

---

① On Star：主要针对通用汽车提供的安全信息服务，包括自动撞车报警、道路援助、远程解锁、免提电话、远程车辆诊断和逐向道路导航等服务。
② 药物依从性：指患者用药与医嘱的一致性，表示患者对药物治疗方案的执行程度。
③ NEST：美国家用安防产品公司。

图 11-4 为了让老年人能够更加轻松地完成日常独立生活任务，一些大型企业正在测试新技术和新设计：他们希望将人体解剖学知识与更好的产品和设计环境结合起来。这些方法将在未来几十年引入更先进的辅助技术

消息和访问物联网的能力。它们之于传统安全系统的优势是能够通过远程许可访问温度控制系统、安全锁系统或照明控制系统等能源控制和管理设备。下一步将会是把这个系统绑定到人工智能平台上，使其更具独立性，并且更加符合老年人过去的经验和未来的活动模式。先进且经济实惠的人工智能案例包括**亚马逊的 Echo，谷歌的 OK Google 和苹果的 Siri**。通过语音控制的 Alexa 程序，Echo 正在持续扩展它的能力。你可以通过它来呼叫**达美乐（Domino's）**的披萨外卖，点播**声田（Spotify）**的音乐或使用**优步（Uber）**的打车服务。大多数设备的开放平台设计邀请开发者来创造实用的 App，随着设备受欢迎程度的提高，这些 App 的使用率也会持续上升。这些设备价格合理，对使用者较为友好。这些设备未来最大的应用前景可能是提供协调服务。但是，由于需要连接互联网，这些服务对于 75 岁以上老年人的市场吸引力有限，不过这种情况会随着时间的推移而发生改变。

作为典型代表，最早接受使用 Echo 和巢服务的是三四十岁、中上阶层、受过良好教育的年轻人。这些技术可能最终会是来自于他们这组"子女"，来确保他们父母的安全。

灵活的沟通平台使其能够取代监控摄像头或者其他远程监控设备。与药物分配相关的设备，以及来自移动护理人员的报告，也能够增加对这些设备的利用。

无人驾驶汽车

如果不是几年前谷歌测试其大规模实施的潜力，无人驾驶汽车还只是一个"未来主

图 11-5 海豹宝贝帕罗展现出了使认知症患者保持镇静的能力：这些"舒适设备"如今变得愈发常见，因为玩具制造商正在评估产品在年龄谱另一端（即老年人群体）当中新的应用模式。这种做法是存在争议的。一些评论家认为，这些设备将导致老年人缺乏有意义的人际接触，但实际研究结果表明，它们是具有积极效果的

义者"的梦想。如今，经过了 200 万英里（约合 322 万 km）的驾驶试验，美国已有 5 个州将无人驾驶汽车合法化，并且还有 15 个州正在考虑相关事宜[6]。实施这一计划有很多令人信服的理由，从更好地管理交通，到减少所需停车位的数量，并且有潜力避免交通事故带来的伤害，挽救成千上万人的生命。尽管确定无人驾驶汽车的经济效益难度较大，但大多数人估计这项技术每年可节省近 1 万亿美元。虽然预测的时间线各不相同，但大多数产业专家相信无人驾驶汽车将在 2020~2030 年之间成为现实。大多数汽车公司对无人驾驶技术表示欢迎，并且正在努力实现从有人驾驶到无人驾驶转型的无缝衔接。如今的新车操作系统中，已经嵌入了智能安全功能，包括事故规避技术等。今天汽车的可靠性有了进一步的提升，智能手机和人工智能技术的进步将使它们在未来更加安全。除非出于法律或文化方面的考虑加以限制，否则无人驾驶汽车的应用很可能是不可避免的。

从加强交通便利性、节约潜在成本等方面来看，老年人、年轻人和残疾人都将成为无人驾驶技术的主要受益者。在家庭中，最

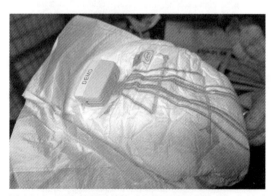

图 11-6　尿失禁是目前接受长期照护服务的老年人所面临的一个主要问题，如今成人尿布的发展已经使这一严峻的挑战变得可以控制：尽管产品的成本和所花费的劳动力依然巨大。图中所示的是一个可供使用 3 天的尿布测试系统，主要用于了解老年人的如厕时间和如厕习惯，以便对之后的情况做出准确预测

困难的事情就是告诉年长的家庭成员他们必须放弃开车，而这些交通方面的进步将使这些对话变得更为容易。

社交机器人

从 Alexa 到能够实现交互的社交机器人是一项技术飞跃，这种机器人属于具有沟通能力的设备。它们使用人工智能，但有能力自主整合类人学习与规则程序[7]。与之相对应的是功能机器人，它们仅有电动机械方面的能力和沟通交流的能力。社交机器人作为帮助老年人的设备，即将得到大范围的应用推广。而真正拥有大脑和肌肉的机器人，可能还需要至少 10 年的时间才能够研发出来。大多数社交机器人是可移动的、交互式的和多维度的。它们既是你的治疗师，又是你的伴侣、你的佣人，相比 **Siri** 或 **Alexa** 更加友好、更加个性化。它们使用具有人形面孔的头像和屏幕，能够微笑或做出欢迎的面部表情。由于老年人口的市场范围比较窄，首批设备已面向更加广泛的人群加以应用，例如作为家庭助手或个人助理。

Robotbase 个人机器人[8]可以像个人助理一样移动和交流。它拥有许多与苹果 **Siri** 相同的人工智能功能。事实上，评论家将其戏称为"插在一根棍子上的 **Siri**"。原型正在测试，软件也在不断开发。它不仅仅是一个产品，更被视为一个平台，面向更广泛的应用程序开发人员。广告将其描述为一个能够讲故事、播放音乐、开灯、锁门、存储菜谱、接打电话的个人家庭机器人。随着时间的推移，它会越来越了解你的需求和兴趣，变得越来越有用。它由一个形象化的替身组成，可以移动和远程控制。该设备的初期成本在 2000 美元左右。作为轻中度认知症患者的伙伴，它具有一些有趣的能力。通过恰当的程序，它可以推荐歌曲，或学习如何与认知症患者

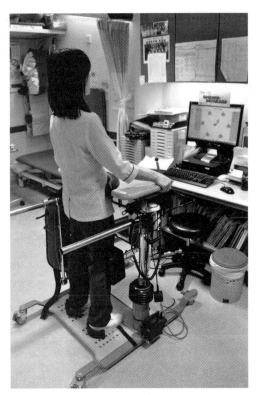

图 11-7　在实验室中，像这样的设备已被用于测量和诊断步态和平衡困难；未来鞋中的传感器也许就能实时诊断运动问题，同时提供反馈，纠正姿势，以避免绊倒或跌倒事故的发生

进行交流。这些设备经常关注失忆健忘的人群，因为他们通常非常活跃并且积极响应鼓励，但是他们需要引导。随着一些新技术的引入，他们将可以同老年人一起散步。

　　Giraffplus[9] 是一款正在欧洲经历轻微认知障碍（MCI）者测试的应用程序。这种移动设备能够跟踪你在建筑周边的位置，提醒你完成锻炼、吃药等动作。它是用户导向型的设备，允许你接打电话。你可以与你的医生连线，他们测量并播报你的血压、体重、血糖等健康指标。这种设备已经在西欧国家少数测试者的家中进行了测试。其他处于不同开发阶段的社交机器人还包括 **Pepper**、**NAO**、**Jibo** 和 **Buddy**[10][11]。它们当中有些是台式机器人，有些是移动机器人。这些案例仍在开发中，功能尚有限。

另一组设备被称为模仿动物行为的"舒适玩具"。在过去 10 年中，最著名、研究最为充分的玩具是帕罗 **PARO**[12]。这个由日本研发的玩具机器人像一只柔软的、毛茸茸的海豹宝宝。它身上安装有 5 类传感器，能够对你的声音和触摸作出回应。这类玩具于 1993 年首次推出，主要用于安抚认知症患者，研究表明其具有减轻压力、提升情绪、减轻孤独感的作用。但由于设备成本较为高昂（约 5000 美元），阻碍了它的广泛应用。最近孩之宝公司推出的**陪伴机器猫**是一款价格更为低廉的产品 [13]。它不像帕罗那么复杂，但是仍然能够通过翻转身体和发出轻快温柔的声音等动作回应使用者的爱抚，并且鼓励你更多地安抚它。在交互完成的几分钟后，它会闭上眼睛以延长电池的续航能力。这些设备并非要取代家庭成员，但希望未来的新产品能够继续提供更多积极的反馈。

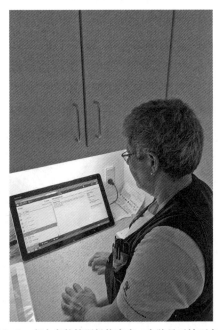

图 11-8　在大多数护理机构当中，电脑是无处不在的：它们是居住者需求和问题等信息的综合来源，并且出于便利性和私密性的考虑越来越多地出现在居室当中。虽然电脑非常有用，但它们并不能够取代那些负责照顾特定老年人的护理人员

随着更加复杂的人工智能的出现，设备将变得更加个性化和更加具有治疗作用。但与此同时，人们对未来人工智能的应用也抱有合理的担忧。专家认为，人工智能很容易在短期之内造福社会。但到2050年，人类智能和机器智能的融合就可能让我们接近难以控制的"奇点"。作为回应，像埃隆·马斯克（Elon Musk）这样的企业家正在研发可以被植入大脑并利用计算机知识的设备。他的公司Neuralinks希望这些最初的努力能够帮助控制例如帕金森这样疾病的症状[14]。

功能性机电机器人

具有机电功能的机器人在电影中被人们所熟知，例如《星球大战》（Star Wars，1977年）当中的C3PO和R2D2。从《地球停转之日》（The Day the Earth Stood Still，1951年）中出现的那些笨重家伙开始算起，机器人在电影中已经出现了几十年，并且至今依然出现在《我，机器人》（iRobot，2004年）、《机械姬》（Ex Machina，2015年）等黑色剧情片甚至《罗伯特和弗兰克》（Robot and Frank，2012年）等喜剧片当中。但是能够模仿人类动作、具备人类智力的机器人帮手可能至少还需要10~20年才会出现。由于担心这些机器人设备将会取代人类从事相关的工作，关于这类机器人的争议还普遍存在。其中最近的一个大规模威胁来自于自动驾驶的长途货运卡车。预测显示，到21世纪30年代初期，美国超过1/3的就业岗位将面临被自动化机器人取代的"高风险"[15]。在制造业当中，从事重复性任务的工业机器人已越来越普遍，据统计2017年这类机器人的数量已达到5.2万套。**波士顿动力公司（Boston Dynamics）**[16]已经获得了许多来自政府的防务合同，该公司已经研发出了4条腿的动物状机器人设备，

用于在崎岖的地形上搬运重物。而美国军方更是大力支持开发用于拆除炸弹和其他作战应用的机器人设备。

日本特别重视其国内大量老年人口的服务需求，因此更加强调研发帮助老年人的机器人。本田和丰田已经开展了实质性的研究项目。**ASIMO**[17]代表了本田公司30年以来在机器人研究领域深耕的成果。这个功能性的机器人有4英尺高（约合1.22m，与人在坐姿时的视线同高），重量为110磅（约合50kg）。它的步行速度为每小时4英里（约6.4km/h），可以完成包括开瓶盖、倒水、踢球、上下楼梯、跳舞等多种任务。目前，它还不能从事任何的个人护理工作，但未来的研究正在朝着这个方向努力。**ASIMO**是一个试验原型，对外的租金为每月15万美元，真正能够应用于实践的产品还需要几年才会出现。与目前新型的社交机器人相比，为提供医疗服务而设计的护理机器人等还略显粗糙。利用人工智能的产品会对用户更加友好。目前机器人产业所面临的最主要课题就是指导设备来进行有用的工作。

Robear[18]是日本研发的一种移乘工具，它被设计成了一只微笑的熊的形象。作为一种移乘工具，它能够将一个伸出双臂的人背起并进行移动。它在造型上模仿一只深情、友好的动物，这一策略还应用于吊轨式提升和移动设备，这类设备的造型可能会更加异想天开，特别是对于认知症老人而言更加友好。

运输和提升设备

最早出现的老年人助行机器人是提升设备。英国、加拿大、澳大利亚和北欧等国家和地区非常关注因工受伤人员的生活，因此这些设备相对更为常见。在美国，随着虚弱和肥胖的老年人群越来越多，这些设备正变

图 11-9 随着居民们选择更加安全、小巧的出行工具来取代汽车，这类助行电瓶车变得更为普遍：在北欧，一些国家政府为购置电瓶车提供补贴，以鼓励老年人使用。作为一种安全、高效的个人交通方式，电瓶车最早用于近距离的购物或个人商务目的

得越来越受到欢迎。它们有助于护理人员节省体力、提高工作效率，尤其是对于那些中年护理人员而言，能够避免他们在工作中受伤。提升设备既可以像吊车那样采用固定在房间顶棚上的形式，又可以采用独立移动的推车形式。相对而言，固定的吊车式设备要优于移动式设备，因为它们能够永久地储藏在接近屋顶的位置，占据的空间更小，随时可供使用，但价格通常更加昂贵。可移动设备通常需要占据较大的空间，比较难以操作，这些设备平时需要存放在单独的房间当中，由几位居民共享，这在一定程度上限制了设备的可及性。

大多数北欧国家的老年人居室配备有像工厂吊车一般、能够在两个方向上自由移动的提升设备[19]。这使得移动操作更具灵活性，不必要求老年人在一些单独离散的地点之间进行移动。吊轨可以安装在顶棚或墙面上，这样既能够承受老年人身体的重量，又能在一定程度上使设备不那么显眼。其他一些设备主要悬挂在与墙面或地面固定的铁框架上。这些可移动设备不与屋顶相连，需要时可在床边进行组装，利用与固定式设备相类似的电动马达进行工作，通常用于私人的公寓或住宅当中。

两名护理人员帮助老年人进行人工移乘操作时，通常需要转身弯腰。即便有两个人，护理人员也极易伤到自己，甚至伤到被移乘的老年人。顶棚升降装置操作简单方便，因此更加常用。随着该升降装置日益普及，成本将逐渐降低。固定在墙面上的门式起重装置成本可低于 5000 美元，其使用的液压升降马达价格从 2500~5000 美元不等。大多数北欧的护理院和美国的绿屋养老院都采用了这类技术。老年人移动和运输的安全标准还需要进一步提高。与护理人员和老年人受伤的开销或残疾补偿费用相比，养老设施为自己购置这些设备是一笔很好的投资。

对于淋浴或浴缸等洗浴空间而言，综合式升降设备非常常见。通常情况下，通过机器手臂引导的座椅会伸到浴缸之外的低位，等待老年人就座，而后这把座椅会进行旋转，以方便老年人进入。把身体抬高越过浴缸的边缘，然后再降低，使人的身体进入水环境当中。在英国等国家，由于当地人的偏好，法规更加支持设置泡浴而非淋浴，因此这类设备更加受到欢迎。在美国，人们认为泡浴会比淋浴耗费更长的时间，因此并不常用。

图 11-10　在大多数北欧国家的长期照护设施当中，设置在顶棚上的电动提升装置被经常应用于老年人的移乘操作：不幸的是，在美国这种方式并不常见。这导致护理人员在辅助老年人进行移动时更有可能遭受背部损伤

而且，这类提升设备容易令认知症老人感到害怕，这使得美国的养老服务提供商更加依赖于淋浴和浴缸。如果没有提升设备，进出传统浴缸对于上肢力量有限的老年人而言既困难又危险。如今带门的浴缸越来越受到欢迎，但只有非卧床的老年人才能够使用[20]。

外骨骼

　　关于外骨骼的研究主要聚焦在两个方面，一是帮助人们恢复独立行走功能，二是为体力劳动者提供额外的力量支持。外骨骼目前主要应用于工业和军事领域，通常是一种设有手臂和腿的金属框架，像制服一样可供穿戴。这些设备能够帮助使用者在搬运重物的过程当中避免受伤。它就像由一套电力驱动

的机械身体套装，能够自由运动。如同传统汽车一样，这件套装由使用者控制，不会自动操作。如今生产出来的外骨骼设备包括 **HULC**、**Power Loader**、**XOS 2** 等[21]，它们的一只手臂通常可以举起 100 磅（约合 45 千克）重的物体。在军事领域，外骨骼能够使武器的携带与操作更简单。在工业领域，它们可用于安装大尺寸构件、移动重物或者在地震等灾害发生之后清理建筑废墟、搜寻生命踪迹。这些设备能够放大使用者的力量，将机械的强大力量与人类的精准操纵结合在一起。与提升设备类似，外骨骼设备有潜力帮助接受过训练的护理员或家庭照护者移动非常脆弱的老年人。在实现这一目标之前，设备的抓握力和安全性还需要进一步的优化。

　　外骨骼的另外一项应用就是作为一种康复治疗工具。四肢存在残疾或控制困难的士兵可通过使用这些设备重新学习如何走路和移动手臂。**Rewalk**、**Ekso GT** 等独立的外骨骼设备能够帮助下肢力量不足的人在拐杖的辅助下直立行走。它有助于训练肌肉，并且有可能再生神经回路。像 **Lokomat**[22] 那样的大型康复设备利用跑步机提供实时反馈，目前全世界的使用数量已超过 400 台，能够为使用者提供步态和平衡控制的反馈信息。**MIT-Manus**[23] 主要作用于上肢残疾者，通过在使用者执行操作的过程中提供视觉反馈来帮助他们克服中风带来的身体损伤。大多数设备都将外骨骼概念运用到了康复当中。本田开发了一种**步行辅助设备**[24]，用以减轻行走时腿和膝盖所需承担的重量，尤其对于上下楼梯有很大帮助。电机能够让使用者把腿抬得更高、步子迈得更远，轻松帮助他们走得更好。这些设备的医用外观和高昂价格是在其推广销售之前需要解决的问题。

　　AXO 套装[25] 是一种为帮助老年人保持活跃状态而设计的试验性外骨骼设备。它是

图11-11　在丹麦的家庭护理系统当中，经验丰富的专业人员追踪数据和日程安排的方式令人印象深刻：大多数信息可以在计算机上获得，这些信息可用于安排家访、跟踪长期问题的进展和发展趋势。与护理人员进行的上下午例会能够为他们提供分享经验的机会，以帮助老年居民在社区和自己的居住单元中保持独立生活的能力

由一个欧洲的大学—企业联合研发小组发明的。与其他外骨骼类似，电机能够将人的力量在现有基础上提升30%~50%。不同于一般的假肢，使用外骨骼设备的目的是支持老年人行走、锻炼和活动，以提高他们的生活质量、增强他们的自理能力。与其说它是一种机器人设备，不如说它是一种工具。随着人工智能和传感技术的进步，未来这些设备将有潜力检测出环境中存在的安全隐患，并通过教育用户如何避免跌倒使现状得以改善。此外，这些装置还可用于减轻因跌倒所造成的伤害。

防护服

　　另一个新兴的研究领域是利用织物和材料来吸收跌倒时的能量，从而减少伤害。在任何一个老年用品网站[26]上，你都能够找到那些能够让老年人生活更容易、更安全的产品。减轻跌倒伤害是实现健康老龄化的重要方面之一，为实现这一目标，市场出现了诸如防护头盔、髋关节保护器等设备，但它

们大多较为笨重，忽略了将其穿着在身体上的形象。常规的服装设计师和防护服设计师走的是完全不同的路线，把防护功能与服装设计结合起来需要设计领域与工程领域的合作。最近，科学家们已经研制出了一种可以吸收跌落能量的材料，名为**智能盔胶**（**Armourgel**）[27]。这种材料很薄，弹性极强，可以很容易地附着在内衣外面。尽管这种材料还没有正式商用，但它有潜力通过合理的设计吸引广大老年消费人群。

　　除了功能性和个性化的机器人之外，外骨骼和先进的能量吸收织物同样有潜力为保持老年人独立活跃地生活提供帮助、支持和保护。

代步车（个人操作的交通工具）和移动助手

　　来自代步车和轮椅领域的移动助手正在探索个人移动技术的未来。这些产品正在为老年人重新发明创造新的交通工具。最受欢迎的代步车名叫朋友（Amigo）[28]，它源自于20世纪60年代的"友好轮椅"。随着电动汽车的进步和购物场所中代步车的广泛应用，这些新兴的交通工具正被越来越多的人们所接受。代步车使用起来非常灵活，在室内外均可操作。在美国，三轮和四轮代步车的医疗保险支付比例高达80%，个人最少仅需承担约2000美元。但是，申请这项福利的资格是较为严格的，只有身体最为虚弱的老年人才符合要求。在北欧和英国，已经颁布实施了相关的政策，鼓励老年人放弃他们的汽车，而改用仅能限制在便道使用的个人助行车辆。这些政策希望鼓励更大的流动性和安全性。而代步车的利用能够减少交通量、停车冲突并增加老年人的流动性。大多数限制在便道行驶的代步车时速约为每小时4英里（约合6.4km/h），而C类的高速车辆可以在普通道

路和高速公路上行驶。第9章"适合老年人的新方案"中介绍到，鼓励老年人采用更加多样化的出行方式，其中就包括代步车。这些设备能够帮助老年人在社区环境中保持生活的独立性。在欧洲设有便利店和便利服务的高密度混合功能开发模式中，采用这种交通运输方式能够非常有效地解决问题。

电动轮椅同样可以使用医疗保险支付，但因为它们价格昂贵，市场需求量又少，获得相应的资格较为困难。轮椅行业的创新主要受到了支付能力问题的影响。**智能椅子（Smart Chair）**[29]是代步车与轮椅的结合体，它的定价与朋友相近，质量约50磅（约合22.6kg），行驶时速为每小时5英里（约合8km/h），续航能力为15英里（约合24km）。它是可折叠的，既可以储存在行李箱当中，又可以作为行李托运上飞机。受到赛格威（Segway）电动代步车的启发，最复杂的轮椅要数 **iBot** 了，它的价格为2.5万美元。由于无法获得联邦医疗保险和退伍军人管理局（Veterans Administration）的补贴，iBot 被迫在2009年停产。这款产品在移动设备领域具有进步意义，但却未能得到市场的认可。苏

图11-12　目前，我们正经历着人工智能领域的高速进步：像谷歌的 OK Google、亚马逊的 Echo 和苹果的 Siri 这样的设备正在逐渐成长为家庭、儿童和老年人的潜在助手。在未来的5~7年里，我们很可能将会看到针对高龄老人的人工智能应用

黎世联邦理工学院的10名学生发明了一种名为 **Scalevo** 的原型机，使用了类似赛格威的技术。和 **iBot** 一样，它也能够上下楼梯，并将座椅调整到正常高度。**Ogo**[30]是一种基于赛格威代步车物理原理研发而成的交通工具，它的速度更快，在越野条件下也可操作。

虚拟现实技术

现在面向大众市场新推出的虚拟现实产品定价仅为过去成本的零头。谷歌研发的头戴式智能手机显示器（**Google Cardboard**）定价仅为15~20美元。像 **Oculus Rift** 这样为电子游戏设计的头戴式显示器，在光学和图像清晰度等方面进行了优化和改进，使得画面显示更加高效和逼真。这些在质量和价格方面的变化，使得它们的设备销量有望在2025年达到5亿部。这一产品的发布将吸引该技术在一系列主题领域的应用，其中就包括与卫生保健和老年人相关的领域。

大多数医疗保健服务都需要涉及专业培训和临床治疗。虚拟现实技术在外科手术训练和远程应用方面具有广阔的前景。同时，它也被用于治疗恐惧症和心理问题的沉浸疗法，患有飞行恐惧症、幽闭恐惧症、创伤后应激障碍（PTSD）或自闭症等的患者，都可以从这种安全但现实的经历中受益。

行动不便的老年人可以使用这项技术来获得更充实、更刺激的生活[31]。**Rendever** 正在开发的程序可以将用户带到一个独特的建筑环境或海边场所当中，在那里，你可以得到轻松刺激的体验。虚拟现实技术能够十分逼真地带领一位坐在轮椅上的老年人穿过一片鲜花海或爬上一座高山。**DEEP** 是 Oculus Rift 当中的一个应用程序，主要用于放松、疼痛管理和冥想。目前正在开发的新程序就能够使日常锻炼变得更加刺激和吸引人。未来

针对中风或认知症患者也将尝试应用虚拟现实技术进行康复和治疗。目前，一些医院正在使用虚拟现实技术，以增加患者对景观和植物的暴露程度，进而加快术后康复的速度。而对于慢性疾病的治疗，虚拟现实技术的应用更有可能起到增加舒适度、减少疼痛和控制压力等作用。

可替换的身体部件

更换或修复身体部件是解决衰老致残问题的常见方法。如今，髋关节和膝关节的置换、人工耳蜗的植入和白内障晶状体的置换都已非常常见。这些简单的常规置换技术成功率很高。最近，3D打印技术推动了髋关节置换技术的进步，能够使复制的钛关节与原关节高度一致，实现精确配置。每个人的骨盆在大小和形状上存在较大的差异，这可以通过专用的器械来进行预先测量。置换用的关节越合适，手术过程就会越舒适、越成功。

人体器官移植与人造器官移植相比主要存在两大问题。首先，人体器官移植需要有供体；其次，除非使用免疫抑制剂，否则人体就会出现不同程度的排异反应。目前，等待接受器官移植的人数已远远超过了捐献器官的人数，仅以肾移植为例，每年就有成千上万的人死于等待供体器官的过程中[32]。

随着技术的进步，科学家们已经可以在实验室中利用受体自身的细胞生长或制造新的器官。首先，通过三维打印技术为替换用的器官创建一个框架，这类似于建筑施工当中的脚手架。为了避免排异反应，会将受体的细胞植入到移植的器官当中。这些技术虽然还处于试验阶段，但可能在10年之内就会得到广泛应用。这类器官可用于替换皮肤、肾脏、肝脏、胰腺等器官，心脏、肺、中风患者的脑细胞，以及肌肉或骨组织的再生和替换也有望成为可能。与基因编辑相关的CRISPR技术也能够让我们避免传统的排异问题。老年人的某些身体部件很可能会出现损坏，因此对于他们，尤其是高龄老人而言，能够更换这些身体部件意义重大。

基因药物和基因疗法

我们正处在医学革命的风口浪尖，基因组学已开始关注个体的衰老问题。基因组序列的检测可用于预测各类药物和疗法对每个特异性个体的影响。面对衰老，没有通用的解决方案。正如平奇斯·科恩[33]所说："无论我们的关系有多么的密切，世界上也没有两个人会以完全相同的方式经历衰老过程。"基因疗法能够利用个性化的衰老过程来获得**"个性化的治疗药物"**，并且已经被证明在治疗各种癌症方面是有效的。几十年来，每个人对处方药物的反应都不一样，通过更好地了解和定义每个人25000个基因的独特配置，并且利用大数据分析整理出基因与反应之间的对应关系，我们有能力将最有效的药物与特定的个体基因图谱匹配起来。

基因敏感类药物能够为我们预测未来可能发生的健康问题提供机会。认识到这一点，我们可以通过改变我们的生活方式、食物选择和药物治疗方案来应对老龄化所带来的挑战。借助有关基因的知识，诸如Ⅱ型糖尿病、疼痛等慢性疾病将得到更好的管理。未来，一些健康应用程序可能会检测你的身体对药物和生活方式选择的反应，实时将相关建议提供给你，并预测可能产生的结果，这可能将成为促进健康生活的强大动力。

这一策略还包括将我们的基因图谱与食物选择（通常称为营养基因学，Nutrigenomics[34]）以及我们个人的锻炼方案相匹配。虽然有很好的证据表明久坐的生活方式和肥胖的体质会导致更短的寿命，但是根据我们的基因特征作出选择有助于保持健康、延长寿命。这些策略通过考虑文化、环境和个人经历扩展了个体老化的模型，并且对营养、锻炼等对健康长寿有重要影响的因素给予了高度关注。

以上这些要想成为现实，可能还需要7~10年的时间，来使基因分析技术达到足够便宜、能够广泛应用的水平。尽管未来的技术进步有可能帮助我们战胜疾病和衰老，但疾病预防潜力的挖掘和健康老龄化理念的传播依然是现实当中最值得研究的重要课题。

小结

虽然实施起来较为困难，但对慢性病医疗咨询制度进行简单的改革显然是有必要的。目前我们所缺失的是将个体与他们独特的健康环境相结合起来的能力。人工智能可以了解你的健康历史，并通过移动健康设备获得持续的更新，这种筛选出的个体生活方式相关内容与个人遗传信息的结合，可能会带来重大的改变。它有潜力根据你当前的健康状况给出非常准确的建议，并指导你作出更好的关于未来的选择。

引用文献

[1] Foley, D., Heimovitz, H., Guralnik, J., and Brock, D. (2002), Driving Expectancy of Persons Aged 70 Years and Older in the United States, *American Journal of Public Health*, 92 (8), 1284-89, https://www.ncbi.nlm.nih.gov/pmc/articles/PMC1447231 (accessed 10/22/17).

[2] Glatter, R. (2015), A Startup Poised to Disrupt In-Home Senior Care, Forbes, September 25, https://www.forbes.com/sites/robertglatter/2015/09/25/a-start-up-poised-to-disrupt-in-home-senior-care/#7d3e46ff6536 (accessed 10/22/17).

[3] GreatCall (2017), We Make It Easy for You to Stay Active, Mobile and Independent, https://www.greatcall.com/family-caregivingsolutions?gclid=CIuQo6zpi8wCFcdhfgodCFUB_Q&gclsrc=aw.ds (accessed 10/22/17).

[4] Stables, J. (2017), Top Ten Fitness Trackers, Wareable, https://www.wareable.com/fitness-trackers/the-best-fitness-tracker (accessed 10/22/17).

[5] Freier, A. (2015), The Future Is Wearable: US Wearables Market Set to Double by 2018, Business of Apps, http://www.businessofapps.com/the-future-is-wearable-us-wearables-market-set-to-double-by-2018 (accessed 10/22/17).

[6] Weiner, G., and Smith B. (2017), Automated Driving: Legislative and Regulatory Action, CIS, http://www.cyberlaw.stanford.edu/wiki/index.php/Automated_Driving:_Legislative_and_Regulatory_Action (accessed 10/22/17).

[7] Aron, J. (2014), Computer with Human-like Learning Will Program Itself, New Scientist, https://www.newscientist.com/article/mg22429932-200-computer-with-human-like-learning-will-program-itself (accessed 10/22/17).

[8] PSFK (2017), Personal Robot Assistant Seeks a Loving Home, http://www.psfk.com/2015/01/personal-robot-assistant-home.html (accessed 10/22/17).

[9] Turk, V. (2014), Robots Are Caring for Elderly People in Europe, Motherboard, http://motherboard.vice.com/read/robots-are-caring-for-elderly-people-in-europe (accessed 10/22/17).

[10] Soft Bank Robotics (2017), Robots: Who Is Pepper? https://www.aldebaran.com/en/cool-robots/pepper (accessed 10/22/17).

[11] Soft Bank Robotics (2017), Robots: NAO, https://www.aldebaran.com/en/cool-robots/pepper (accessed 10/22/17).

[12] PARO Therapeutic Robot (2014), http://www.parorobots.com (accessed 10/22/17).

[13] Tan, A.M. (2015), Hasbro's New Robotic Cats Are "Companion Pets" for the Elderly, Mashable, http://mashable.com/2015/11/19/hasbro-companion-pets/#LeyFkdSBWuqn

(accessed 10/22/17) .

[14] Winkler, R. (2017), Elon Musk Launches Neuralink to Connect Brains with Computers, *Wall Street Journal* (March 27), https：//www.wsj.com/articles/elon-musk-launches-neuralink-to-connect-brains-with-computers1490642652 (accessed 10/22/17) .

[15] Masunga, S. (2017), Robots Could Take Over 38% of US Jobs Within About 15 Years, Report Says, *Los Angeles Times* (March 24), http：//www.latimes.com/business/la-fi-pwc-robotics-jobs-20170324-story.html (accessed 10/22/17) .

[16] Boston Dynamics (2017), Boston Dynamics：Changing Your Ideas About What Robots Can Do, https：//www.bostondynamics.com/robots (accessed 10/22/17) .

[17] Watson, M. (2014), Honda's ASIMO：The Penalty Taking, Bar Tending Robot, Auto Express video, https：//www.youtube.com/watch?v=QdQL11uWWcI (accessed 10/22/17) .

[18] Moon, M. (2015), Robear Is a Robot Bear that Can Care for the Elderly, https：//www.engadget.com/2015/02/26/robear-japan-caregiver (accessed 10/22/17) .

[19] Tollos (n.d.), Why Use a Ceiling Lift? http：//www.themedical.com/index.php/products/safe-patient-handling/electric-patient-ceiling-lifts/why-use-a-ceiling-lift (accessed 10/22/17) .

[20] 20 Consumer Affairs (2017), Compare Reviews for Walk-in Bathtubs, https：//www.consumeraffairs.com/homeowners/walk-in-bathtubs/# (accessed 10/22/17) .

[21] 21 Bowdler, N. (2014), Rise of the Human Exoskeletons, BBC News, http：//www.bbc.com/news/technology-26418358 (accessed 10/22/17) .

[22] Shirley Ryan Ability Lab (2017), Lokomat Gait Training, https：//www.sralab.org/services/lokomat (accessed10/22/17) .

[23] MIT Manus Robotic Rehabilitation Project (2012), https：//www.youtube.com/watch?v=EN5_24biEWU (accessed 10/22/17) .

[24] Honda (2017), Walking Assist：Supporting People with Weakened Leg Muscles to Walk, http：//world.honda.com/Walking-Assist (accessed 10/22/17) .

[25] AXOSUIT (2017), Welcome to Axo Suit, http：//www.axo-suit.eu (accessed 10/22/17) .

[26] Easier Living：Everyday Independence (2017), Cushioned Clothing, http：//www.easierliving.com/cushioned-clothing/default.aspx (accessed 10/22/17) .

[27] Queen Elizabeth Prize for Engineering (2017), Armourgel：Reducing the Danger of Falls Through Smart Materials, http：qeprize.org/createthefuture/armourgel-reducing-danger-falls-smart-materials (accessed 10/23/17) .

[28] Amigo (2017), Amigo TravelMate：Folding Travel POV/Scooter, http：//www.myamigo.com/support/customize/218-travelmate-5 (accessed 10/23/17) .

[29] SmartChair (2017), The World's Best Innovative Electric Chair, https：//kdsmartchair.com (accessed 10/23/17) .

[30] Ogo Technology (2017), Grab Life by the Wheels, https：//ogotechnology.wordpress.com/page/2 (accessed 10/22/17) .

[31] Williams, R.W. (2017), How Virtual Reality Helps Older People, Next Avenue, https：//www.forbes.com/sites/nextavenue/2017/03/14/how-virtual-reality-helps-older adults/#339e071c44e2 (accessed 10/22/17) .

[32] Cole, D. (2013), Repairing and Replacing Body Parts, What's Next? *National Geographic*, http：//news.nationalgeographic.com/news/2012/13/130415-replacement-body-parts-longevity-medicine-health-science/, (accessed 10/22/17) .

[33] Pinchas, P. (2014), Personalized Aging：One Size Doesn't Fit All, in *The Upside of Aging：How Long Life Is Changing the World of Health, Work, Innovation, Policy and Purpose* (ed. P. Irving), John Wiley & Sons, Hoboken, NJ.

[34] Lewis-Hall, F. (2014), The Bold New World of Healthy Aging, in *The Upside of Aging：How Long Life Is Changing the World of Health, Work, Innovation, Policy and Purpose* (ed. P. Irving), John Wiley & Sons, Hoboken NJ.

第12章
核心主题、借鉴与结论

美国和世界将经历更加深度的人口老化过程

- 随着人类寿命的增加和生育率的降低，未来将有更多85岁以上、95岁以上和100岁以上的老年人群。
- 越来越多的拉丁裔老人可能会把我们有关养老的想法从入住养老机构转向家庭护理。机构或社区护理的新模式可能会更好地融入家庭。
- 世界上高龄老人数量的增加将主要来自"欠发达"国家。
- 受独生子女时代出生儿童数量不足的影响，未来20年中国将成为世界上人口老龄化速度最快的国家。印度的情况则与日本相仿，这将影响我们对长期照护模式的理解。
- 新一代老年人们会更健康还是更脆弱？他们的健康寿命与预期寿命分别是怎样的？
- 我们会经历更多"疾病压缩"的情况吗？（也就是说，临终的人群会更健康、更活跃吗？）
- 老年人口中的失能人数近年来一直在下降，但肥胖是否会增加慢性损伤并缩短寿命呢？

需要更加完善的家庭照护模式和更加综合的健康照护模式

- 我们怎样才能最有效地通过居家上门服务为居住在独立或专门住宅中的老年人提供帮助？
- 美国应有更多像北欧那样的家庭护理支持模式，以帮助老年人尽可能长时间地在独立住宅中居住。
- 在医疗补助和医疗保险的双重支持下，老年人全面照护项目和居家照护项目得以帮助低收入老弱人群在家接受药物治疗、锻炼、社会支持和牙科保健。将家庭护理与每周2~3次的日间照料访问相结合能够有效监测老年人的健康和慢病状况。老年人全面照护类的项目强调日常护理和健康维持，而不是诊断急症和寻求虚幻的治愈。
- 像老年人全面照护这样提供全面评估和支持的项目，应该对那些因收入原因没有资格享受医疗补助的人按比例给予补贴。
- "原居安老"往往意味着在孤立状态下老去，导致孤独和抑郁。居住在类似于生命公寓那样提供服务的独立住宅中，能够为老年人进行社会交流、发展友谊和相互帮助提供有意义的机会。

- 老年人不适合居住在郊区的二层老房子当中。即使需要搬家，也应考虑选择具有支持性的无障碍住宅。

入住协助生活设施是一个可行的选择，但在美国具有一定的局限性

- 协助生活设施是专业护理设施的改进版，入住这类设施可以推迟或避免入住养老机构。
- 即使是最好的协助生活设施，在某种程度上也是机构化的。护理人员能够进入你的房间，持续监视你的日常生活。
- 虽然入住协助生活设施的价格要低于入住专业护理设施，但依然超出了很多人的支付能力，并且很少能够得到补贴。
- 由于协助生活设施提供了包括膳食、个人护理等在内的许多服务项目，入住老人可能会出现被"过度护理"的情况，并可能失去为自己做事的主动性。
- 协助生活设施有益的方面在于能够举办社会项目供入住者参与，为增进友谊创造机会。
- 与北欧不同，美国许多州限制了协助生活设施中提供的医疗服务数量。服务商通常无法提供诸如包扎伤口、注射胰岛素或监控设备等直接医疗援助。如果入住者需要这种类型的帮助，他们必须搬去和亲戚一起住，或入住护理院。
- 社区中的小型居住组团也是个可选项，但这类设施可能不会像大型协助生活设施那样具备专业化的管理。

生命公寓模式在独立住房中提供了个人和医疗照护服务

- 这种荷兰的老年居住建筑类型将独立的

年龄限制住房与通过家庭护理供应系统提供的医疗和个人护理结合了起来。
- 基本理念是为老年居民提供支持性服务，让他们在自己的独立单元中实现原居安老，走到生命的尽头。这样可以避免在最后一刻搬入协助生活设施、专业护理机构或临终关怀设施。
- 生命公寓模型基于现代的照护理念，这种理念认为健康照护服务可以在你自己的独立居住单元当中进行，而不需要搬入机构化的环境当中。在通信技术的辅助之下，老年人可根据需求呼叫或安排家庭健康、个人护理和紧急救助服务。
- 那些精神严重错乱、无法安全维持独立生活的居民是个例外。他们会被鼓励入住生命公寓设施或与之相邻的小型居住组团（每个组团居住 6~12 名居民）。利用成人日间照料服务，存在认知障碍的生命公寓入住老人能够在他们的独立单元中居住更长一段时间。
- 生命公寓的理念是鼓励社会互动和积极的生活方式，并在需要时能够获取到服务。鼓励居民为自己做尽可能多的事情，并通过志愿服务帮助他人。
- 生命公寓是非常社会化的环境，它利用公共空间和餐厅空间来培养新的友谊和非正式的帮助关系。他们还邀请家人和朋友成为居民日常生活的一部分。
- 生命公寓是一种与美国的持续照料退休社区或生命计划社区相类似的模式。唯一的区别在于，当居民身体虚弱时不需要搬离他们的居室。同时，建筑面向周边社区的居民开放，为他们提供成人日间照料和居家照料服务。
- 生命公寓的基本单元是公寓或分契式公寓。公寓的面积一般较小，从 700~1000 平方英尺（约合 65~93m²）不等。这些

居室比协助生活设施或护理院当中的居室要大，并且允许居民在自己的周围摆放有意义的家具和能够唤起记忆的物件。在面积更大的居室中，居民还可以设置附加的设备，并提供访客过夜的空间。

■ 在美国，生命公寓式的建筑具有很大的实施潜力，应该得到更加广泛的应用。相比于协助生活设施，生命公寓的价格可以设置得更低，因为可以将居民力所能及的工作当作志愿服务内容供他们完成。

即使存在其他选择，面向身心障碍人群的小型居住组团仍将继续存在

■ 虽然北欧的政策制定者已经尝试阻止护理院的增长，但是这种建筑类型对于那些被诊断为认知症或身体特别虚弱的人群而言是非常必要的。

■ 北欧的长期照护机构早在 40 年前就采用了小型组团式（每个组团少于 12 人）的环境设计。通常情况下，设施会由 5~7 个设置在不同建筑中或分布在同一建筑不同楼层中的组团构成。每个组团被视为一个独立自主的居家环境。

■ 与传统的护理院相比，去中心化的小型组团式居住环境更为有效。绿屋养老院是美国基于这一标准的设计样例。在城市中的实例则采用设置有共享多功能活动空间的小型居住组团。

■ 在过去的 15 年中，仅建成了 2500 个绿屋养老院，这根本不足以满足未来的需求。

■ 北欧典型的护理院采用的都是单人间，丹麦护理院居室的平均面积为每间 400~500 平方英尺（约合 37~46m²），允许老年人携带自己的家具和个人物品。

居室中通常设有一张床、一组起居室家具和一张小桌，有些还设有可供入住者接触自然的阳台或露台。

美国现存的大多数护理院质量都很差，需要逐步淘汰或升级

■ 美国许多传统护理院的建造质量都比较差。这些建筑平均建成于 36 年前，通常是按照机构类建筑的标准建造的，墙面粉刷涂料。在北欧，护理院大多由企业所有，并且相应的花销是由私人支付的保险项目承担的。公民的自尊心倡导现代化和不断进步。

■ 在美国，护理氛围同样存在问题。大多数设施由医疗补贴支持，运营商反映这些补贴过低，不足以提升服务品质。

■ 受到竞争不足、消费者预期较低等因素的影响，护理院的改进动力不足。在第二次世界大战之后，美国和北欧的护理服务是可以相提并论的。但在过去的 70 年间，北欧通过扩大居室面积、采用单人间和去中心化的小型居住组团稳步提升了护理院的质量。

■ 美国的机构常常由于其机构化的特征和死气沉沉、令人压抑的样子而被比作监狱。很少根据居住者的需求和偏好考虑每天的活动安排。而在北欧的护理院中订制化服务是通用标准。

■ 除了毫无精神的外观，美国大多数护理院都采用面积较小、共用卫浴的双人间。没有足够的空间存放个人家具，因此居住者只能在墙上悬挂照片或艺术品。就连小饰品通常也很难找到安放之处。大多数洗浴活动发生在机构化的大型公共浴室当中。为了保证护理站到每个居室的距离最小化，常常采用双面布置房间的走廊形式。为了降低成本，通常仅在

一个单独的人餐厅中提供餐饮服务，所有的居住者都在那里用餐。

- 大多数建筑会避免使用地毯，但是地面通常较为坚硬会产生噪声，甚至在夜间也是如此。暖通空调系统质量较差，并且很少采用最新的通风技术以排出室内的异味。

- 微薄的营业利润使得护理人员几乎没有时间进行社交活动。美国的护理院通常并非员工满意快乐的场所。大多数工作人员缺乏关爱和补偿。每年的人员周转率高达100%。因此，居住者很少被指定专门的照护人员，这使得通常情况下护理人员对老年人的经历、兴趣和偏好毫无了解。

- 大多数居住者的家人会定期前来探望，有些每天都会来。但是护理院的物理环境似乎并不欢迎这样的探望。员工们会把居住者的亲朋好友更多看作额外的负担而非他们所欢迎的客人。

- 护士助理的工作需要体力劳动，而居住者通常是不配合、困惑或喜怒无常的。如今身材肥胖的居民比较多，行动不便，常常需要两个人抬。欧洲经常使用便携式或固定式升降机，但这在美国却非常少见。美国的护理人员经常在工作中发生背部受伤的情况，这可能导致残疾。

- 老年人在护理院中的平均居住时间为18~30个月，因此并非临时居住。不过，即便是居住时间更短的临终关怀设施也会进行更好的居住环境设计。

- 虽然护理院的外观和特性都较为负面，但它们的价格还是很高，如果你没有资格享受医疗补助的话，费用则更高。入住护理院的市场价格因地区而异，但2015年单人间的平均价格为每天250美元。

我们应当如何帮助认知症患者过上更加满意、更有意义的生活？

- 存在严重认知障碍的人群是最容易受到伤害的老年人群。即使有良好的家庭支持，随着疾病的发展，让他们在家中生活也将成为挑战。对于那些情况最严重的人群而言，护理院往往是最后的选择。

- 我们需要建立为认知症患者提供更加人性化护理服务的模式。面积更大的居室、训练有素的护理人员、小规模的居住组团、与户外环境的密切联系、家庭友好的经营理念都非常重要。像霍格韦克认知症社区（12：166）和绿屋养老院那样的小型居住组团是值得复制的创新模型。

- 认知症患者的寿命因人而异，由于他们认知能力的减弱是一个渐进的过程，因此他们最长还可以生存10年。目前药物只能在初始阶段延缓疾病的发展进程，并且有时会以损害器官作为代价。尽管通过药物和高科技干预措施可以对社区中早期阶段的认知症患者起到支持作用，但存在严重认知障碍的人群往往需要在安全的环境中接受大量的护理服务。虽然认知症的治疗已经取得了重大进展，但在可预见的未来还没有完全治愈的方法。尽早发现可能有助于控制疾病的发展，但今天大多数患者只是被建议尽可能保持精神和身体上的活跃。

- 这种疾病的发病机理是较为独特的，它取决于大脑是如何受到影响的。个体先前的行为特征也会起到一定的作用。了解疾病的发展状况可以为个体治疗和反应提供信息。

- 通过改进个人跟踪设备和转移呼叫程序，可以提高认知症患者的安全性、自主性和自由度。

- 许多疗法，如手部按摩等，侧重于即时提供感官的满足。在北欧，多感官疗法被用来帮助那些失去语言能力的人进行交流。

- 在过去 10 年里，北欧存在严重认知障碍的老年人比例出现了迅速的上升。因为那些患有严重认知障碍的人不能独自在家生活，所以他们必须与配偶、家庭成员一起生活，或入住护理院。

- 认知症是一个重大的公共卫生危机，需要政府共同努力来进行应对。在不久的将来，这种疾病将进一步影响美国和世界其他地区。

婴儿潮一代对高品质的长期护理服务抱有很高的期待，但购买力不足

- 在出生于 1946~1964 年间的婴儿潮一代中，每天有一万人成为 65 岁以上的老年人。随着年龄的增长，越来越多的人开始思考如何应对记忆减退，以及中风等急性病症。65 岁以上人群中大约 70% 将最终需要某种形式的长期照护服务。但不幸的是，许多人认为这个经常被提到的 70% 并不适用于他们。

- 1/3 的婴儿潮一代几乎没有为退休生活留下积蓄，更不用说长期护理了。对于女性老人来说尤其如此。她们不仅活得时间更长，当配偶去世、收入减少时，对整个家庭退休收入的依赖会让她们面临风险。此外，她们经常把钱花在对配偶的长期照顾上，导致自己在生命的最后时刻拥有的经济资源更少。

- 许多婴儿潮一代误认为，医疗保险或医疗补助项目能够支付他们所有的长期护理费用，或者认为未来很可能会这样做。婴儿潮一代对长期护理服务的质量有着不切实际的高期望，而且往往在获取方式和支付能力方面显得非常幼稚。最近反对扩大医疗保险补助范围的政治运动已经表明，未来扩大长期照护保险的覆盖面将是多么困难。

- 在未来 10 年，由医疗补助支持的护理院质量几乎没有希望得到显著的改善。国家和州一级有关部门并没有为改造或升级它们付出努力，因为这样做需要付出巨额的投资。将家人安置在护理院当中的婴儿潮一代对那里的情况非常了解，以至于会感到恐惧。

- 长期照护保险能够支付居家护理和入住护理院的费用。但是，在 65 岁以上的人群当中，只有不到 25% 的人能够享受到这种保护。

- 支持老年人居家养老的系统正在发展壮大。投资者看到了一个利用新型通信技术和小时工解决问题的机会。

- 婴儿潮一代中，有更高比例的人群选择延长工作时间、延迟退休，以弥补他们退休后收入不足或照护所需应急基金不足的问题。通常情况下，他们往往没有能力工作更长时间，许多人只能从事一些兼职低薪的工作。

- 许多人相信他们的家人会像前几代人一样在家中照顾他们。然而，子女"上有老、下有小"的状况，以及家庭定居模式的分散化，使得做到这一点变得愈发困难。生育率的降低导致子女数量的减少，使得更多没有近亲的老年人会居住在护理院中。

- 长期照护首先最可能发生在家中，由家庭护理机构提供帮助。但是，随着婴儿潮一代年龄的增长，他们将需要更多的帮助，或者有更多的护理需求，他们可能会发现有必要依赖于护理院。如果他们被诊断为认知症则更是如此。

增进友谊、扩大影响力能够让生活更幸福

■ 高龄老人的社交圈子往往比较受限，因为他们比他们的朋友更为长寿。

■ 让护理院成为一个快乐的地方非常重要。专门为年轻老人设计的独立住宅，以创造与兴趣相投的活跃居民共同生活的社会环境而闻名。

■ 像生命公寓那样乐观的住房和服务模式强调让生活变得尽可能充实。

■ 临终关怀或姑息护理的环境通常比护理院要好，因为它们强调要以一种积极快乐的生活状态度过生命的最后几天、几周或几个月。

■ 强调艺术、教育和代际交流的项目也能培养积极的情感。

■ 狗、猫、宠物、植物和孩子可以创造积极、独特和难忘的经历。这些功能最先由伊甸园模式所使用，是为护理院环境增添活力和欢乐的有效手段。

■ 让家人和朋友感到受欢迎能够鼓励他们前来探望，并继续作为居住者生活中的一部分。老年人，尤其是那些居住在机构当中的老年人，经常因为抑郁、不开心或沮丧而将情绪表现出来。为了应对这种情况，护理人员通常依赖化学手段来抑制不良行为，而代价是让入住者混乱或失去反应。

技术的进步会带来怎样的改变？

■ 人工智能技术的进步可以让未来的社交机器人成为珍贵的伴侣。可根据个人的兴趣爱好和有益的结果导向信息对设备进行编程。这种技术将在 5~7 年内得到广泛应用。

■ 实验性的初级机器人技术和人工智能技术可通过引导轻度认知障碍患者远离危险并参与锻炼活动来帮助他们。

■ 能够帮助老年人完成作业任务的机器人设备至少还需 10 年或更长时间才能研发出来。它们最先可用于减轻家属或护理人员运送失能老人的体力负担。

■ 自动驾驶汽车可用于解决农村和低密度郊区等交通极度不便环境下的出行问题。这项正在研发当中的技术将在 5~7 年内得到广泛应用。它们的出现还将大幅改善一切环境之下的可达性、安全性和机动性。

■ 可穿戴设备将继续用于监测健康状况、提高行走安全性和预防跌倒等方面。

■ 提升个人护理协助、应急响应和咨询（训练）等服务的可及性，将减轻在地养老的负担。通过可感知或预测问题的设备取代全天候的人工监控，这将使年龄限制住房或居家养老生活变得更容易、更安全。

■ 替换器官和身体部位可能会通过升级功能衰竭的胰腺或替换骨骼和肺部组织帮助人们延长寿命。甚至人体的自我校正能力也将很快被运用到如 CRISPR 技术一类的 DNA 编辑协议中。

■ 新技术的出现将解决人口老龄化带来的问题，重塑对未来的设想，并很可能给每个人带来新的挑战。

强调锻炼和与室外空间的联系

■ 对于那些想要健康长寿的人来说，锻炼仍然是神奇的长生不老药。研究显示，所有形式的锻炼都有价值，包括肌肉力量训练、四肢伸展运动，以及一些有氧运动都是鼓励老年人采用的养生法。

■ 北欧人（尤其是丹麦人）非常鼓励运动

疗法。大多数欧洲的服务性住房都将传统锻炼与物理疗法结合起来。此外，当老年人变得虚弱时，力量训练和有氧运动经常会被作为补充计划。在丹麦人看来，他们有义务保持健康和独立。

■ 可穿戴设备的使用不但有助于提高散步和运动锻炼的目标，还可以促进与家人、朋友之间的友好竞争。

■ 许多护理院不鼓励入住老人步行去餐厅，而是选择让他们乘坐轮椅，以节省时间。这种目光短浅的想法会逐渐侵蚀老年人的能力和自主性。

■ 置身于户外可以产生一种平静的反应，减少焦虑和抑郁。从室内可以看到的户外空间能够鼓励入住者去探索花园和步行路径。这对认知症患者尤有帮助，因为对于认知症患者而言，锻炼和户外活动能够减轻压力，提升放松效果，鼓励进行运动。

■ 落地窗能够将室内外空间联系起来。视线和流线可达的露台空间可增加对户外空间的利用。

在城市和邻里范围内更加综合的做法

■ "老年友好城市"项目通过建立更加具有支持性的城市基础设施，帮助身体虚弱的老年人独立生活。这是帮助城市老年人口健康长寿的最佳整体策略之一。

■ 项目聚焦有利于老年人及其他年龄群体的8个主题。例如，使街道交通更加通畅、更具引导性，能够为全年龄段人群创造更加安全的步行环境。

■ 这种方法利用老年志愿者的力量，倡导建设一个更好、更具可达性的城市。它以利用现有资源为中心，为家庭和老年人创造更好的城市环境。

■ 社区中老年人的活动包括体育课、图书馆项目和当地社区大学课程等。公园经常提供很好的活动和锻炼的机会。

■ 一些类似于"村庄"运动中实施的项目，雇佣志愿者来支持老年人实现原居安老。

■ 老年友好社区的调查显示，针对老年人的项目很少关注科技、公共卫生、智力激发和社交媒体。

■ 来自于共同居住等模式的友谊和非正式援助关系可以鼓励人们互相帮助。

结论

人们总是忍不住想知道我们20~25年后会在哪里。到2040年我就93岁了，如果我还活着，我很可能会生活在这本书所描述的困境当中。

在过去的30多年里，我一直在撰写这一领域的文章，而我研究国内外人口老龄化和相关住房问题已有45个年头了。我经历了传统护理院的变迁，经历了协助生活设施作为一种替代品的出现，以及护理院组团化设计的发展。

我目睹了认知症患者数量的增长，也感受到了我身边那些致力于寻找一种巧妙治疗方法的科学家同事们的沮丧。我还看到，欧洲的相关体系在保持身体虚弱老人生活的独立性方面做得非常出色，而他们的护理设施中居住的全都是患有认知症的老年人。随着老年人全面照护项目（我从在地原型开始就已经了解了这个项目）的出现，我也看到了一些尝试将居住和服务创造性地结合在一起的新项目。随着美国老龄人口规模和平均年龄的增长，我们显然需要谨慎而迅速地找出帮助每个人保持独立生活的更好的解决办法。

长期照护一直在重新进行自我定义，更多的家庭护理方式似乎是不可避免和合乎逻辑的，在新技术普及的背景下更是如此。我希望这些替代方案能在美国迅速发展起来。以协助生活等为代表的替代方式显然是针对老年人中较为富裕的群体。他们零敲碎打的做法使医疗护理受到了局限，是目光短浅的做法。北欧的护理院设有由更大单人居室组成的小型居住组团。相比于美国，它们成功地在更好的环境中提供了更多私人化的、高质量的医疗服务。

虽然进展缓慢，但我们有值得倡导的模式，也有值得推广的方法。我们需要一个对更美好未来的承诺。复制北欧的成功模式将是一个很好的开端——例如生命公寓模式。我们需要投入更多的资源，需要更好、更加经济适用的居住环境，并提高我们对以人性化方式提供医疗服务的期待值。

地平线上肯定有乌云。如果老年人数量以预期的速度增长，我们当前的系统将不堪重负。我们看到，中国正在努力通过建立更大、更独立的机构，而非重建一个新的基于家庭的照护体系来解决这一问题。我们也看到，拥有最高质量系统的北欧国家，正努力减少对资源的依赖。欧洲人如何解决当前问题，也将为美国指明方向。如今，欧洲65岁以上人口的比例高于美国。然而，美国的人口老龄化进程正稳步朝着它们的方向发展，到2040年将接近它们的水平。

我怀着乐观和不安的心情展望未来，并希望我在本书中讨论的一些内容将有助于促进我们有关下一步对策的讨论。

附录
名词中外对照表

人名

英文名	中文名	备注
Alvar Aalto	阿尔瓦·阿尔托	芬兰建筑大师
Antonio Carvalho	安东尼奥·卡瓦略	葡萄牙学者
Atul Gawande	阿图尔·加万德	公共卫生领域学者
Bill Thomas	比尔·托马斯	绿屋养老院模式创始人
Bradford Perkins	布拉德福德·珀金斯	珀金斯-伊士曼建筑师事务所董事长兼首席执行官
Craig Zimring	克雷格·齐姆林	学者
Dan Carson	丹·卡森	*Spatial Behavior in Older People* 的编者之一
Elon Musk	埃隆·马斯克	著名企业家
Frank Lloyd Wright	弗兰克·劳埃德·赖特	美国建筑大师
Hans Becker	汉斯·贝克	荷兰"生命公寓"创始人
J. David Hoglund	丁·大卫·霍格伦	珀金斯-伊士曼建筑师事务所总裁兼首席运营官
Jacques Smit	雅克·斯密特	摄影家
John Rowe	约翰·罗	老年学家
John Zeisel	约翰·蔡塞尔	*I'm Still Here：A New Philosophy of Alzheimer's Care* 的作者
Jon Pynoos	乔恩·皮诺斯	伦纳德·戴维斯老年学院教授
Leon A Pastalan	利昂·帕斯塔兰	*Spatial Behavior in Older People* 的编者之一
Maribeth Bersani	玛丽贝丝·贝尔萨尼	美国养老行业联合会（Argentum）首席运营官
Pinchas Cohen	平奇斯·科恩	美国南加州大学老年学研究中心主任 伦纳德·戴维斯老年学院院长
Powell Lawton	鲍威尔·劳顿	著名老年学学者
Qingyun Ma	马清运	美国南加州大学建筑学院原院长

英文名	中文名	备注
Richard Neutra	理查德·诺伊特拉	奥地利裔美国建筑师
Robert Kahn	罗伯特·康	计算机科学家
Roger Ulrich	罗杰·乌尔里克	学者
Rudolph Steiner	鲁道夫·斯坦纳	奥地利哲学家、人智学创始人
Sandra Howell	桑德拉·豪厄尔	外科医师
Santiago Calatrava	圣地亚哥·卡拉特拉瓦	西班牙建筑大师
Stephen Kellert	斯蒂芬·凯勒特	社会学家
Victor Regnier	维克托·雷尼尔	美国南加州大学建筑学院和老年学院教授、本书作者
William Thomas	威廉姆·托马斯	学者

养老建筑案例名称

外文名	中文名	所在地	备注
Ærtebjerghaven	艾特比约哈文养老设施	丹麦 欧登塞	案例 13
Akropolis AFL	阿克罗波利斯生命公寓	荷兰 鹿特丹	
Captain Eldridge Congregate House	埃尔德里奇船长集合住宅	美国 马萨诸塞州 海安尼斯	
De Kristal（Crystal）	德克里斯塔尔养老公寓	荷兰 鹿特丹	案例 6
De Plussenburgh	德普卢斯普伦堡养老公寓	荷兰 鹿特丹	案例 5
Egebakken Co-Housing	艾厄巴尔肯共同居住项目	丹麦 诺贝多	案例 19
Evergreen Villas	常青别墅	美国 加利福尼亚州 埃尔卡洪	
Herluf Trolle	赫卢夫 - 特罗勒养老设施	丹麦 欧登塞	案例 14
Hofje for Widows of the Merchant Marine	荷兰霍夫商船队遗孀住宅	荷兰 哈勒姆	
Hogeweyk Dementia Village	霍格韦克认知症社区	荷兰 韦斯普	案例 12
Holmegårdsparken Nursing Center	霍尔梅高斯帕尔肯护理中心	丹麦 查路塔伦德	
Humanitas Bergweg	贝赫韦格生命公寓	荷兰 鹿特丹	案例 1
Humanitas Deventer	代芬特尔生命公寓	荷兰 代芬特尔	
Irismarken Nursing Center	伊丽丝马尔肯护理中心	丹麦 维鲁姆	案例 17

外文名	中文名	所在地	备注
La Valance	拉瓦朗斯养老公寓	荷兰 马斯特里赫特	案例 3
Lennar Homes	莱纳尔之家	美国 加利福尼亚州 橘郡	
Leonard Florence Center for Living	伦纳德－弗洛伦斯生活中心	美国 马萨诸塞州 切尔西	案例 10
Mount San Antonio Gardens Green House	圣安东尼奥山花园绿屋养老院	美国 加利福尼亚州 克莱蒙特	案例 9
Musholm Bugt Feriecenter	穆首姆海湾度假中心	丹麦 科瑟	案例 21
Neptuna	内普图纳养老公寓	瑞典 马尔默	案例 4
NewBridge on the Charles	查尔斯新桥养老项目	美国 马萨诸塞州 戴德姆 查尔斯	案例 8
Pardee Homes	帕迪家园	美国 加利福尼亚州 帕萨迪纳	
Park La Brea towers	拉布瑞亚公园塔楼	美国 加利福尼亚州 洛杉矶	
Penn South	佩恩南社区	美国 纽约州 纽约	
Rundgraafpark	伦德格拉夫帕尔克养老公寓	荷兰 费尔德霍芬	案例 2
Sunrise of Beverly Hills Dementia Cluster	比佛利山黎明认知症照护组团	美国 加利福尼亚州 比佛利山	案例 18
The New Jewish Lifecare Manhattan Living Center	新犹太人生活照护组织曼哈顿生活中心	美国 纽约州 曼哈顿	案例 11
Ulrika Eleonora Service House	乌尔丽卡－埃莉奥诺拉服务型住宅	芬兰 卢万萨	案例 16
Vigs Ängar Assisted Living	维斯－恩格尔协助生活设施	瑞典 河平杰弗洛	案例 15
Virranranta Service House	维兰兰塔服务型住宅	芬兰 基里韦西	
Willson Hospice	威尔森临终关怀设施	美国 乔治亚州 奥尔巴尼	案例 20
Woodlands Condo for Life Prototype	伍德兰兹生命公寓原型	美国 德克萨斯州 伍德兰兹	案例 7

实践项目名称

英文原文	中文释义
Age-Friendly City	老年友好城市
Beacon Hill Village（BHV）	比肯山庄

英文原文	中文释义
Capital Hill Village（CHV）	国会山庄
Community-Based Care Systems（CBCS）	基于社区的照护体系
Eden Alternative	伊甸园（非营利组织名称，致力于创造高质量的照护环境）
Geriatric Career Development Program（GCDP）	老年人事业发展项目
Home Modification Programs	家庭改造项目
LA Care Health Plan	洛杉矶护理健康计划
LTC and Support Services（LTCSS）	长期照护支持服务项目
NORC Supportive Service Program（NORC-SSP）	自然形成的退休社区支持服务项目
Program of All-inclusive Care for the Elderly（PACE）	老年人全面照护项目
Safe Streets for Seniors	老年安全街道
Village to Village Network（VtVN）	村对村网络
Waiver Programs（Home- and Community-Based Services）	豁免项目（基于家庭和社区的照护服务）

建筑专业名词

英文原文	中文释义
Accessibility	可及性；可达性
Accessory Dwelling Unit（ADU）	附属居住单元
Adaptability	适应性；可变性
Adult Day Care	成人日间照料（设施）
Anthroposophic Architecture	人智学建筑
Apartment for Life（AFL）	生命公寓
Assisted living（AL）	协助生活（设施）
Atrium	中庭
Co-housing	共同居住住宅
Condominium/Condo	分契式公寓
Continuing Care Retirement Community（CCRC）	持续照料退休社区
Courtyards	庭院
Dwelling Units	居室；居住单元
End-of-life Care	临终关怀（设施）

英文原文	中文释义
"Figure eight" or Looped Pathways	8 字或环形散步道
Green House	绿屋养老院（模式）
Group Home	团体之家
Group Living Cluster	小型组团居住设施
Health Clinic	保健诊所
Hospice	临终关怀（设施）
Housing with Services	服务型住宅
Interstitial Space Design	间隙空间设计
K-8	从幼儿园到八年级的学校
Lean-to Housing	伴生型公寓
Levensloopbestendige	[荷兰语] 终身公寓
Life Plan Communities（LPC）	生活计划社区
Lighting	照明
Long Term Care（LTC）	长期照护（设施）
Mobility	移动性
Naturally Occuring Retirement Community（NORC）	自然形成的退休社区
Nursing Home	护理院
Open Plan	自由平面
Osmund Plan	奥斯蒙平面
Physical and Occupational Therapy Facility	运动和作业治疗设施
Physical Environment	物理环境
Primary Path Design	主通道设计
Residential Care	居住照料（设施）
Retreat Space	休息空间
Skilled Nursing Facility（SNF）	专业护理设施
Small House	小屋（模式）
Enelosed Street	内街
Wintergardens and Greenhouse-type Spaces	冬季花园和温室类空间

科学技术名词

英文原文	中文释义
3D Printing Technology	3D 打印技术
Armourgel	智能盔胶（新型符合材料）
Artificial Intelligence（AI）	人工智能
Driverless Cars	无人驾驶汽车
Exoskeletons	外骨骼
Functional Electro-mechanical Robots	功能性机电机器人
Global Positioning System（GPS）	全球定位系统
Heating，Ventilation and Air Conditioning（HVAC）	暖通空调
Personal Response Systems（PERS）	个人紧急呼叫系统
Protective Clothing	防护服
Radio Frequency Identification（RIFD）	无线射频识别技术
Replaceable Body Parts	可替换的身体部件
Rideshare Companies	共享汽车公司
Scooter	代步车
Service Delivery System	服务配送系统
Social Robots	社交机器人
Sound Transmission Class 50（STC50）	美国隔声等级
Transfer and Lifting Devices	运输和提升设备
Universal Design（UD）	通用设计
Virtual Reality（VR）	虚拟现实技术
Wearable Devices	可穿戴设备

社会组织名称

英文原文	中文释义
America Association of Long-Term Care Insurance	美国长期照护保险协会
America Association of Retired Persons（AARP）	美国退休人员协会
American Institute of Architects（AIA）	美国建筑师协会
American Institute of Certified Planners（AICP）	美国注册规划师协会

英文原文	中文释义
Argentvm（Assisted Living Federation of America）	美国养老行业联合会，前身为美国协助生活联合会
Humanitas Foundation	荷兰生命公寓基金会
Jewish Federations of North America（JFNA）	北美犹太人联合会
John Hartford Foundation	约翰·哈特福特基金会
Motion Picture & Television Fund（MPTF）	电视基金会
Muscular Dystrophy Association	肌肉萎缩组织
National Shared Housing Resource Center	全国共享住房资源中心
Retirement Research Foundation	退休研究基金会
Robert Wood Foundation	罗伯特·伍德基金会
The Gerontological Society of America（GSA）	美国老年学学会
Royal Architectural Institute of Canada（RAIC）	加拿大皇家建筑学会
The New Jewish Lifecare	新犹太人生活照护组织
World Health Organization（WHO）	世界卫生组织

老年学和医学专业名词

英文原文	中文释义
Activities of Daily Living（ADLs）	日常生活活动能力
Acute Disease	急性病
Age Friendly	老年友好
Aging in Place	原居安老
Alzheimer	阿尔茨海默病
Aroma Therapy	芳香疗法
Arthritis	关节炎
Asthma	哮喘
Autism	自闭症
Autonomy	自主性
Baby Boomer	婴儿潮时代出生的人
Balance Control	平衡控制
Biophilia	亲近自然

英文原文	中文释义
Bronchitis	支气管炎
Cancer	癌症
Cataracts	白内障
Certified Nursing Assistant（CNA）	注册护士助理
Chronic Disease	慢性病
Claustrophobia	幽闭恐惧症
Clinical Support Teams（CST）	临床支持团队
Clustered Regularly Interspaced Short Palindronic Repeats（CRISPR）	按规则间隔排列的短回文重复序列
Compression of Morbidity	疾病压缩理论
Convivium	美筵（形容家庭成员共享一餐的氛围）
Degenerative Disease	退行性疾病
Dementia	认知症
Depression	抑郁
Designated Caregiver	指定的照护者
Diabetes	糖尿病
Diabetic Retinopathy	糖尿病导致的视网膜病变
Dignity	尊严
DNA-based Medicines/Therapies	基因药物／基因疗法
Emphysema	肺气肿
Environmental Docility Hypothesis	环境顺从假说
Expansion of Morbidity	疾病扩张理论
Familiarity	熟悉度
Fertility	生育率
Fractures	骨折
Genetic Profile	基因图谱
Genomics	基因组学
Gero-psychologists	老年心理学家
Glaucoma	青光眼
Gout	痛风
Home Care System	家庭照护体系
Home Care-based Services	居家照护服务

英文原文	中文释义
Hypertension	高血压
Immersion Therapy	沉浸疗法
Immunosuppressant Drugs	免疫抑制剂
Incontinence	失禁
Independence	独立性
Individuality	个性
Infectious Disease	传染病
Injuries	伤病
Instrumental Activities of Daily Living（IADLs）	工具性日常生活活动能力
Labor Force Participation Rate	劳动力参与率
Learned Helplessness	习得性无助
Licensed Practical Nurse（LPN）	持照实习护士
Life Expectancy	预期寿命
Longevity	长寿
Long-Term Care Insurance	长期照护保险
Lou Gehrig's disease	葛雷克氏症（渐冻症）
Macular Degeneration	黄斑病变
Medicaid	医疗补助计划
Medicare	联邦医疗保险
Memory Loss	记忆减退
Mild Cognitive Impairment（MCI）	轻度认知障碍
Mortality Rates	死亡率
Multiple Sclerosis	多发性硬化症
Muscle Strength	肌力；肌肉强度
Music Therapy	音乐疗法
Neuropsychologist	神经心理学家
Non-Steroidal Anti-Inflammatory Drugs（NSAIDs）	非甾体抗炎药
Nurse Practitioner（NP）	护师
Nutrigenomics	营养基因学
Obese	肥胖
Occupational Therapist（OT）	作业疗法师

英文原文	中文释义
Op maat	[荷兰语]量身定制
Osteoarthritis	骨关节炎
Osteoporosis	骨质疏松
Parkinson	帕金森症
Personalization	个性化
Pharmacist	药剂师
Phobias	恐惧症
Physical Therapist（PT）	物理疗法师
Physician	医师
Podiatrist	足病医生
Post Traumatic Stress Disorder（PTSD）	创伤后应激障碍
Potential Support Ratio	潜在抚养比
Presbyosmia	嗅觉缺失症
Privacy	隐私
Purposeful Activity	有目的的活动
Registered Nurse（RN）	注册护士
Rheumatoid Arthritis	类风湿性关节炎
Sarcopenia	肌肉减少症
Seasonal Affective Disorder（SAD）	季节性情绪紊乱
Sedentary	久坐
Sensory Stimulation	感官刺激
Service Coordinator	服务协调员
Shahbaz	绿屋养老院中护理人员的别称，复数为 Shahbazim
Snoezelen Therapies	多感官治疗
Social Connection	社会联系
Social Workers	社工
Strength Capacity	力量；承载力
Stroke	中风
Supportiveness	支持性
Supra-personal Environment	超越个人的环境
Trading Ages Simulation Exercise	交换年龄的模拟练习

英文原文	中文释义
Traumatic Brain Injury	外伤性脑损伤
Triangulation	三角刺激
Turnover Rate	周转率
Type 2 Diabetes	II 型糖尿病
Universal Workers	全能型员工
Use It or Lose It	用进废退
Virtual Home Care	虚拟家庭照护
Withdrawal	戒断综合征
YES Culture	"是"文化

企业、品牌和产品名称

英文原文	中文释义
Advanced Step in Innovation Mobility（ASIMO）	阿西莫（日本本田公司研制的人形机器人）
Alexa	亚马逊语音助手名称（唤醒语）
Amazon	亚马逊（电商名）
Amigo	朋友（美国老年代步车品牌）
Domino's	达美乐（披萨外卖品牌）
Echo	亚马逊智能语音助手
OK Google	谷歌语音助手
Hasbro	孩之宝（美国著名玩具公司）
NEST	巢（智能家居设备品牌名称）
Next Gen House	下一代住宅（住宅产品名称）
PARO	帕罗（社交机器人）
Robear	照顾机器人
Segway	赛格威（电动代步车品牌）
Siri	苹果语音助手
SmartGen House	世代智慧住宅（住宅产品名称）
Spotify	声田（音乐平台名称）

致谢

在未来的 25 年里，当我们能够运用更先进的技术和远程支持手段，以更低的成本和风险为老年人提供更好的护理服务时，我们会震惊地发现，越来越多的老年人将会从护理院搬回到独立住房中居住。

——维克托·雷尼尔

这本书受到了许多个人和专业经验的影响。多年来我一直在思考这样一个问题，那就是如何通过提供更好的住房和服务来帮助年老体弱的人们保持独立。这是一个复杂的问题，因为现有的许多模式都不够完善，并且似乎很难发明一种让每个人都受益的体系。我的许多想法来自北欧，在我心目中，这是最全面、最富同情心，也最接近理想状态的解决方案。

然而，居住这件事情是复杂且高度个人化的——就像老年人一样，没有放之四海而皆准的解决方案，尤其是我们处于一个寿命延长、同龄人增多、年轻人减少的年代。为了更好地理解这个问题，我与许多人进行了大量的交流——他们中有老年人，也有年轻人。以下是一些帮助我、启发我的最重要的人们。

感谢南加州大学和建筑学院给予我时间来撰写和汇编这部作品。感谢原南加州大学建筑学院院长马清运（Qingyun Ma）和副院长盖尔·博登（Gail Borden，现于休斯敦大学任教）。我在南加州大学有很多很好的朋友和同事，他们都很支持我，而且乐于提供帮助。我是在葡萄牙里斯本的富布赖特（Fulbright）开始写这本书的，在那里我体验到了北欧和南欧在为弱者提供住房方面的主要差异。我在里斯本富布赖特的赞助人安东尼奥·卡瓦略（Antonio Carvalho）是这一领域的学者，他帮助我了解了南欧地区家庭结构在支持社区老年人方面所发挥的作用。特别感谢威立（Wiley，学术图书出版商）的海伦·卡斯尔（Helen Castle），她看到了这个主题的前景，并为我提供了写作的机会。

我的家人对我来说非常重要。我的妻子，我生命中的挚爱朱迪·贡达和我的女儿珍妮弗、希瑟一直耐心地陪伴我、支持我。随着我的女儿们越来越成熟，她们已成为我重要的试金石，给予我坦率并且有见地的评论。在我们努力帮助自己的父母时，兄弟姐妹们之间变得更为紧密了，陪伴父母的最后几年让我对这个话题有了更加现实的思考。

美国建筑师协会会员大卫·霍格伦（David Hoglund）与我进行了多次讨论和互动，他几乎翻遍了这本书的每一页，阅读了每一个字。每次与大卫讨论时我都能学到新的东西。我以前的研究生邬极在这本书编写的过程中给予了我极大的帮助，为全书制作了插图。她是一名优秀的学生，并且已经成为一名崭露头角的专业人士。阿什莉·曼格斯（Ashley Mangus）后来以研究生助教的身份加入了我们，她细致地阅读了手稿草稿，提出了编辑建议，使内容表达更加清晰明确。

我所遇到的许多人，以及在参观许多建筑时所进行的讨论，帮助我收集了本书中分享的大量数据和数百张照片。在旅行中，欧洲的朋友和同事为我提供了食宿，带我考察了那些最值得参观的建筑，并就那些我们有待解决的问题发表了深刻的见解。在这方面，雅克·斯米特（Jacques Smit）给了我很大的支持，并陪同我前往荷兰参观了当地的建筑。感谢建筑设计公司和设施设备厂商同意让我使用他们的建筑图纸和照片，这使得相关内容变得更容易想象和理解。

我在建筑学院教授工作营和研讨班时，那里的学生总是积极提问。在过去的几年里，生命公寓这一建筑类型是最受欢迎的工作营主题，我有幸能够看到几十个学生创建自己版本的生命公寓。在此特别感谢沈卓君（音译）帮助组织了之前的两本工作营作品集（亚马逊有售）。感谢迈克尔和米亚·莱勒（Mia Lehrer）为工作营辛勤地付出，分享他们对建筑和景观的敏锐见解。此外，指导这些工作营的还有数十位顾问和建筑评论家，他们帮助我思考了在美国的环境下老年建筑该如何转型的问题。

我的朋友汤姆·萨夫兰（Tom Safran）在观点、情感和经济方面为本书提供了支持。他致力于研究可支付的老年住房，并学习如何帮助居民保持幸福、健康和独立。

我同时供职于南加州大学安德勒斯老年学中心，在那里有很多像乔恩·皮诺斯（Jon Pynoos）这样支持我的同事们。菲比·利比希（Phoebe Liebig）为我的一份早期草稿进行了仔细而彻底的审查。此外，艾琳·克里门斯（Eileen Crimmens）和她的助手通读了有关人口统计的章节，核对了统计数据和发展趋势。

我在威立的编辑维什努·纳拉亚宁（Vishnu Narayanen）和库穆德哈瓦利·纳拉辛汉（Kumudhavalli Narasimhan），以及他们在美国的同事卡利·舒尔泰（Kalli Schultea）、玛格丽特·卡明斯（Margaret Cummins）耐心地帮助我完成了出版过程。特别感谢我的威立文案编辑埃米·汉迪（Amy Handy），她在截稿前对稿件发表了深思熟虑的评论。

其他花时间与我讨论问题的人们还包括克伦·布朗·威尔逊（Keren Brown Wilson）、鲍勃·纽科默（Bob Newcomer）、鲍勃·凯恩（Bob Kane）和玛丽贝丝·贝尔萨尼（Maribeth Bersani）。正如阿图尔·加万德所写的那样，比尔·托马斯（Bill Thomas）创建小规模组团居住模型"绿屋养老院"的工作非常鼓舞人心。我希望这本书能让建筑师们更多地思考他们对老年人健康所肩负的责任，就像加万德的书影响医生们思考住房的重要性一样。

我是一个幸运的人，受到了许多伟大同事的指导和影响，包括鲍威尔·劳顿、吉姆·比伦（Jim Birren）和鲍勃·哈里斯（Bob Harris）。他们3个都是我一生的支持者，鼓励我迈出每一步。生命公寓建筑原型的创建者汉斯·贝克先生，是我灵感和知识的主要来源。他鼓励我们以一种更加独立和快乐的方式认识弱势群体的居住问题。

多年来，还有其他很多具有影响力的同事，向我介绍了许多与本书所讨论的问题有关的具体内容。他们包括 David Allison、Jonas Andersson、Hans van Beek、Betsy Brawley、Margaret Calkins、Martha Child、Gary Coates、Hassy Cohen、Uriel Cohen、Jodi Cohn、Harley Cook、Neal Cutler、Alexis Denton、Frank DiMella、Dick Eribes、Len Fishmen、Steve Golant、Armando Gonzalez、Tom Grape、Chuck Heath、Maria Henke、Brian Hofland、Lillemor Husberg、Hakan Jossefsso、Hal Kendig、Paul and Terry Klaassen、Emi Kiyota、Heli Kotilanen、Chuck Lagreco、Claire Cooper Marcus、John Mutlow、Doug Noble、Jorma Ohman、Julie Overton、Susanne Palsig、John Paulsson、Brad Perkins、Joyce Polhamus、Eka Rehardjo、Susan Rodiek、Graham Rowles、

Rick Scheidt、Benyamin Schwartz、Judith Sheine、Susanna Siepel-Coates、Billy Shields、Jim Steele、Rob Steinberg、Edward Steinfeld、Chris Tatum、Steve Verderber、David Walsh、John Walker、Jerry Weisman、Bob Wiswell 和 John Zeisel。

最后但同样重要的是，那些在本书出版过程中帮助我获取材料、阐明意图并与我讨论为弱势群体提供服务型住宅的技术现状的人们。他们包括 Eva Algreen-Petersen、Y. E. van Amerongen-Heijer、Floor Arons、Mereme Aslani、John Becker、Hans van Beek、Gonçalo Byrne、Carol Berg、Kathryn Bloomfield、A.N.A. Michael Bol、Roland van Bussel、Lis Cabral、Habib Chaudhury、Andy Coelho、Carlos Coelho、Mat Cremers、Matt Dines、Henny De Wee、Diane Dooley、Knud Ebbesen、Anne Marie Eijkelenboom、Connie Engelund、Doug Ewing、Jesper Hallstrom Eriksen、Molly Forest、Lise M. Francker、Arnoud Gelauff、Peter Gordon、Dan Gorham、Wolfgang Hack、Aaron Hagedorn、Willemineke Hammer、Karina Hartwig、Maartin Heeffer、Jim Hempel、Mark Hendrickson、Anette Hjorth、Matthias Hollwich、Andre Jager、Mette Lykke Jeppesen、Louise Kanne、Will Keers、Karen Kensak、Evald Krog、Jackie Lauder、Jerry McDivett、Susanne Maganja、Jason Malon、Rita Meldonian、Lori Miller、Bianca van Mook-eerhart、Keith Diaz Moore、Stina Moller Nielsen、Susanne Nilsson、Toinen van Oirschot、Niklas Olsson、John Paris、Pia Parrot、Michael Petersen、Liduine van Proosdij、Santos Rodriguez、Erik de Rooij、Niek Roozen、Martin Rubow、Steve Ruiz、Frida Rungren、Edward Schneider、Markku Sievanen、Jillian Simon、Ruud van Splunder、Jerry Staley、Ruth Stark、Jennifer Stevens、Heidi Tange、Mette Thoms、Tiffany Tomasso、Andrea Tyck、Anders Tyrrestrup 和 Sandra Winkels。

谢谢大家！

维克托·雷尼尔

南加州大学

加利福尼亚州，洛杉矶

regnier@usc.edu

编译团队——周燕珉居住建筑设计研究工作室

周燕珉居住建筑设计研究工作室是清华大学院教授领衔开创，由多名建筑师、室内设计师及博士后、博士、硕士研究生组成的专业设计团队。工作室长期致力于住宅精细化和标准设计研究，以及老年人、残疾人居住建筑和设施的设计研究。近年来参与完成多项国家住宅及老年建筑法规和标准的制定，完成住宅类及养老项目的设计、研究、咨询数十项。

工作架构——产、学、研相结合

秉承"产""学""研"相结合的理念，通过项目产出推动科研发展，以项目实践培养学生设计能力，将科研成果应用于实际项目，促成三者之间的相互平衡和协同发展。

研究领域——老年建筑、住宅建筑

老年建筑
- 养老政策、规范标准研究
- 老年人居住需求研究
- 养老地产开发策划与咨询
- 养老社区规划设计
- 适老化设备部品研发与设计
- 老年住宅、养老设施建筑设计

住宅建筑
- 客户居住需求及使用后评估
- 住宅产品系列化研究
- 住宅标准化设计研究
- 空间模块化设计研究
- 室内精细化设计研究
- 住区环境精细化设计研究

微信公众平台

周燕珉工作室

清华大学建筑学院
周燕珉教授工作室微信公众平台
微信号：ZYMStudio

积极老龄化 Active Ageing

中国老年学和老年医学学会
标准化委员会官方微信公众平台
微信号：ActiveAgeing

国家精品在线开放课程

适老居住空间与环境设计

周燕珉教授主讲
教育部"国家精品在线开放课程"
学堂在线免费观看课程视频

住宅精细化设计

周燕珉教授主讲
教育部"国家精品在线开放课程"
学堂在线免费观看课程视频

近年出版的相关书籍

养老设施建筑设计详解 1、2

周燕珉 等著
中国建筑工业出版社

老年住宅（第二版）

周燕珉 程晓青
林菊英 林婧怡 著
中国建筑工业出版社

居住建筑设计原理（第三版）

胡仁禄 周燕珉 等编著
中国建筑工业出版社

适老家装图集

周燕珉 李广龙 著
中国建筑工业出版社
华龄出版社

适老社区环境营建图集

周燕珉 秦岭 著
中国建筑工业出版社
华龄出版社

漫画老年家装

周燕珉 著 马笑笑 绘
中国建筑工业出版社

国内外养老服务设施建设发展经验研究

周燕珉 林婧怡 编著
华龄出版社

住宅精细化设计

周燕珉 等著
中国建筑工业出版社

住宅精细化设计 II

周燕珉 等著
中国建筑工业出版社

老人·家

周燕珉 编著
中国建筑工业出版社

购书链接